国家级一流本科课程配套教材

植 物 学

主　编　刘文哲

参　编　李忠虎

赵　鹏

王丹阳

谨以此书献给西北大学百廿华诞

科 学 出 版 社

北 京

内 容 简 介

本书以基于分子系统学建立的植物系统发育过程为主线，将现存绿色植物各个类群产生和分化历史及演化中的关键事件作为切入点，从个体发育的角度系统介绍各个类群的形态结构、生殖策略、多样性及适应性特征。首次将广义蕨类植物分类系统 PPG Ⅰ、裸子植物的克氏系统及被子植物分类系统 APG Ⅳ引入植物学教材中，构建了全新的植物学基础理论框架。

本书为植物学国家级一流本科课程配套教材，可作为全国高等院校植物学课程教材，也可供中学生物教师及其他植物学爱好者参考。

图书在版编目（CIP）数据

植物学 / 刘文哲主编．—北京：科学出版社，2022.6

国家级一流本科课程配套教材

ISBN 978-7-03-072357-4

Ⅰ．①植…　Ⅱ．①刘…　Ⅲ．①植物学－高等学校－教材　Ⅳ．① Q94

中国版本图书馆CIP数据核字（2022）第085641号

责任编辑：刘　丹　赵萌萌 / 责任校对：王晓茜

责任印制：赵　博 / 封面设计：迷底书装

科学出版社 出版

北京东黄城根北街16号

邮政编码：100717

http: //www.sciencep.com

天津市新科印刷有限公司印刷

科学出版社发行　各地新华书店经销

*

2022年 6 月第　一　版　开本：787×1092　1/16

2024年 8 月第三次印刷　印张：14 1/2

字数：343 000

定价：49.80 元

（如有印装质量问题，我社负责调换）

前 言

植物作为自然界中的初级生产者，为植物本身和其他异养生物提供了营养和能量。植物体由于无法移动，进而演化出一系列与固着生活相关的特殊适应机制，使得植物科学成为生命科学领域关键的学科之一，植物学也就成为生命科学类专业必须学习的基础课。植物科学在经历了形态描述期、实验研究期后，目前已进入了分子生物学时代，透过植物生命现象揭示其内在联系和本质。本书对植物学的经典概念和基本理论进行了修订，同时引入了一些新概念和新理论，使植物学的理论框架和知识体系更加完善。

植物学的教学用书经过了几代人的努力，出版了多个版本，为促进我国植物学教学发展发挥了重要作用。然而，随着植物科学的快速发展，学科范畴的拓宽，研究内容的不断深入，学科交叉和融合的日益广泛，植物学的知识体系和教学内容日益庞杂，教与学变得难以取舍，有时候又会与植物生理学、植物生态学、细胞生物学、遗传学等课程内容重复。为此，我们本着以学生为主体的教学理念，为学生构建一个以植物系统发育过程为主线的植物学基础理论框架，回归植物本身，让学生在了解植物界主要类群演化历程及其与生存环境相适应的形态特征的基础上，根据自己的兴趣和爱好，发挥全媒体时代优势，通过自主学习和个性学习，充实和拓展相应知识内容，创造性地探索知识、应用知识。

植物的形态结构、生殖策略是植物适应进化的结果，据此，本书将其内容融入植物界主要类群的演化历程中，强调了植物演化过程中的关键事件，将“静态描述”转为“适应进化”，并以最新分子系统学的研究成果作为系统发育主要的依据，除第 1 章“植物的结构基础——细胞”和第 9 章“植物与人类的生存和发展”外，第 2～8 章分别为藻类植物、苔藓植物、无种子维管植物、种子植物、裸子植物、被子植物概述及其繁殖和被子植物的多样性，内容充分体现了绿色植物的进化历程和演化中的关键事件。藻类植物中增加了原绿藻，将轮藻类植物作为陆地植物的姊妹类群进行单独描述。石松类、蕨类植物的分类依据 PPG Ⅰ（pteridophyte phylogeny group Ⅰ）系统，裸子植物的分类依据克氏系统，被子植物的分类依据 APG Ⅳ（angiosperm phylogeny group Ⅳ）系统。维管植物中科一级的特征描述参考了李德铢主编的《中国维管植物科属志》。此外，本书中的资料和图片引自国内外已出版的植物学或植物生物学教材、《深圳植物志》、《中国植物志》和其他参考书，图片经过重新绘制。在此对这些参考文献的作者和单位表示衷心的感谢。

植物科学新成果、新技术日新月异，特别是以 DNA 序列为基础的分子系统学的快速发展，打破了以形态结构为基础的系统发育框架。APG 系统作为其中的杰出代表，其分类系统框架和对科级范畴的界定已经成熟，并受到植物学界的普遍认可和广泛应用。本书首次将被子植物 APG Ⅳ系统引入植物学教材，为广大读者较为系统地了解和应用该分类系统提供基础资料。

由于编者知识和能力的局限，遗漏之处在所难免，望读者批评指正。

编 者

2022 年 6 月于西安

目　　录

前言

绪论 1
第 1 章　植物的结构基础——细胞 5
　1.1　植物细胞的形态结构 6
　1.2　植物细胞的分化和组织的形成 16
第 2 章　藻类植物 31
　2.1　原核藻类 31
　2.2　真核藻类 35
第 3 章　苔藓植物 49
　3.1　苔藓植物的起源 49
　3.2　苔藓植物的结构 50
　3.3　苔藓植物的生活史 51
　3.4　苔藓植物的主要类群 52
第 4 章　无种子维管植物 57
　4.1　维管植物的演化 57
　4.2　无种子维管植物的繁殖 60
　4.3　无种子维管植物的多样性 61
第 5 章　种子植物 68
　5.1　种子的起源和演化 68
　5.2　种子的类型 70
　5.3　种子的休眠与萌发 71
　5.4　种子植物营养器官的结构与发育 75
第 6 章　裸子植物 102
　6.1　裸子植物的繁殖及生活史 102
　6.2　裸子植物的多样性 107
第 7 章　被子植物概述及其繁殖 119
　7.1　被子植物概述 119
　7.2　被子植物的繁殖 121
第 8 章　被子植物的多样性 155
　8.1　被子植物的起源与演化 155
　8.2　被子植物内部的系统发育关系 156
　8.3　基部被子植物 ANA 158
　8.4　木兰类植物 160

8.5 单子叶植物 …… 162
8.6 真双子叶植物 …… 170
第 9 章 植物与人类的生存和发展 …… 208
9.1 人类利用和改造植物的历史 …… 208
9.2 植物与人类未来的发展 …… 215
主要参考文献 …… 225

绪　论

1．植物界

植物（plant）是与人类关系最为密切的一类生物，我们的生活一天也离不开植物。我们每天吃的粮食、蔬菜、瓜果大多是植物，街道上的行道树、花坛里的鲜花也都是植物，我们穿的衣服、用于预防和治疗疾病的药材等大多来自植物。然而，自然界除植物外，还生活有许许多多其他的生物类群，包括各种动物、微生物等，那么如何区别植物与自然界其他生物？也就是说，到底什么是植物？这是学植物学首先应搞清的问题。

虽然人类对植物的认识已很久了，但随着科学技术的发展，人类对植物和其他生物的认识也在不断深入，对植物的确定特征和它所包含的类群也在不断更新和完善。200多年前，现代生物分类学的奠基人、瑞典的博物学家林奈（C. Linnaeus）将生物分成动物界（Animalia）和植物界（Plantae）两界。一般认为，动物是能动的、异养的生物，而植物多为营固着生活的、具细胞壁的自养生物。但到19世纪前后，显微镜出现并得到了广泛使用，人们利用显微镜观察小型生物，如裸藻（眼虫）（euglena），发现它们是具鞭毛的、能自由游动的单细胞生物。细胞裸露，但体内含有叶绿体，能进行光合作用，因而这类生物兼具植物和动物的特征及营养方式。还有些生物在其生活史中的某一个阶段具有动物的特征，而在另一个阶段则又具有植物的特征，如黏菌（slime mold），在生长期或营养期为裸露的无细胞壁多核的原生质团，其构造、运动和摄食方式与原生动物中的变形虫（amoeba）相似，但在生殖期产生具纤维素细胞壁的孢子，并营固着生活，兼具植物和动物的特征，使动物与植物之间失去了截然的界限。针对这一矛盾，德国著名生物学家海克尔（E. Haeckel）在1866年提出成立一个原生生物界（Protista），将肉眼无法观察到的、兼具植物和动物特征的生物归入原生生物界，包括原核生物、原生生物、硅藻、黏菌和海绵等，从而形成了“三界系统”。

1959年，魏泰克（R. H. Whittaker）认为真菌多不含叶绿素，为异养生物，不应放在植物界，因此将真菌从植物界中分离出来，单独成立真菌界（Fungi），形成了“四界系统”。1969年魏泰克在“四界系统”的基础上，将具有原核细胞结构的细菌和蓝藻从原生生物界中分离出来，成立了原核生物界（Monera），从而形成了目前被广泛接受的“五界系统”（图0-1）。“五界系统”中，植物界的范围进一步缩小，它只包括光合自养的、多细胞的、有复杂的个体发育顺序的高等真核生物。尽管魏泰克的“五界系统”得到了比较广泛的承认和应用，但围绕生物的分界问题仍存在很多争论，特别是针对“原生生物界”，很多人认为，从系统演化的观点看，“原生生物”并不是一个自然的生物类群，而是内容庞杂的人为类群，它既包括光合自养的单细胞藻类，也包括很多异养的生物种类，如纤毛虫（ciliate）、鞭毛虫（mastigote）等。1974 年，黎德尔（G. F. Leedale）主张将原生生物界撤销，将原列入原生生物界的类群分别并入动物界、植物界和真菌界，但问题是，确有些种类难以给它们找到一个合适的位置。

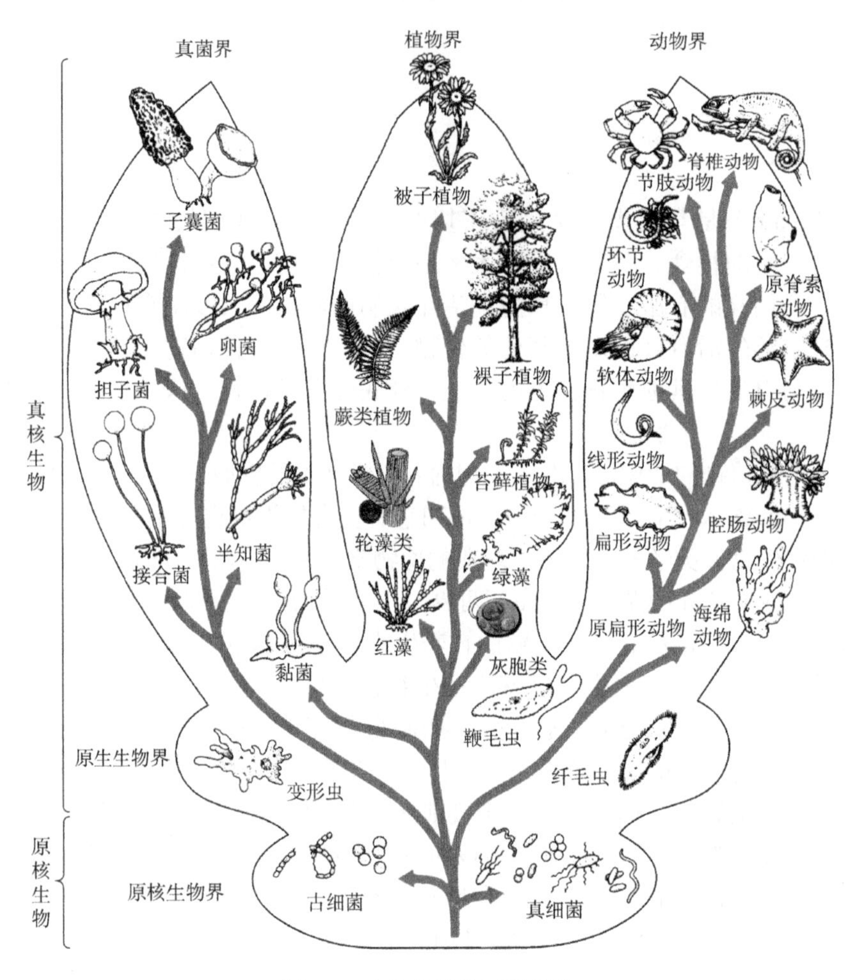

图 0-1 生物分类的五界系统

20 世纪 60 年代以后，细胞超微结构的研究成果证明生物界的鸿沟并不存在于动物和植物之间，而是以细菌（bacterium）、蓝藻（blue algae）为一方的原核生物（procaryote）与真核生物（eucaryote）的区别，这才是生命存在形式的一条最基本的界限。70 年代以后，生物分子系统学的研究成果也明显支持这一看法，通过对原核生物和真核生物所含的蛋白质分子进行研究和比较发现，原核生物和真核生物所含的蛋白质有一定程度的相似性，显示了它们可能起源于共同的祖先，有一定的遗传共性，但它们所含蛋白质分子的差异则更充分地显示出，在多细胞生物出现以前，即植物与动物各自独立之前，原核生物与真核生物就已彼此分开，并各自沿着不同的进化路线发展，一直到今天。生物分子系统学的研究成果还进一步揭示了在原核生物的不同种属间也存在巨大的差异，并在生活环境和营养代谢方式上有明显的区别，因此，伍斯（C. R. Woese）于1977年提出，原核生物应当分为两界，即古细菌（Archaebacteria）和真细菌（Eubacteria），这两界彼此不同，就像它们不同于真核生物一样。随着研究证据的积累，这一理论已得到广泛的认可，现普遍认为，整个生物界源于三条进化主干，这三条主干分别是独立起源的三大类群代表，即真细菌、古细菌和真核生物。所以，原来的原核生物被一分为二，而真核生物则可能是由若干原核生物细胞内共生而产生的复合体（图0-1）。

可见，有关生物的分界还是一个悬而未决的问题，随着生物科学的进一步发展、研究水平和研究层次的深入，还可能提出一些新的看法。但从生物进化的发展历史看，光合自养的生物从生命起源之初或细胞生命出现时，就已经和其他异养或化能自养的生物分化开来，发展出复杂程度不同的、广泛分布的、支撑着整个地球生态系统的庞大的生物群，这些光合自养生物包括原核生物中的蓝藻和光合细菌，单细胞和多细胞的藻类，陆生的各种绿色植物。

我们所讲的植物，包括所有光合自养的生命，它们都可以看作广义的植物，其特征是：①多数种类含有叶绿体，能进行光合作用，合成有机物，属于自养生物。②几乎所有植物的细胞都具有细胞壁，尽管各类植物在细胞壁的构造和组成成分上有很大差异。例如，绿色植物以纤维素的网状纤维结构来加强它的细胞壁；真菌则以几丁质代替纤维素；细菌和蓝藻则由另一些多聚体（如胞壁酸、葡糖胺、木糖和甘露糖等）为基础来构成细胞壁。正是由于细胞壁的存在，决定了绝大多数植物（特别是高等植物）不能以个体为单位独立地运动。因为组成个体的每个细胞都被坚韧的细胞壁所包围，相邻细胞通过共有的壁和胞间连丝而紧密相连，使其缺少运动所需要的弹性（就像肌肉伸张过程中所表现出的弹性）。③在植物体内通常保留有永久的分生组织，即没有分化的、具有分裂能力的胚性细胞，在植物个体发育过程中，它们可以不断地分裂、生长、分化，形成新的器官，这种生长方式与动物是截然不同的（动物胚胎一经形成，就已具备了成体的基本结构，即一次分化定型，在以后的生活过程中主要是展开和成熟的变化）。因此，对多数植物（特别是高等植物）而言，它们有不同于动物的独特的形态结构和生长发育规律，但就少数低等植物而言，其与动物的界限又不很明确，因此要给植物一个准确而又普遍适用的定义是很困难的。

2．植物在自然界中的作用

植物是生物圈中一个庞大的类群，有数十万种，广泛分布于陆地、河流、湖泊和海洋中，它们在生物圈的生态系统、物质循环和能量流动中处于最关键的地位，在自然界中具有不可替代的作用。

第一，植物是自然界中的第一生产者，即初级生产者。植物通过光合作用，把光能转变成化学能，并以多种形式贮藏在有机物（如糖类、蛋白质和脂肪等）中。植物每天通过光合作用将约3×10^{21}J的太阳能转化为化学能，作为植物本身和其他异养生物营养与活动的能量来源，即使我们今天所利用的煤炭和石油等，也是几千万年前的植物通过光合作用而积累的物质。植物为人类提供约90%的能量，80%的蛋白质，有90%的食物产于陆生植物。绿色植物在整个自然生态系统中所起的作用是无可替代的。

第二，植物在维持自然界物质循环的平衡中起着非常重要的作用。例如，碳循环，绿色植物吸收空气中的CO_2，经光合作用转变成糖类等有机物，供给其他生物利用。动植物尸体、排泄物等有机物经细菌、真菌等分解时，又把碳以CO_2的形式释放出来。另外，动植物呼吸、物质燃烧、火山爆发所释放的CO_2，都可供绿色植物利用，维持了碳的相对平衡。动植物呼吸和物质燃烧及分解时需消耗氧，绿色植物光合作用每年可释放出5.35×10^{11}t氧，促成了自然界中氧的相对平衡。在氮循环中，大气中的游离氮被固氮细菌固定成植物能吸收的氨态氮，或经硝化细菌转化为硝态氮，进入土壤供植物利用。植物被动物取食后，植物体内的有机氮等成为动物躯体的一部分；动植物尸体、排泄物等被细菌、真菌分解，又把氮以氨或铵的形式释放出来，可为植物吸收利用。环境中的硝态氮可经反硝化细菌的作用，形成游离氮或氧化亚氮返回大气中，使自然界的氮保持相对平衡。

第三，植物参与地球表面土壤的形成。通过改善土壤母质理化性质，使土壤具有一定结构和肥力，为植物和动物种类生存繁衍创造条件，形成一定的生物群。同时地球表面上生长的植物又保持了水土，涵养了水源，调节了气温。

植物是地球上生命存在和发展的基础，它不仅为地球上绝大多数生物的生长发育提供了所必需的物质和能量，而且为这些生物的产生和发展提供了一个适宜的环境。

3．植物学

植物学（botany）以植物为研究对象，从不同层次（生态系统、生物群落、居群、个体、器官、组织、细胞及分子）研究植物体的形态、结构和功能，生长发育的生理与生化基础，植物与环境之间的相互联系及相互作用，植物多样性产生和发展的过程与机制。从而揭示植物个体发育和系统发育过程中的基本规律，有助于人类更好地了解自然、利用自然、保护自然。

植物学在发展早期主要是一门描述性的学科，即从不同层次、不同角度对植物的形态结构、生长发育的特点及其与环境的关系进行静态的描述，并根据侧重点的不同，分成许多不同的分支学科，包括植物形态学（plant morphology）、植物解剖学（plant anatomy）、植物胚胎学（plant embryology）、植物分类学（plant taxonomy）、植物生理学（plant physiology）和植物生态学（plant ecology）等。进入20世纪，伴随着自然科学，特别是生物科学各分支学科的发展，又形成了结构植物学（structural botany）、代谢植物学（metabolism botany）、发育植物学（developmental botany）、植物遗传学（plant genetics）、系统与进化植物学（systematic and evolutionary botany）、资源植物学、植物化学、环境植物学等分支学科。植物学的内容也得到了极大的丰富和发展，并从静态的观察描述逐步发展到实验研究的阶段，接触到植物生命活动的内在联系和本质问题。

植物学是以上各分支学科共同的基础，它包括植物学的基本知识、基本理论和基本方法，也是今后学好各分支学科的重要基础。

第1章 植物的结构基础——细胞

细胞（cell）是生命活动的基本单位。植物体是由单个或许多个细胞组成的，其生命活动是通过细胞的生命活动体现出来的。单细胞生物，其生物体仅由一个细胞构成，如细菌、小球藻，一个细胞就能够进行各种生命活动。多细胞植物的个体，可由几个到亿万个细胞组成，如轮藻（chara）、海带、蘑菇等低等植物及所有的高等植物。多细胞植物个体中的所有细胞，在结构和功能上相互密切联系，分工协作，共同完成个体的各种生命活动。

细胞是一个独立有序的，并且能够进行自我调控的代谢与功能体系。每一个生活的细胞都具有一整套完备的装置以满足自身生命活动的需要，至少是部分自给自足。同时，生活的细胞还能对环境的变化做出反应，从而使其代谢活动有条不紊地协调进行。在多细胞生物体中，各种组织分别执行特定的功能，但都是以细胞为基本单位完成的。

细胞是有机体生长发育的基础。植物的生长发育主要是通过细胞分裂、细胞体积的增长和细胞的分化来实现的。组成多细胞生物体的细胞尽管形态不同，功能各异，但它们都是由同一受精卵分裂和分化而来。

细胞是遗传的基本单位。低等植物或高等植物的细胞、单细胞植物或多细胞植物的细胞、结构简单或结构复杂的细胞、分化或未分化的细胞，它们都包含全套的遗传信息。植物的性细胞或体细胞在合适的条件下培养可诱导发育成完整的个体，这说明从复杂有机体中分离出来的单个细胞，是一个独立的单位，具有遗传上的全能性。

根据细胞的结构和生命活动的主要方式，可以把构成生命生物体的细胞分为两大类，即原核细胞（prokaryotic cell）和真核细胞（eukaryotic cell）。原核细胞通常体积很小，直径为0.2～10μm。没有典型的细胞核，其遗传物质分散在细胞质中，且通常集中在某一区域，但两者之间没有核膜分隔。原核细胞遗传信息的载体为一环状DNA。DNA不与或很少与蛋白质结合。原核细胞也没有分化出以膜为基础的具有特定结构和功能的细胞器。由原核细胞构成的生物称为原核生物（procaryote），原核生物主要包括支原体（mycoplasma）、衣原体（chlamydia）、立克次体（rickettsia）、细菌（bacteria）、放线菌（actinomycetes）和蓝藻等。几乎所有的原核生物都是由单个原核细胞构成。真核细胞包含的遗传信息量要大得多，真核细胞的DNA主要集中在由核膜包被的细胞核中，具有典型的细胞核结构。真核细胞同时还分化出以膜为基础的多种细胞器。真核细胞的代谢活动如光合作用、呼吸作用、蛋白质合成等分别在不同的细胞器中进行，或由几种细胞器协调完成。由真核细胞构成的生物称为真核生物（eucaryote）。高等植物和绝大多数低等植物均由真核细胞构成。

1.1 植物细胞的形态结构

1.1.1 植物细胞的大小和形状

植物细胞的形状多种多样，细胞的形状和大小取决于细胞的遗传性、生理功能以及对环境的适应性，而且伴随着细胞的生长和分化，常常发生相应的改变。

不同种类的细胞，大小差别很大。种子植物的分生组织细胞，直径为5～25μm；而分化成熟的细胞，直径为15～50μm，这些细胞都要借助显微镜才能看到。但也有少数大型的细胞，肉眼可见，如成熟西瓜［*Citrullus lanatus*（Thunb.）Matsum. et Nakai］果肉细胞的直径约100μm；棉花种子表皮毛的长度可达75mm；而苎麻属（*Boehmeria*）植物的茎纤维细胞的长度可达550mm。

细胞内部由细胞核、细胞质及各种细胞器相互配合有序地进行着各种生物化学反应，完成各种生理功能。细胞与外界通过细胞表面进行物质交换，因此，如果细胞体积小，它的相对表面积就较大，这样，既有利于细胞内部的物质运输、信息传递，又有利于细胞和外界进行物质交换。

1.1.2 植物细胞的结构

植物细胞是由细胞壁（cell wall）和原生质体（protoplast）组成（图1-1）。原生质体包括质膜（cell membrane）、细胞质（cytoplasm）、细胞核（cell nuclear）等结构。在

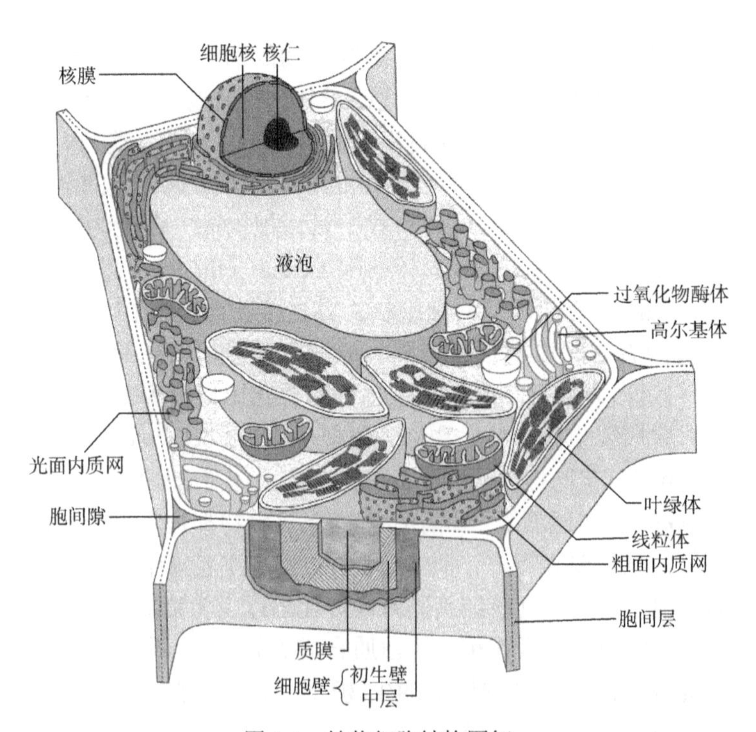

图1-1 植物细胞结构图解

光学显微镜下，细胞质透明、黏稠并且能流动，其中分散着许多细胞器（organelle），如质体、线粒体、液泡、高尔基体、内质网、核糖体、微体等，在电子显微镜下，这些细胞器具有一定的形态和结构，并执行着一定的生理功能，细胞器之外是无定形结构的细胞质基质。此外，植物细胞中还常有一些贮藏物质或代谢产物，称后含物（ergastic substance），如淀粉粒、单宁、橡胶、生物碱等。

在光学显微镜下可以观察到植物细胞的细胞壁、细胞质、细胞核、液泡（vacuole）等结构。细胞质中的质体易于观察；用一定的方法制备样品，还能在光学显微镜下观察到高尔基体（Golgi body）、线粒体（mitochondria）等细胞器。这些可在光学显微镜下观察到的细胞结构称为显微结构（microscopic structure）。电子显微镜将分辨力大大提高，在电子显微镜下可观察到的细胞内的精细结构称为亚显微结构（submicroscopic structure）或超微结构（ultrastructure）。与其他生物细胞相比，细胞壁、质体和液泡是植物细胞所特有的结构，为此重点叙述如下。

1．细胞壁

细胞壁是植物细胞区别于动物细胞的最显著的特征，它的存在使植物细胞乃至植物体的生命活动与动物有许多不同。近年来，从分子水平对细胞壁的研究有了很大的进展，它已成为植物细胞生物学的研究热点之一。

1）细胞壁在细胞生命活动中的作用　细胞壁不仅对原生质体有支持和保护的作用，而且还参与许多生命活动过程，在植物细胞的物质吸收、转运和分泌等生理过程中起重要作用。目前还发现植物细胞壁中的一些寡糖片段或糖蛋白可以作为细胞生长和发育的信号物质，调节和影响植物细胞的增殖与分化过程。

2）细胞壁的化学组成　细胞壁的成分因植物种类和细胞类型的不同而有区别，也随细胞的发育和分化而变化。高等植物和绿藻等细胞壁的主要成分是多糖［纤维素（cellulose）、果胶（pectin）和半纤维素（hemicellulose）］，还有木质素（lignin）等酚类化合物、脂类化合物（角质、栓质、蜡）、矿物质（草酸钙、碳酸钙、硅的氧化物）以及蛋白质（结构蛋白、酶和凝集素等）（图 1-2）。

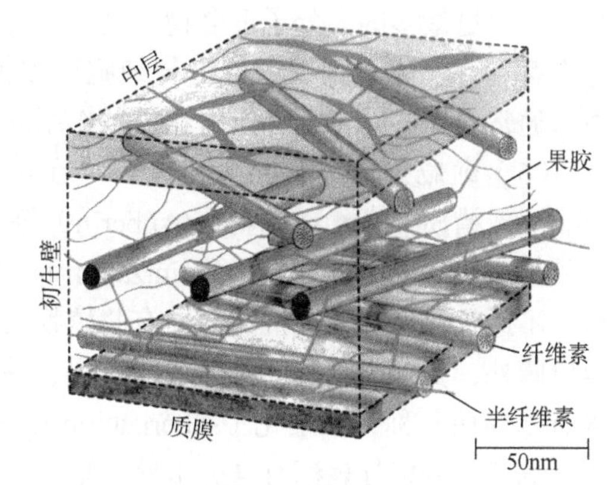

图 1-2　植物细胞壁各组分间网络式结构的关系图

（1）纤维素　纤维素是细胞壁中最重要的成分，是由许多葡萄糖分子脱水缩合而形成的长链。首先，由数条平行排列的纤维素分子形成微团（micelle），再由多条微团平行排列构成在电子显微镜下可看到的细丝，直径为 10～25nm，称为微纤丝（microfibril），细胞壁就是由纤维素微纤丝构成的网状结构。平行排列的纤维素分子之间和链内均有大量的氢键，纤维素的这种排列方式使细胞壁具有晶体性质，有高度的稳定性和抗化学降解的能力。由于纤维素的晶体性质，在偏振光显微镜下可观察到细胞壁有双折射现象。

（2）半纤维素 半纤维素是存在于纤维素分子间的一类基质多糖（matrix polysaccharide），它的种类很多，非常复杂，其成分与含量根据植物种类和细胞类型的不同而不同。

木葡聚糖（xyloglucan）是细胞壁中一种主要的半纤维素成分。在某些组织中，木葡聚糖由交替排列的九糖和七糖单位组成。木葡聚糖分解后产生的九糖是一种信号物质，具有调节植物生长等多种功能，称为寡糖素。

胼胝质（callose）是β-1,3 葡聚糖的俗名，广泛存在于植物界。花粉管、筛板、柱头、胞间连丝、棉花纤维次生壁等处都有胼胝质。它是一些细胞壁中的正常成分，也常是一种伤害反应的产物，如植物被切伤后，筛孔即被胼胝质堵塞。花粉管中形成的胼胝质常是不亲和反应的产物。

（3）果胶 果胶是细胞壁中层（middle lamella，又称胞间层）和双子叶植物初生壁的主要化学成分，在单子叶植物细胞壁中含量较少。它是一类重要的基质多糖，包括果胶（pectin）和原果胶（protopectin）。果胶又有果胶酸（pectic acid）和果胶酯酸（pectinic acid）两种。

除作为基质多糖，在维持细胞壁结构中有重要作用外，果胶降解形成的片段还可作为信号，调控基因表达，使细胞内合成某些物质，抵抗真菌和昆虫的危害。果胶能保持10 倍于本身重量的水分，使质外体中可利用的水分大大增加，在调节水势方面有重要作用。

（4）木质素 细胞壁中另一类重要物质是木质素（lignin），它是除纤维素外，细胞壁中含量最多的大分子聚合物，是一类芳香族化合物的多聚物，但不是在所有的细胞壁上都存在。木质素以共价键与细胞壁多糖交联，大大增加了细胞壁的强度和抗降解力。通常在那些具有支持作用和机械作用的植物细胞的细胞壁中含量较高。

（5）细胞壁的其他化学成分 在植物保护组织的细胞壁中，通常还含有角质（cutin）、蜡质（wax）和栓质（suberin）等。植物地上器官的表皮细胞，常有角质被覆于外壁表面，称为角质化（cutinization）。角质化过程所形成的角质膜，能使外壁不透水，不透气，增强了抵抗能力。有些植物表皮细胞除角质化外，还分泌有蜡质，被覆于角质膜外，更增强其抗性，如李的果皮、芥蓝和甘蔗茎的表皮细胞等。木栓化的细胞壁含有木栓质，称为栓质化（suberization），其疏水性比角质化更强，而且是热的不良导体。老茎、老根外表都有这类木栓细胞。

植物细胞壁中还含有蛋白质，包括结构蛋白和酶蛋白。目前研究得比较多的一类结构蛋白是伸展蛋白（extensin），这是一种富含羟脯氨酸的糖蛋白，通过形成伸展蛋白网与纤维素交织在一起，成为细胞壁结构的一个重要组分。除伸展蛋白外，细胞壁中还含有数十种水解酶和氧化还原酶，包括纤维素酶、葡糖苷酶、多聚半乳糖醛酸酶、果胶酯酶、过氧化物酶和抗坏血酸氧化酶等，这些酶不仅参与细胞壁中多种结构成分的聚合，在形成复杂的细胞壁结构方面起十分重要的作用，而且与很多植物生理代谢活动，如细胞的生长、分化、果实成熟、叶片脱落等密切相关。

3）细胞壁的结构 细胞壁是原生质体生命活动中所形成的多种壁物质附加在质

膜的外方所构成的。在细胞发育过程中，由于原生质体尤其是它表面的生理活动易发生变化，所形成的壁物质在种类、数量、比例以及物理组成上也有变化，从而使细胞壁产生成层现象（stratification），可以被逐级地分为中层（middle layer）、初生壁（primary wall）和次生壁（secondary wall）。

（1）中层　又称胞间层（intercellular layer），位于细胞壁的最外层，是由相邻的两个细胞的原生质体向外分泌的果胶构成，具有很强的亲水性和可塑性。多细胞植物依靠它使相邻的细胞粘连在一起。胞间层在一些酶（如果胶酶）或酸碱的作用下会发生分解，而使相邻细胞彼此分离。西瓜、番茄等果实成熟时，部分果肉细胞彼此分离就是这个原因。

（2）初生壁　是在细胞生长过程中、细胞停止生长之前所形成的壁层。它由相邻细胞原生质体分泌的壁物质在胞间层内面沉积而成。初生壁一般都很薄，厚度为1～3μm。分裂活动旺盛的细胞、进行光合作用的细胞和分泌细胞等都仅有初生壁。当细胞停止生长后，有些细胞的细胞壁就停留在初生壁的阶段而不再加厚。

构成初生壁的主要物质有纤维素、半纤维素、果胶以及糖蛋白等。初生壁具有一定的可塑性。

（3）次生壁　次生壁是细胞体积停止增大后，细胞原生质体所分泌的壁物质附加在初生壁内表面的壁层。在植物体中，常常是那些在生理上分化成熟后原生质体消失的细胞才在分化过程中产生次生壁，如各种纤维细胞、导管、管胞等。次生壁中纤维素含量较高，半纤维素较少，不含有糖蛋白。因此，次生壁比初生壁坚韧，延展性差。此外，次生壁中还常添加有木质素，大大增强了次生壁的硬度。

次生壁中纤维素微纤丝的排列方向各不相同，由此将次生壁分为内层（S_3）、中层（S_2）和外层（S_1）三层，各层纤维素微纤丝以不同的取向规则地排列，这种分层叠加的结构使细胞壁的强度大大增加（图 1-3）。

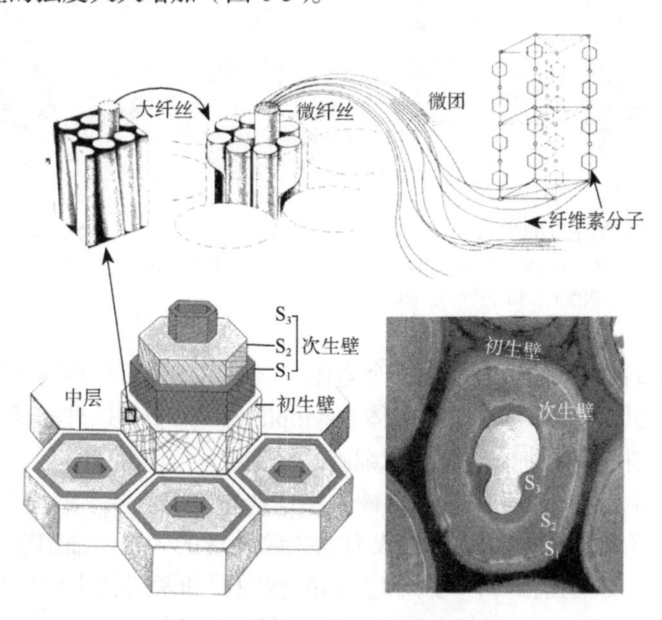

图 1-3　植物细胞壁的组成及结构

4）细胞壁的生长 细胞壁的生长包括表面积的增加和壁的加厚，其生长过程受原生质体生物化学反应的严格控制。细胞壁生长时必须保持松弛状态，同时呼吸强度提高，蛋白质合成以及水分吸收相应增加。大多数新合成的微纤丝叠加在原来的细胞壁上，但也有少数插入原来的细胞壁物质中。在那些大致均匀生长的细胞，如髓细胞、贮藏细胞和组织培养的细胞中，细胞壁的微纤丝沿各个方向随机排列，形成不规则的网络；在延长生长的细胞中，侧壁上微纤丝的沉积与细胞伸长的方向成锐角，当细胞表面积增加时，外部微纤丝的排列方向逐渐与细胞的长轴平行（图 1-4）。细胞壁基质（果胶类物质和半纤维素）和糖蛋白主要由高尔基体小泡运送到细胞壁中，基质的种类取决于细胞的发育阶段。例如，当细胞扩大时，基质中果胶类物质占优势，反之，半纤维素更多一些。纤维素的合成机制尚不清楚，但目前已经知道，纤维素微纤丝是在细胞表面合成的，由质膜上的多酶复合体催化，微纤丝的排列方向受质膜内侧微管的控制。

5）胞间连丝和纹孔 通常初生壁生长时并不是均匀增厚的，在初生壁上有一些非常薄的区域，称为初生纹孔场（primary pit field）（图 1-5A），连接相邻细胞原生质体的细胞间通道——胞间连丝（plasmodesma）往往集中在这一区域。胞间连丝是质膜包围的直径为 30～60nm 的狭窄通道，内质网管（又称链管）贯穿其中（图 1-6）。细胞分裂时，伴随着新细胞的形成，将发生大量的胞间连丝。胞间连丝是细胞原生质体间进行物质运输和信号转导的通道。水分以及小分子物质都可以从这里穿行。一些植物病毒也是通过胞间连丝而扩大感染的，病毒颗粒甚至能刺激胞间连丝，使其孔径加大，便于它们通过。

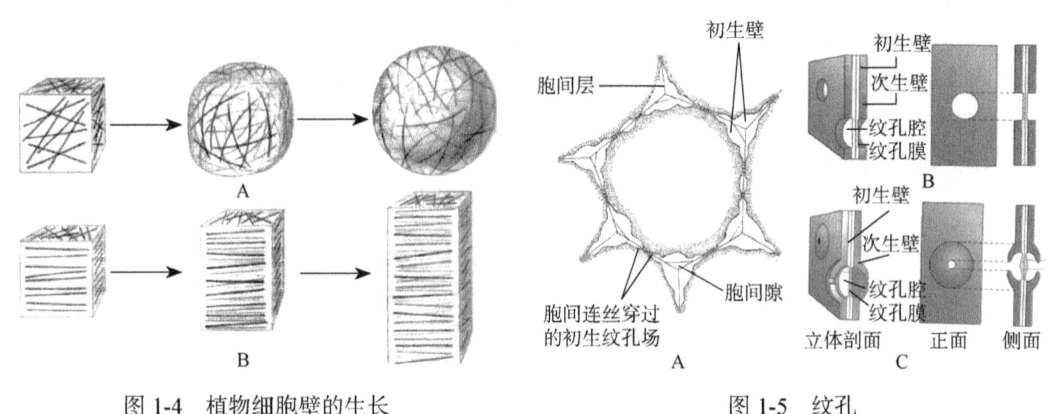

图 1-4 植物细胞壁的生长

A. 纤维素微纤丝呈交联网状，细胞向各个方向膨大；
B. 纤维素微纤丝呈环状，细胞仅向长轴延伸的方向膨大

图 1-5 纹孔

A. 初生纹孔场；B. 单纹孔；C. 具缘纹孔

胞间连丝使植物体中的细胞连成一个整体，所以植物体可分成两个部分：通过胞间连丝结合在一起的原生质体，称为共质体（symplast）；共质体以外的部分，称为质外体（apoplast），包括细胞壁、细胞间隙和死细胞的细胞腔。

次生壁形成时，初生纹孔场常常不被次生壁物质覆盖，结果形成许多凹陷的区域，称为纹孔（pit），有时纹孔也可发生在没有初生纹孔场的区域。细胞壁上的纹孔往往与相邻细胞细胞壁上的纹孔相对，两个纹孔间的胞间层和两层初生壁成为纹孔膜，两个相对的纹孔加上纹孔膜形成纹孔对（pit-pair）。由次生壁包围的纹孔的腔，称为纹孔腔

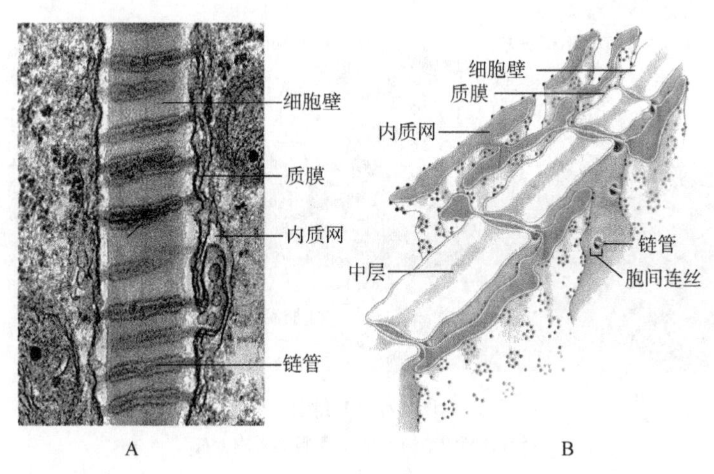

图 1-6　胞间连丝

A. 胞间连丝超微结构图；B. 胞间连丝结构模型图

(pit cavity)。纹孔有两种类型：一种叫单纹孔（simple pit），结构简单（图 1-5B），仅由纹孔膜和纹孔腔构成，胞间连丝从纹孔膜通过；另一种叫具缘纹孔（bordered pit），纹孔四周的加厚壁向中央隆起，形成纹孔的缘部，因此叫具缘纹孔（图 1-5C）。纹孔是细胞壁较薄的区域，有利于细胞间的沟通和水分的运输，胞间连丝常常出现在纹孔内，有利于细胞间物质的交换。

2．质体

质体（plastid）是一类与糖类的合成和贮藏密切相关的细胞器，也是植物细胞特有的细胞器。质体由双层膜包被，内部分化出膜系统和多少均一的基质。在光学显微镜下观察，一般可以看到质体。根据所含色素和功能的不同，可将成熟的质体分为叶绿体（chloroplast）、白色体（leucoplast）和有色体（chromoplast）。

1）叶绿体　叶绿体是植物进行光合作用的细胞器，因此对它的研究较其他的质体更为深入细致。叶绿体主要存在于叶肉细胞内，茎的皮层细胞、保卫细胞、花和未成熟的果实中也有分布。

细胞内叶绿体的数目、大小和形状因植物种类不同而有很大差别，特别是藻类的叶绿体变化很大。例如，衣藻中有 1 个杯状的叶绿体；丝藻细胞中仅有 1 个呈环状的叶绿体；而水绵细胞中有 1～4 条带状的叶绿体，螺旋环绕。高等植物的叶绿体，形似圆形或椭圆形的凸透镜，其长径为 3～10μm，数目较多，少者 20 个，多者可达几百个。

叶绿体的内部结构复杂。用光学显微镜观察，仅能观察到其内部有基质（stroma，matrix）和许多绿色的小颗粒。电子显微镜下可观察到叶绿体由外被、片层系统和基质组成（图 1-7）。叶绿体外被（chloroplast envelop）由双层膜组成，两层膜之间有 10～20nm 的膜间隙。外膜通透性强，内膜具有较强的选择透过性，是细胞质和叶绿体基质之间的功能屏障。叶绿体内部有复杂的片层系统，其基本结构单位是类囊体（thylakoid），它是由膜围成的囊。类囊体沿叶绿体长轴平行排列，在一定的区域紧密地垛叠在一起，称为基粒（granum，复数 grana）。一个叶绿体可含有 40～60 个基粒，基

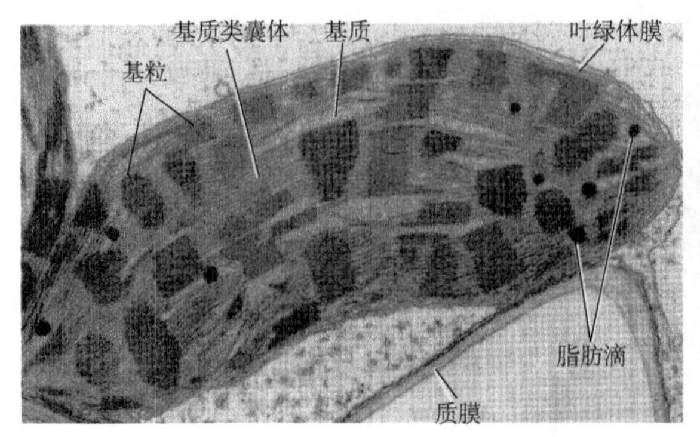

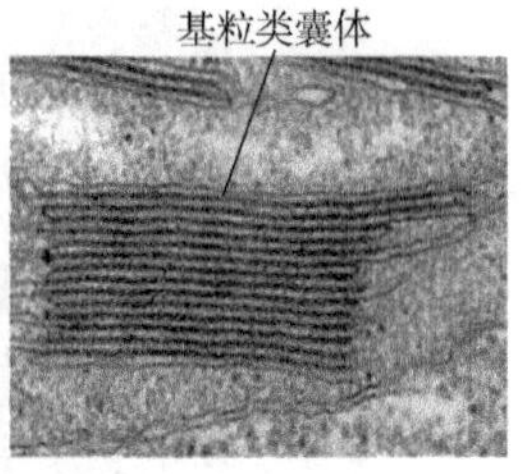

图 1-7 叶绿体
叶绿体超微结构（左）；基粒类囊体（右）

粒的数量和大小随植物种类、细胞类型和光照条件的不同而变化。组成基粒的类囊体叫作基粒类囊体，连接基粒的类囊体称为基质类囊体。基质中有各种颗粒，包括核糖体、DNA 纤丝、淀粉粒、质体小球（plastid ball）和植物铁蛋白（phytoferritin），以及光合作用所需要的酶。基粒和基质分别完成光合作用中的不同反应。绿藻和高等植物的叶绿体中通常还含有淀粉粒和脂肪滴，当叶绿体活跃地进行光合作用时，光合产物以淀粉粒的形式暂时贮存起来，转入黑暗后，这些淀粉粒将逐渐消失。

叶绿体是半自主性细胞器，在某些方面与细菌相似。高等植物的叶绿体含有一个或多个拟核，即含 DNA 的透明的无基质区域。质体 DNA 呈双链环状，并且不与组蛋白结合。此外，叶绿体核糖体的大小也与细菌核糖体相同，其蛋白质合成受氯霉素和链霉素抑制，而真核细胞的核糖体不受这些抗生素的影响。叶绿体 DNA 虽编码一些细胞器蛋白质，但叶绿体中的大多数蛋白质由核 DNA 编码，并在细胞质中合成后，被运输和定位于叶绿体上。

2）白色体 白色体是不含可见色素的无色质体。白色体近于球形，大小为 2μm×5μm，它的结构简单，在基质中仅有少数不发达的片层。根据所贮藏的物质不同可分为造粉体（amyloplast）、蛋白体（proteinoplast）和造油体（elaioplast）。这些不同类型的质体都是由前质体或原质体（proplastid）发育而来。

造粉体是贮存淀粉的质体，主要分布于贮藏组织（如子叶、胚乳、块茎和块根等）中（图 1-8）。造粉体一般为圆形或椭圆形，也有不规则形的。它是植物细胞内碳水化合物的临时“仓库”。蛋白质体（造蛋白体），在分生组织、表皮和根冠等细胞中可以见到，它主要贮藏蛋白质。造油体是贮藏脂类物质的白色体，脂类物质在基质中呈小球状，造油体在一些植物种子的细胞内可见到。

3）有色体 有色体是缺乏叶绿素而含有类胡萝卜素（carotenoid）等色素的质体。它的存在使许多果实、花、根、枝条和叶片呈现红色、黄色和橙黄色。一般认为它可吸引昆虫，有利于传粉和果实的散布。不同植物有色体的形状、大小和结构有很大的差异，最简单的是球状有色体，如植物的花瓣及柑橘、黄辣椒果实中的有色体，此外，还有具同心排列的膜的有色体，如黄水仙（*Narcissus pseudonarcissus* L.）的花瓣；还有管状有色体，如红辣椒果实等（图 1-9）。

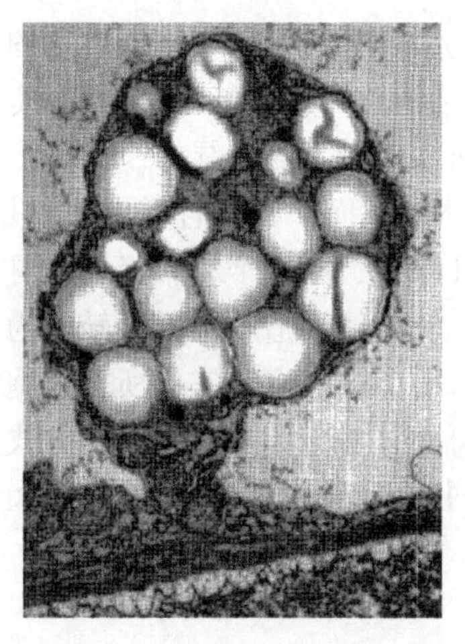

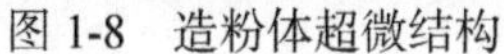

图 1-8　造粉体超微结构

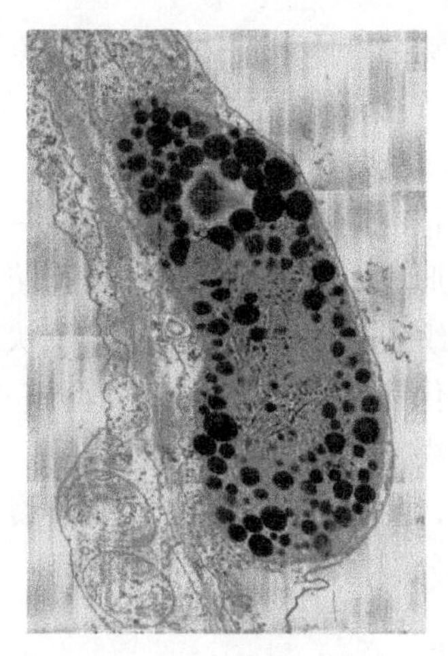

图 1-9　有色体超微结构

质体的分化与细胞分化一样是一个渐进的过程，因此，除上述几种质体外，还有许多中间过渡类型。

4）质体的发生和相互转化　叶绿体、有色体和白色体由原质体发育而来。原质体存在于合子和分生组织细胞中，体积小，一般呈球形，直径为 0.4～1μm，外有双层膜包围，内部结构简单（图 1-10）。基质中有少量类囊体、小泡和质体小球。在根的分生组织细胞中，有时可见到少量淀粉粒。基质中还有少量的 DNA、RNA、核糖体和可溶性蛋白。当细胞分化时，原质体逐渐转变为其他类型的质体。

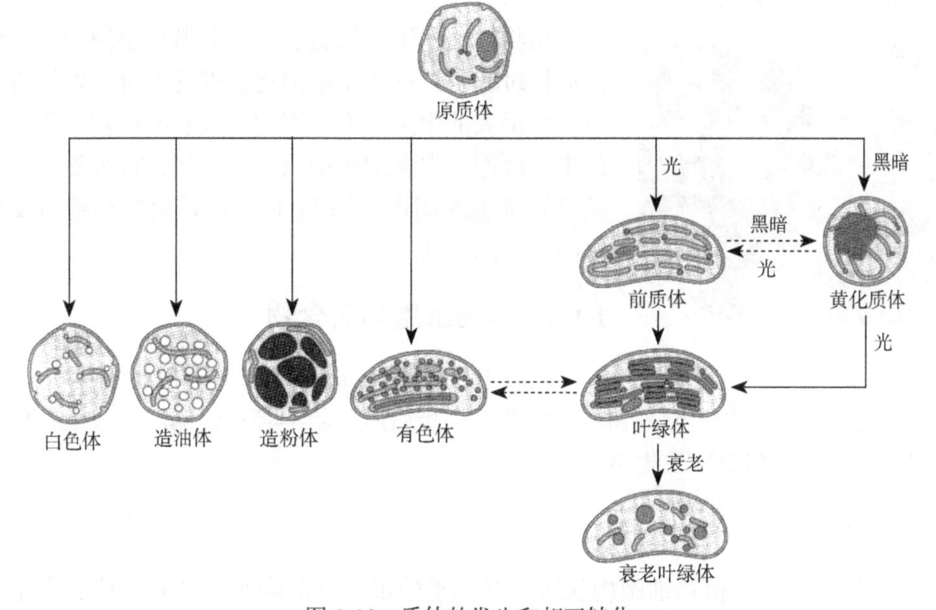

图 1-10　质体的发生和相互转化

在直接光照下，幼叶中原质体的内膜向内凹入，形成片状或管状结构，逐步形成片层系统，渐渐发育为成熟的叶绿体。而被子植物的种子如果置于黑暗中发芽、生长，就形成黄化植物，叶中的质体缺乏叶绿素，成为黄化质体（etioplast）。它的片层系统由许多小管相互连接形成晶格状结构，称为原片层体（prolamellar body），其基质内可有淀粉粒。如果将黄化植物暴露在光照下，黄化质体就转变为叶绿体，使叶子变绿。

在某些情况下，一种质体可由另一种质体转化而来，并且质体有时是可以逆转的。叶绿体可以形成有色体，有色体也可转变为叶绿体，如胡萝卜根经照光可由黄色转变为绿色。当组织脱分化而成为分生组织状态时，叶绿体和造粉体都可转变为原质体。细胞内质体的分化和转化与环境条件有关。同时，质体的发育受它们所在细胞的控制，不同基因的表达决定着该细胞的质体类型。质体可通过一分为二或出芽的方式进行增殖，在分生组织中，前质体的分裂与细胞分裂大致同步，然而在成熟细胞中，大量的质体通过成熟质体的分裂而产生。

3．液泡

植物液泡（vacuole）是一个积极参与新陈代谢的细胞器，它有重要的生理功能，如调节细胞水势和膨压、参与细胞内物质的积累与移动、隔离有害物质而避免细胞受害以及防御作用。液泡由单层膜包被，其间充满的液体为细胞液，液泡中的细胞液是水，其中溶有多种无机盐、氨基酸、有机酸、糖类、生物碱、色素等成分，有些细胞的液泡中还含有多种色素，如花青素（anthocyanidin）等，花青素的显色状况与细胞液的 pH 有关，通常酸性时显红色，碱性时呈蓝色，中性时则呈紫色，从而使花瓣、果实和叶片在一定时期显现出红、紫、蓝等不同颜色。细胞液往往呈弱酸性，但有些植物（如柠檬）细胞的细胞液酸性较高，使果实具有强烈的酸味。此外，液泡中还含有一些水解酶和一些晶体，如草酸钙结晶。

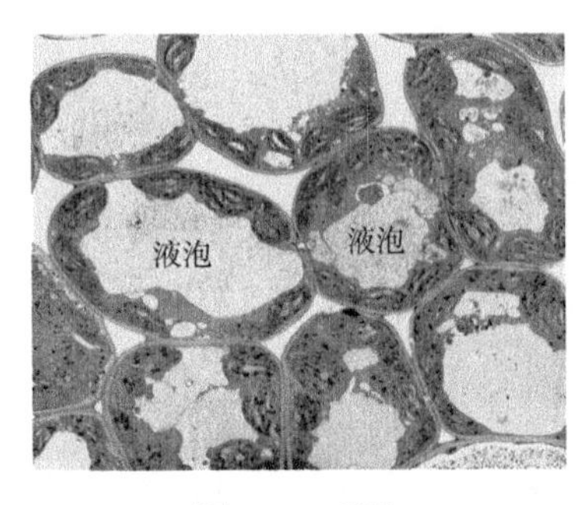

图 1-11　液泡

植物中，幼嫩的细胞有多个分散的小液泡，在细胞的成长过程中，这些小液泡逐渐彼此融合而发展成数个或一个很大的中央液泡。因此，成熟的植物细胞具有大的中央液泡，占据细胞中央很大空间，将细胞质和细胞核挤到细胞的周边（图 1-11）。这是植物细胞与动物细胞明显不同之处。

1.1.3　植物细胞的后含物

后含物（ergastic substance）指植物细胞中的贮藏物质和代谢产物或废物。贮藏物质包括糖类、蛋白质、脂类等；代谢产物或废物包括无机盐晶体、单宁、树脂、生物碱等。

1．淀粉

淀粉（starch）是植物细胞内仅次于纤维素的最丰富的碳水化合物。往往大量贮存于植物种子、块根和块茎的贮藏组织中。植物光合作用的产物以蔗糖等形式运入贮藏组织后在造粉体中合成淀粉，形成淀粉粒（starch grain）。一个造粉体内可形成一个或几个淀粉粒，淀粉沉积时，以一个或几个称脐（hilum）的蛋白质为中心，一层层堆积，形成围绕脐点的轮纹。轮纹的形成与直链淀粉和支链淀粉交替沉积有关。淀粉遇碘呈蓝紫色，在偏光显微镜下可出现双折射现象，据此可判断其存在与否（图 1-12）。

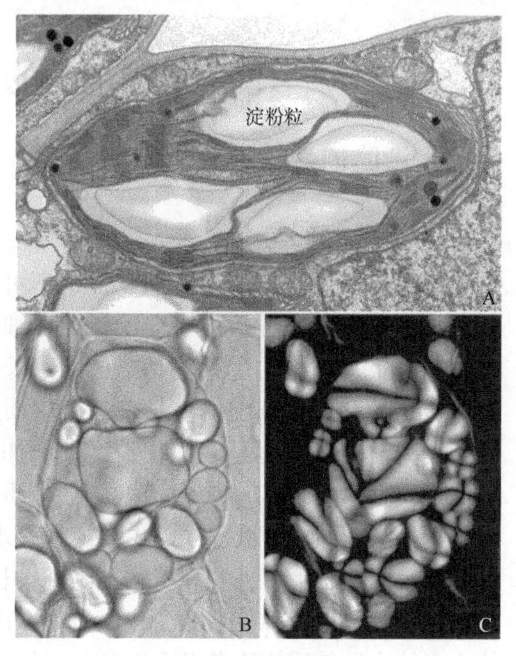

图 1-12　淀粉粒

A．叶绿体中的淀粉粒；B．造粉体中的淀粉粒；C．偏光显微镜下淀粉粒的双折射现象

2．蛋白质

植物的贮藏蛋白主要存在于种子内，不表现出明显的生理活性。细胞中的贮藏蛋白呈颗粒状，称为糊粉粒（aleurone grain）或蛋白酶体（proteosome）。

3．脂肪与油

脂肪与油是植物细胞中贮存的含能量较高的化合物。它们呈固体状态或油滴状散布于细胞质基质内，或于造油体中，大量存在于油料植物的种子或果实内，子叶、花粉等结构内也可见到。

4．晶体

一些植物细胞的液泡内可见到各种形状的晶体（crystal）。草酸钙结晶是常见的一类，有单晶、簇晶、针晶、砂晶等不同形态（图 1-13）。草酸钙结晶被认为参与植物体内钙离子平衡、钙离子贮存，增加植物组织的硬度和机械支持力，保护植物免受食草动物和昆虫的啃食，有聚集和反射太阳光等作用。此外，有些植物的细胞中有碳酸钙结晶，禾本科植物中还有二氧化硅结晶。一般认为晶体是新陈代谢产生的废物。

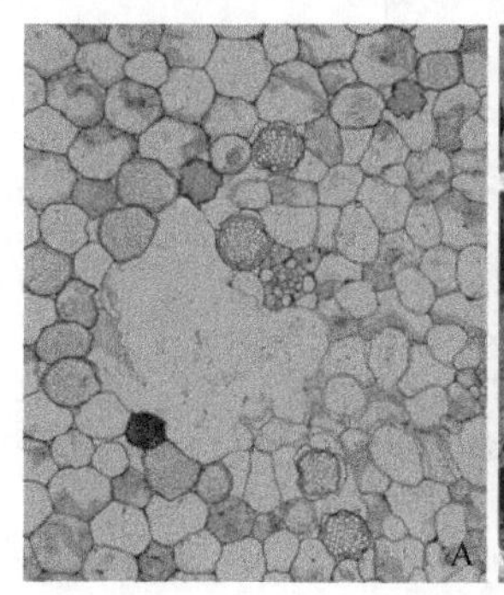

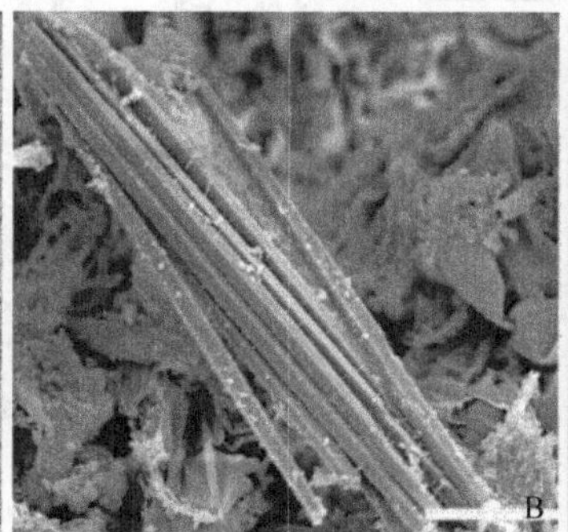

图 1-13　水烛叶草酸钙针晶

A．光学显微镜下针晶横切面；B、C．扫描电镜下草酸钙针晶

1.2 植物细胞的分化和组织的形成

1.2.1 细胞的生长、分化与死亡

1．细胞的生长

细胞的生长是指细胞体积和重量不可逆地增加，表现为细胞鲜重和干重增长的同时，细胞发生纵向延长或横向的扩展。细胞的生长是植物个体生长的基础，对于单细胞植物而言，细胞的生长就是个体的生长，而多细胞植物的生长依赖于细胞的生长和细胞数量的增加。细胞的生长包括原生质体的生长和细胞壁的生长。原生质体生长过程中最为显著的变化是液泡化程度的增加，原生质体中原来小而分散的液泡逐渐长大（图 1-14），合并成为中央大液泡，细胞质的其余部分则变成一薄层紧贴于细胞壁，细胞核也移至侧面；因液泡中的主要成分是水，通过吸水使得液泡变大，同时也使细胞体积和重量增加，更容易实现植物细胞的生长。此外，原生质体中的其他细胞器在数量和分布上也发生着各种复杂的变化。例如，内质网增加并由稀疏变为密集的网状结构；质体也由幼小的前质体逐渐发育成各种质体等。细胞壁的生长包括表面积的增加和壁的加厚，其生长过程受原生质体生物化学反应的控制，原生质体在细胞生长过程中不断分泌壁物质，使细胞随原生质体的长大而延伸，同时壁的厚度和化学组成也发生变化，细胞壁（初生壁）厚度增加，并且由原来含有大量的果胶和半纤维素转变成有较多的纤维素与非纤维素多糖。

图 1-14 植物细胞的生长过程

植物细胞的生长都有一定限度，这主要是受细胞本身遗传因子的控制。但在一定程度上，也受到外界环境的许多因素的影响。例如，当水分充足、营养条件良好、温度适宜时，细胞生长迅速，体积也较大，在植物体上反映出根、茎生长迅速，叶宽而肥大，

植株高大；反之，如果缺乏水分、营养不良、温度不适，细胞生长缓慢，体积较小，在植物体上反映为生长缓慢，植株矮小，叶小而瘦薄。

2．细胞的分化

对多细胞植物而言，不同的细胞往往执行不同的功能，执行不同功能的细胞常常在形态或结构上表现出各种变化。例如，表皮细胞在细胞壁的表面形成明显的角质层以加强保护作用；叶肉细胞中前质体发育形成了大量的叶绿体专营光合作用；而贮藏细胞既不含叶绿体，也没有特化的细胞壁，但往往具有大的中央液泡和大量的白色体。这种在个体发育过程中，细胞在形态、结构和功能上的特化过程，称为细胞分化（cell differentiation）。细胞分化是多细胞有机体发育的基础与核心，植物的进化程度愈高，植物体结构愈复杂，细胞分工就愈细，细胞的分化程度也愈高。细胞分化使多细胞植物体中的细胞功能趋于专门化，这样有利于提高各种生理功能的效率。事实上，不仅在多细胞植物体中存在细胞分化，在单细胞植物中也存在着分化，但它们与多细胞植物不同，细胞分化不表现为细胞间的差异，而是在它们的生活史的不同阶段发生有规律的形态和生理上的变化。例如，许多单细胞藻类在营养期是固着不动的，但在繁殖期却产生了游动的孢子或配子。

植物已分化的细胞，只要处于生活状态，即使分化程度很高的细胞，也保持着恢复到分生状态的能力，即脱分化，这是动物细胞所不具备的。一个细胞通过脱分化向分化状态恢复可能达到的程度，取决于它已有的分化程度。分化程度较低的细胞（类似于动物的胚胎干细胞），如形成层细胞和薄壁细胞，可以脱分化形成营养生长点，然后重新分化，产生器官或植株。而分化程度较高的细胞（类似于动物的组织干细胞），如厚壁细胞或纤维细胞只能恢复到形成层细胞状态，能够分裂形成某些组织，但不可能再生植株。

细胞分化是一个非常复杂的过程，它涉及许多调节和控制因素，因为组成同一植物体的所有细胞均来自受精卵，它们具有相同的遗传组成，但它们为什么会分化成不同的形态？是哪些因素在控制？这是当今发育生物学研究的中心问题之一，也是目前植物生物学研究领域中最吸引人注意的一个热点问题。经过多年的研究，人类目前对植物个体发育过程中某些特殊类型细胞的分化和发育机制已经有了一定程度的了解。现代分子生物学的研究结果表明，细胞分化是基因选择性表达的结果。分化细胞基因组中所表达的基因大致可分为两类，一类是管家基因（house-keeping gene），另一类是组织特异性基因（tissue-specific gene）。管家基因指所有细胞中均要表达的一类基因，其产物对维持细胞基本生命活动是必需的；而组织特异性基因是指在不同类型细胞中特异性表达的基因，其产物赋予各种类型细胞特殊的形态结构特征和特异的生理功能，也就是说，细胞分化的实质是组织特异性基因在时间和空间上差异表达的结果。组织特异性基因的选择性表达主要由调控蛋白所启动，而调控蛋白的作用受多种因素的影响，包括细胞的极性，细胞在植物体中的位置，各种不同的激素或化学物质，以及光照、温度和湿度等外界环境条件。

3．细胞的死亡

植物个体在发育过程中，伴随着细胞分裂、生长和分化，也不断发生细胞的死亡，正常的组织中经常发生细胞死亡，这是维持组织机能和形态所必需的。细胞的死亡有两种不同的形式：一种是坏死性死亡（necrotic death），主要是由于各种不利因素，如物理、化学损伤和生物侵袭造成细胞正常新陈代谢活动受损或中断而引起的死亡；另一种是细胞程序性死亡（programmed cell death），或者细胞凋亡（apoptosis），是指由基因决定的细胞主动结束生命过程的一种正常的生理性死亡，受到严格的遗传机制程序性调控。植物细胞发生程序性死亡时，染色质逐渐降解，核 DNA 断裂成片段，细胞核皱缩变形，内质网膨胀呈泡状，细胞质和细胞器表现出很强的自溶现象。

在植物发育过程中，细胞程序性死亡的现象普遍存在，如功能大孢子形成、胚乳和糊粉粒降解、根毛细胞的枯萎和死亡、根冠边缘细胞的死亡和脱落、花药发育过程中绒毡层细胞的瓦解和死亡、叶子的衰老、通气组织的形成、管状分子发育，等等。植物细胞通过程序性死亡来清除已经完成功能的、无用的或者对机体有潜在危险的细胞，是植物体内积极的生物学过程，对植物体的生长发育有重要的意义，是物种进化的结果（图 1-15）。

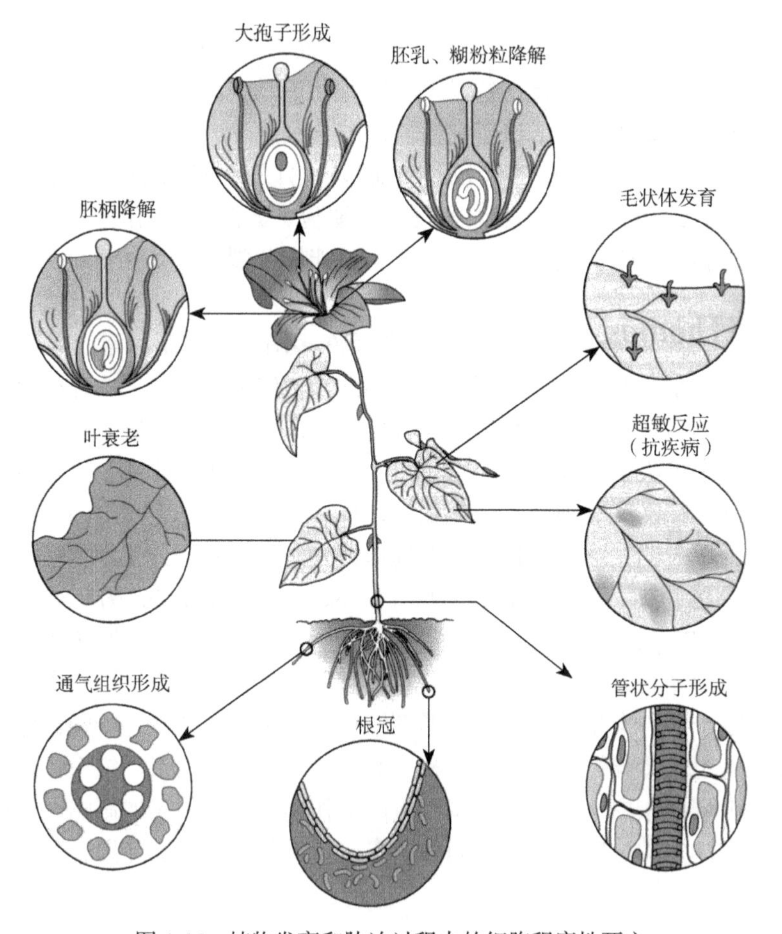

图 1-15　植物发育和胁迫过程中的细胞程序性死亡

1.2.2　植物组织的概念及分类

单细胞植物，在一个细胞中就完成了各种生理功能。多细胞植物，特别是种子植物由受精卵开始，不断进行细胞分裂、生长、发育、分化，从而产生了许多形态、结构、生理功能不同的细胞。这些细胞有机配合，紧密联系，形成各种器官，从而更有效地完成着有机体的整个生理活动。在植物体中，具有相同来源的同一类型或不同类型细胞群所组成的结构和功能单位，称为组织（tissue），由单一类型细胞构成的组织称为简单组织（simple tissue），由多种类型细胞构成的组织则称为复合组织（complex tissue）。

植物的每个器官都由几种组织构成，每种组织都具有一定的分布规律并行使一定的生理功能。按照不同组织的功能和结构特点，可以将植物的组织分为六大类，即分生组织（meristem）、保护组织（protective tissue）、薄壁组织（parenchyma）、机械组织（mechanical tissue）、输导组织（conducting tissue）和分泌组织（secretory tissue）。其中，分生组织细胞具有持续分裂能力，通常位于植物体的生长部位。其他 5 类组织是在器官发育过程中，由分生组织衍生细胞分化发育而成的，且多数已丧失分裂能力，故将它们称为成熟组织（mature tissue）或永久组织（permanent tissue），与分生组织并列。但组织的“成熟”或“永久”程度是相对而言的，成熟组织并非一成不变，尤其是分化程度较低的组织，有时会随着植物体的发育进而特化为另一种组织，有时在一定条件下，成熟组织也可脱分化（dedifferentiation）成为分生组织，重新恢复分裂能力。

1．分生组织

在植物胚胎发育的早期，所有胚细胞都进行分裂。但当胚进一步生长发育时，细胞分裂就逐渐局限于植物体的特定部分。这些具有细胞分裂能力的植物细胞群称为分生组织（meristem）。分生组织具有连续或周期性的分裂能力。高等植物体内的其他组织都是由分生组织经过分裂、生长、发育、分化而形成的。

根据分生组织在植物体中的分布位置不同，可划分为顶端分生组织、侧生分生组织和居间分生组织（图 1-16）。

1）顶端分生组织　位于根、茎及各级分枝顶端的分生组织，称为顶端分生组织（apical meristem）（图 1-16）。它包括直接保留下来的胚性细胞及其衍生细胞。顶端分生组织与根、茎的伸长有关。茎的顶端分生组织还是形成叶和腋芽的部位，种子植物茎顶端分生组织到一定发育阶段又可分化形成花或花序。

顶端分生组织的细胞多为等径，一般排列紧密。细胞壁薄，体积较小，细胞核相对较大，细胞质浓厚，含有线粒体、高尔基体、核糖体等细胞器，液泡不明显。

2）侧生分生组织　位于裸子植物和双子叶植物根、茎周围，与器官的长轴方向平行排列的分生组织，称为侧生分生组织（lateral meristem），包括维管形成层和木栓形成层（图 1-16）。

维管形成层由两种类型的细胞构成，其中，少数近于等径的细胞称为射线原始细胞，而多数为长的纺锤形细胞，有较为发达的液泡，细胞与器官长轴平行，称为纺锤状

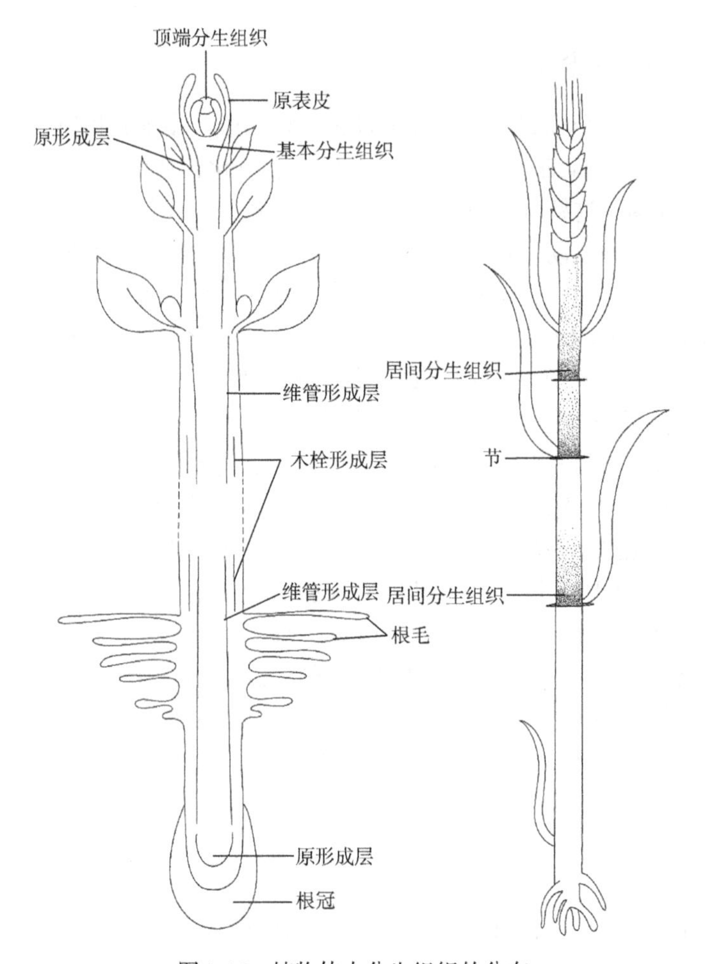

图 1-16 植物体中分生组织的分布

原始细胞。维管形成层的活动时间较长，分裂出来的细胞分化为次生韧皮部和较多的次生木质部。木栓形成层的分裂活动产生木栓层和栓内层，三者共同形成根、茎表面的周皮。侧生分生组织的分裂活动，使裸子植物和双子叶植物的根、茎得以增粗。单子叶植物中一般没有侧生分生组织，不会进行加粗生长。

3）居间分生组织　在有些植物的发育过程中，在已分化的成熟组织间夹着一些未完全分化的分生组织，称为居间分生组织（intercalary meristem）（图 1-16）。实际上，居间分生组织是顶端分生组织衍生、遗留在某些器官局部区域的分生组织。在玉米、小麦等单子叶植物中，居间分生组织分布在节间的下方，它们旺盛的细胞分裂活动使植株快速生长、增高。韭菜和葱的叶子基部也有居间分生组织，割去叶子的上部后叶还能生长。花生的“入土结实”现象是花生子房柄中的居间分生组织分裂，使子房柄伸长，子房被推入土中的结果。

根据其细胞来源和分化的程度，分生组织又可分成三类：原分生组织（promeristem）、初生分生组织（primary meristem）和次生分生组织（secondary meristem）。

1）原分生组织　原分生组织是从胚胎中保留下来的，具有强烈、持久的分裂能力，位于根、茎顶端的最前端的分生组织。

2）初生分生组织　初生分生组织由原分生组织衍生的细胞构成，紧接于原分生组织，这些细胞一方面能继续分裂，另一方面在形态上已出现了初步的分化，如细胞体积扩大，细胞质逐渐液泡化等，是从原分生组织向成熟组织过渡的组织。初生分生组织包括原表皮、原形成层和基本分生组织。原表皮位于最外方，将来分化为表皮；原形成层细胞纵向延长，细胞核和核仁明显，原生质浓厚，将来分化为维管组织；基本分生组织液泡化程度较高，将来分化为皮层和髓。

3）次生分生组织　次生分生组织是由某些成熟组织细胞脱分化，重新恢复分裂能力形成的，包括维管形成层和木栓形成层，通常位于裸子植物和双子叶植物根和茎的侧面。

2．保护组织

覆盖于植物体表面，起保护作用的组织，称为保护组织（protective tissue）。保护组织能减少植物体内水分的蒸腾，防止病原微生物的侵入，还能控制植物与外界的气体交换。保护组织包括表皮（epidermis）和周皮（periderm）两类。

1）表皮　表皮由初生分生组织的原表皮分化而来，通常是一层具有生活力的细胞，但有时也可由多层细胞所组成。例如，在干旱地区生长的植物，叶表皮就常是多层的，有利于防止水分的过度蒸发。表皮可包含表皮细胞、气孔器的保卫细胞（图 1-17）和副卫细胞、表皮毛等。

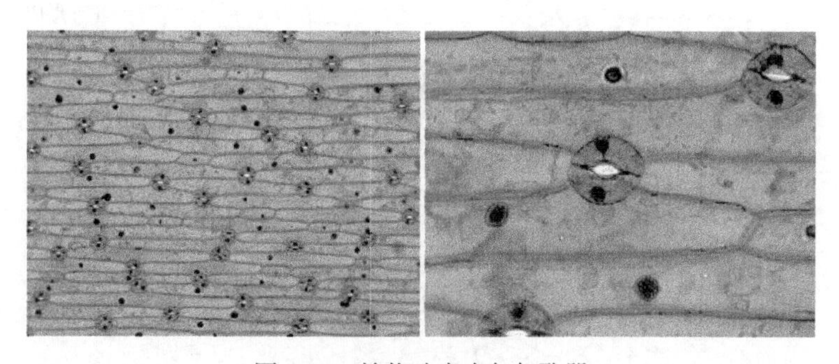

图 1-17　植物叶表皮与气孔器

表皮细胞大多扁平，形状不规则，彼此紧密镶嵌。表皮细胞细胞质少，液泡大，液泡甚至占据细胞的中央部分，而核却被挤在一边。一般没有叶绿体，有时含有白色体、有色体、花青素、单宁、晶体等。表皮细胞与外界相邻的一面，在细胞壁外表常覆盖着一层角质膜，角质膜是由疏水物质组成，水分很难透过。角质膜也能有效地防止微生物的侵入。角质膜表面光滑或形成乳突、皱褶、颗粒等，有些植物在角质膜外还沉积蜡质，形成各种形式的蜡被。多种纹饰的角质膜和蜡被，对植物鉴定有重要价值。

气孔器是调节水分蒸腾和气体交换的结构，由一对特化的保卫细胞和它们之间的孔隙、气孔下室以及与保卫细胞相连的副卫细胞（有或无）共同组成（图 1-17）。保卫细胞常呈肾形，含叶绿体，靠近孔隙一侧的细胞壁较厚，与表皮或副卫细胞毗邻的细胞壁较薄，这种结构特征与气孔的开闭有密切关系。

毛状体为表皮上的附属物，形态多种多样，包括腺毛和非腺毛，由表皮细胞分化而来，具保护、分泌、吸收等功能。根的表皮与茎、叶的表皮不同，细胞壁角质膜薄，某些表皮细胞特化形成根毛，因此，根表皮主要起吸收和分泌作用。

2）周皮 在裸子植物、双子叶植物的根、茎等器官中，在加粗生长开始后，由于表皮往往不能适应器官的增粗生长而剥落，从内侧再产生次生保护组织——周皮，行使保护功能。

木栓形成层（phellogen）向外分裂出来的细胞组成木栓层（cork），向内分裂产生栓内层（phelloderm）。木栓层、木栓形成层和栓内层共同构成周皮（图 1-18）。木栓层由多层细胞构成，细胞扁平，没有细胞间隙，细胞壁高度栓质化，原生质体解体，细胞内充满气体，具有控制水分散失、保温、防止病虫侵害、抵御逆境的作用。栓内层通常是一层细胞，细胞壁较薄，细胞中常含叶绿体。在茎形成周皮时，往往气孔所在部位的木栓形成层产生的细胞不形成正常的木栓层，而是形成排列疏松的球形细胞，称补充细胞（complementary cell）。它们将外面的表皮和木栓层胀破，裂成唇形突起，在表面上呈现圆形、椭圆形或线形的斑点，能让水分、气体内外交流，这种结构称皮孔（lenticel）（图 1-18）。

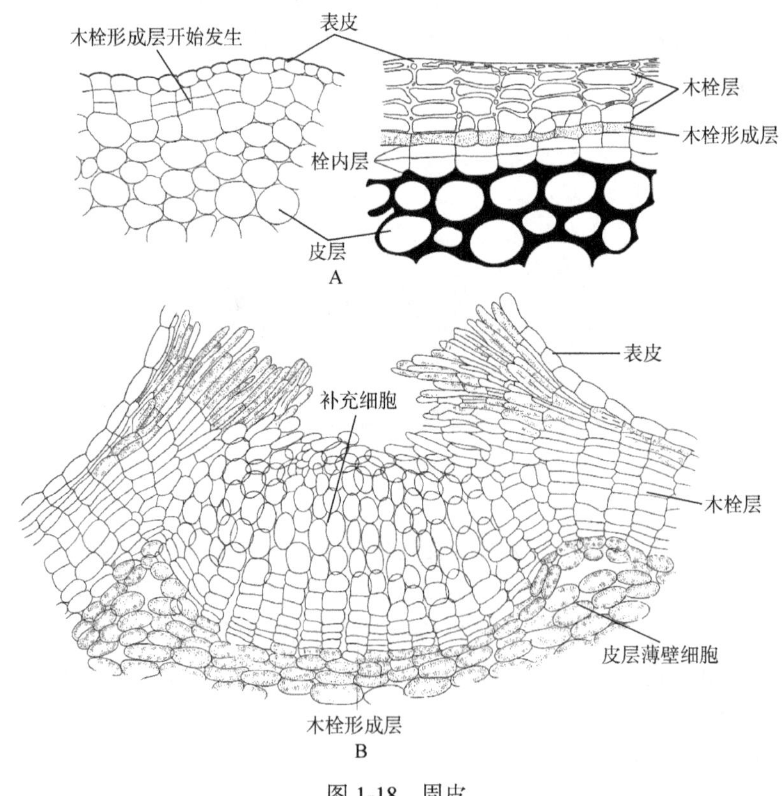

图 1-18　周皮

A. 周皮的发生；B. 皮孔

在树木生长中，周皮的内侧，往往还可产生新的木栓形成层，由新的木栓形成层再形成新的周皮保护层。每次当新周皮形成后，其外方组织相继死亡，并逐渐累积增厚。在老的树干上，周皮及其外方的毁坏组织和韧皮部，也就是形成层以外的所有部分，常被称为树皮（bark）。

3．薄壁组织

薄壁组织（parenchyma）的细胞壁通常较薄，一般只有初生壁而无次生壁。薄壁组织在植物体内分布最广，在根、茎、叶、花、果实以及种子中都含有大量的这种组织（图 1-19），故又称基本组织（ground tissue）。

薄壁组织细胞液泡较大，而细胞质较少，但含有质体、线粒体、内质网、高尔基体等细胞器。细胞排列松散，有较宽大的细胞间隙。薄壁组织分化程度较浅，有潜在的分生能力，在一定的条件作用下，可以经过脱分化，激发分生的潜能，进而转变为分生组织。同时，基本组织也可以转化为其他组织。

薄壁组织在不同情况下肩负着不同的生理功能。叶中的薄壁细胞含有叶绿体，构成栅状组织和海绵组织，光合作用在这些细胞中进行，因此有光合作用能力的薄壁组织又称为同化组织（assimilating tissue）。根、茎表皮之内的皮层等薄壁组织，能贮存营养物质，果实和种子的薄壁细胞也能贮藏营养，称贮藏组织（storage tissue）。在贮藏组织中常可见蛋白质、糖类及油类等贮藏物质，如水稻、小麦等禾本科植物种子的胚乳细胞；甘薯块根、马铃薯块茎的薄壁细胞贮藏淀粉粒或糊粉粒；花生种子的子叶细胞贮藏油类。有些植物如仙人掌、龙舌兰等生于干旱环境，其中有些细胞具有贮藏水分的功能，这类细胞往往有发达的大液泡，其中溶质含量高，能有效地保存水分，这类细胞为贮水组织（aqueous tissue）。水生植物体内常具有通气组织（aerenchyma），其细胞间隙非常发达，形成大的气腔，或互相贯通成气道（图 1-19）。气腔和气道内蓄积大量空气，有利于呼吸时气体的交换。同时，这种蜂巢状的通气组织，可以有效地抵抗水生环境中所受到的机械应力。

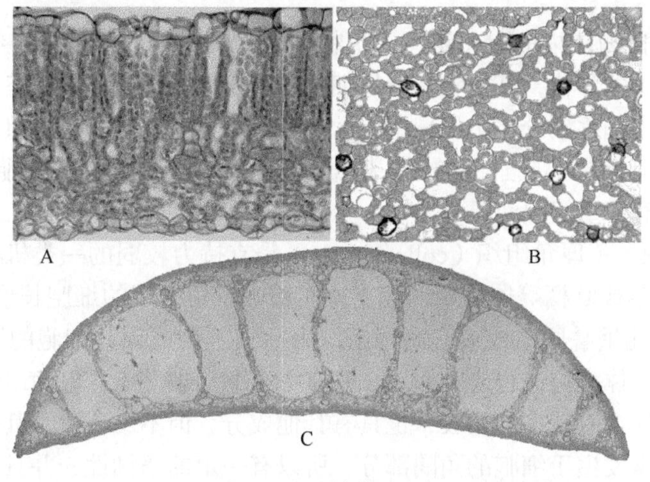

图 1-19　几种薄壁组织

A. 叶肉的同化组织；B. 贮藏组织；C. 通气组织

20世纪60年代，通过电子显微镜研究发现，小叶脉附近还有一类薄壁细胞，其细胞壁向内形成指状突起，质膜沿其表面分布，表面积大大增加，这类细胞称为传递细胞（transfer cell）（图1-20）。传递细胞的细胞核大、细胞质稠密，富含线粒体和内质网，其他细胞器如高尔基体、核糖体、微体、质体也都存在，与相邻细胞之间有发达的胞间连丝，这种细胞能迅速地从周围吸收物质，也能迅速地将物质向外转运。由于传递细胞具有丰富的细胞器，以及"壁-膜器"（壁内突）的特化结构，因此，传递细胞是保证短途装卸溶质特别有效的形式。

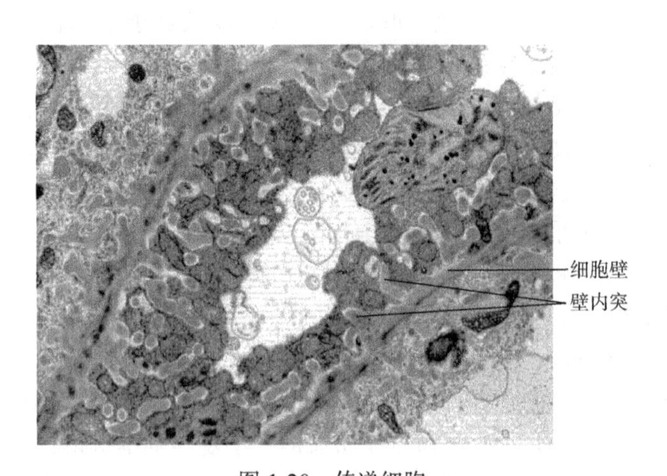

图1-20　传递细胞

苦荬菜属（*Sonchus*）叶小叶脉韧皮部横切面的超微结构，示传递细胞细胞壁内突，通过增加质膜表面积提高短途运输能力

传递细胞在植物体的许多部位出现。例如，某些植物的花药绒毡层、珠被绒毡层、胚囊中的助细胞、反足细胞、胚乳的内层细胞、子叶的表皮、禾本科植物颖果糊粉层的某些特化细胞等处，都有传递细胞的发生。

4．机械组织

机械组织为植物体内的支持组织。植物器官的幼嫩部分，机械组织不发达，甚至完全没有机械组织的分化，其植物体依靠细胞的膨压维持直立伸展状态。随着器官的生长、成熟，器官内部逐渐分化出机械组织。种子植物具有发达的机械组织。机械组织的共同特点是其细胞壁局部或全部加厚。根据机械组织细胞的形态及细胞壁加厚的方式，可分为厚角组织和厚壁组织两类。

1）厚角组织　厚角组织（collenchyma）是支持力较弱的一类机械组织，多分布在幼嫩植物的幼茎或叶柄等器官中，起支持作用。厚角组织的细胞长形，两端呈方形、斜形或尖形，彼此重叠联结成束。此种组织由活细胞构成，其细胞的原生质体能生活很久，常含有叶绿体，可进行光合作用，并有一定的分裂潜能。厚角组织细胞壁的成分主要是纤维素，还含有较多的果胶，也具有其他成分，但不木质化。其初生细胞壁呈不均匀增厚，增厚常发生于细胞的角隅部分，所以有一定的坚韧性，并具有可塑性和延伸性。既可以支持器官直立，又适应于器官的迅速生长，所以，普遍存在于正在生长或经常摆动的器官之中。植物的幼茎、花梗、叶柄和大的叶脉中，其表皮的内侧均可有厚角组织的分布（图 1-21）。

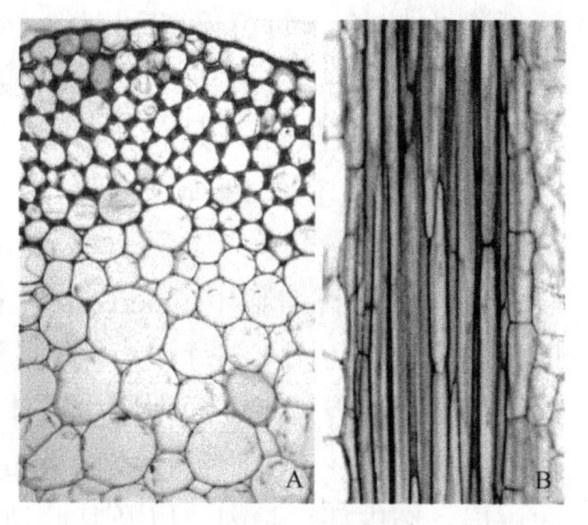

图 1-21　厚角组织
A. 厚角组织横切面；B. 厚角组织纵切面

2）厚壁组织　厚壁组织（sclerenchyma）是植物体的主要支持组织。其显著的结构特征是细胞的次生细胞壁均匀加厚，而且常常木质化。有时细胞壁可占据细胞的大部分体积，细胞内腔可以变得较小以至几乎看不见。发育成熟的厚壁组织细胞一般都已丧失生活的原生质体。

厚壁组织有两类。一类是纤维（fiber），细胞细长，两端尖锐，其细胞壁强烈地增厚，常木质化而坚硬，含水量低，壁上有少数小纹孔，细胞腔小。纤维常以尖端重叠而连接成束，形成器官内的坚强支柱。

纤维分为韧皮纤维（phloem fiber）和木纤维（wood fiber）两种。韧皮纤维，存在于韧皮部，细胞壁不木质化或只轻度木质化，故有韧性，如黄麻纤维、亚麻纤维等（图 1-22）。韧皮纤维细胞的长度因植物种类而不同，通常为 1～2mm，而有些植物

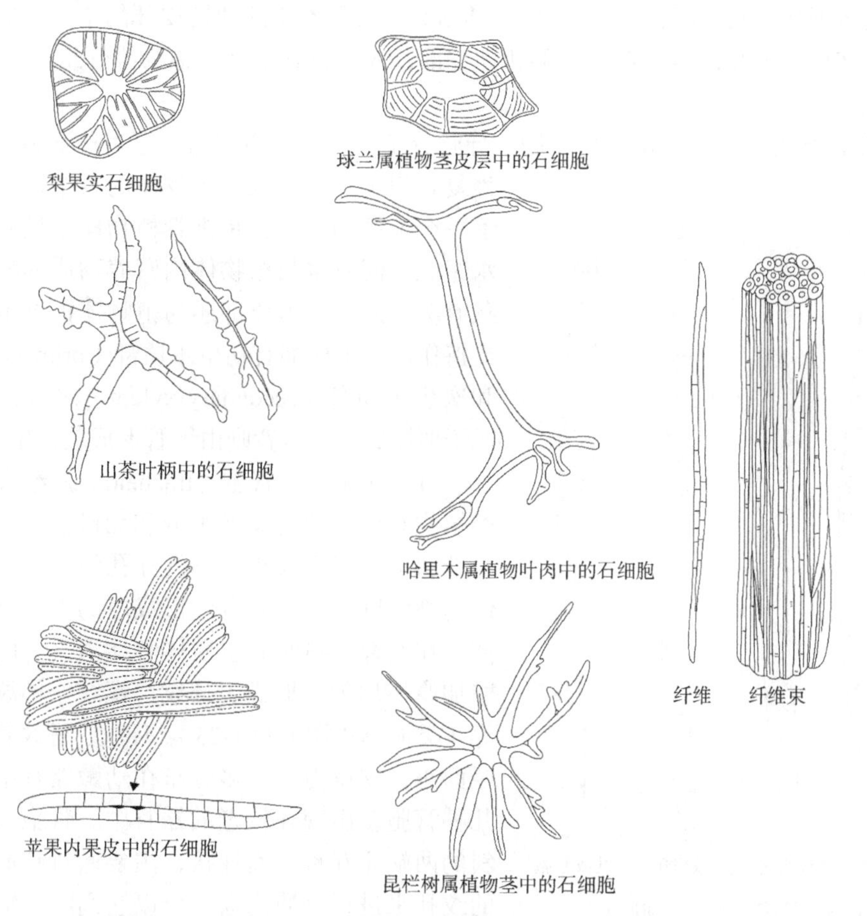

图 1-22　厚壁组织

的纤维也较长，如黄麻的可达 8～40mm，大麻为 10～100mm，苎麻为 5～550mm。纤维的工艺价值取决于细胞的长度与细胞壁含纤维素的量，亚麻纤维细胞长，细胞壁含纤维素较纯，是优质的纺织原料，黄麻的纤维细胞短，细胞壁木质化程度高，故仅适宜作麻绳或织麻袋等。木纤维存在于木质部中，细胞壁木质化而坚硬。

另一类是石细胞（stone cell）。石细胞的形状不规则，多为等径，但也有长骨形、星状和毛状等（图 1-22）。次生壁强烈增厚并木质化，出现同心状层次。壁上有分枝的纹孔道。细胞腔极小，通常原生质体已消失，成为仅具坚硬细胞壁的死细胞，故具有坚强的支持作用。石细胞往往成群分布，有时也可单个存在。石细胞分布很广，在植物茎的皮层、韧皮部、髓内，以及某些植物的果皮、种皮，甚至叶中都可见到。梨果肉中的白色硬颗粒就是成团的石细胞。

5．输导组织

在高等植物从水生到陆生的演化过程中，逐渐形成了特化的输导组织，贯穿于植物体的各器官之中，发达的输导组织使植物对陆生生活有了更强的适应能力。根据它们运输的主要物质不同，可将输导组织分为两大类，即运输水分、无机盐的木质部（xylem）和运输溶解状态同化产物的韧皮部（phloem）。由于木质部和韧皮部的主要组成分子都是管状结构，因此，通常将木质部和韧皮部，或者将其中之一称为维管组织（vascular tissue）。

1）木质部　木质部是由管胞、导管分子、纤维和薄壁细胞等多种细胞构成的一种复合组织，贯穿维管植物体的各个器官，构成了一个连续的系统，是维管植物体中最主要的输水组织，同时也与植物体内营养物质的转运和贮藏有关；此外，木质部还为植物体提供了强大的支持作用。木质部有初生木质部（primary xylem）和次生木质部（secondary xylem）之分，前者起源于原形成层，后者则由维管形成层衍生。

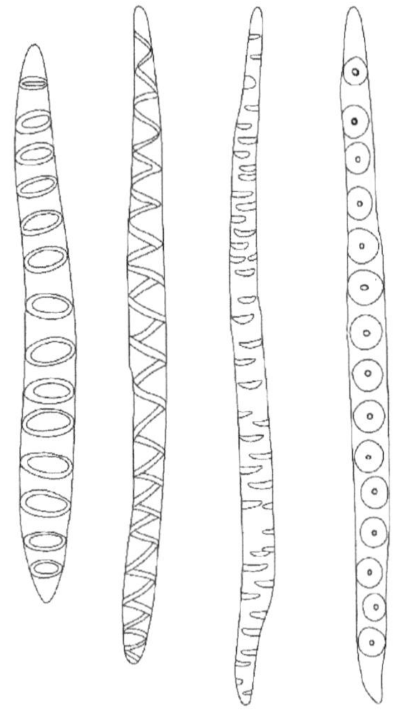

环纹管胞　螺纹管胞　梯纹管胞　孔纹管胞

图 1-23　管胞及次生壁加厚方式

（1）管胞　管胞（tracheid）是绝大部分蕨类植物和裸子植物输导水分和无机盐的结构，是两端斜尖，直径较小，不具穿孔的管状细胞。它们的细胞壁在细胞发育中形成厚的木质化的次生壁，在发育成熟时原生质体解体消失。由于次生壁加厚不均匀，形成了环纹、螺纹、梯纹、孔纹等 4 类加厚式样（图 1-23）。环纹、螺纹管胞的加厚面小，支持力低，多分布在幼嫩器官中，其他几种管胞多出现在较老的器官中。管胞以它们偏斜的两端相互重叠而连接，主要通过它们侧壁上的纹孔来进行物质沟通。所以它们除运输水分与无机盐的功能外，还有一定的支持作用。虽然它们的机械支持功能较强，但输导能力却弱于导管。

（2）导管分子　导管在被子植物中普遍存在。成熟的导管分子（vessel member）与管胞不同，导管在发育过程中伴随着细胞壁的次生加厚与原生质体的解体，导管两端的细胞初生壁被溶解，形成了穿孔。多个导管分子以末端的穿孔相连，组成了一条长的管道，称导管（图 1-24）。有的植物导管分子的穿孔为大的单穿孔（simple perforation），有的则为由数个穿孔组成的复穿孔（multiple perforation）。具有穿孔的端壁（end wall）则称为穿孔板（perforation plate）。穿孔的出现有利于水分和溶于水中无机盐类的纵向运输。此外，导管也可以通过侧壁（lateral wall）上的未增厚部分或纹孔而与毗邻的其他细胞进行横向的输导。导管比管胞的输导效率高得多。

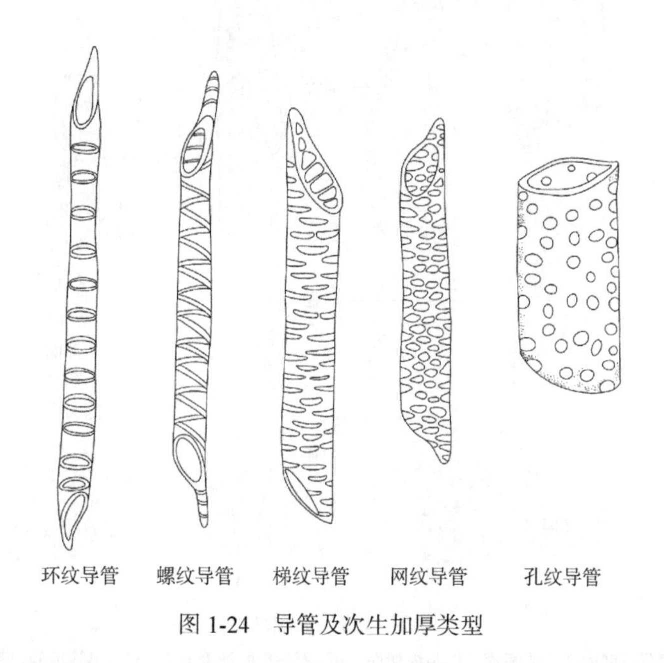

图 1-24　导管及次生加厚类型

导管也有环纹、螺纹、梯纹、网纹和孔纹 5 种次生加厚类型（图 1-24）。环纹和螺纹导管直径较小，输导效率较低；梯纹导管木质化增厚的次生壁呈横条状隆起；网纹和孔纹导管除纹孔或网眼未加厚外，其余部分皆木质化加厚，后 3 种类型的导管直径较大，输导效率较高。

从系统演化的角度来看，管胞较为原始，导管分子是由管胞进化而来的，但也有证据显示导管分子很可能是在不同类群植物（如单子叶、双子叶、买麻藤及某些蕨类植物）中独立发生的，是典型的趋同进化的过程。导管分子间穿孔的发生，使导管相对于管胞具有更高的输水效率，然而也正是由于穿孔的存在，植物体内的导管构成了一个连续的开放系统，其输水的安全性相对降低了。而管胞间的纹孔膜却可以把任何气泡限制在个别管胞中，使木质部中的水柱不致中断。

木质部中的薄壁细胞通常成束出现在纵向系统或径向系统（如次生木质部的射线）中，其中贮藏着各种物质；木质部纤维细胞成熟后，一般看作是没有生活内容物的细胞，但近年来的研究证明，木质部纤维细胞的生活内容物可以保留好几年，它们兼具支持和贮藏物质的作用。

2）韧皮部 韧皮部也是一种复合组织，它是由筛胞（sieve cell）（统称筛分子）、筛管分子（sieve tube element）、伴胞、薄壁细胞和纤维等多种不同类型的细胞构成的，是维管植物体内负责运输有机物质的组织（图 1-25）。与木质部一样，韧皮部有初生和次生之分，前者由原形成层发育，后者由维管形成层衍生而来。此外，初生韧皮部中最早形成的原生韧皮部往往因器官的伸长、扩大而破坏。

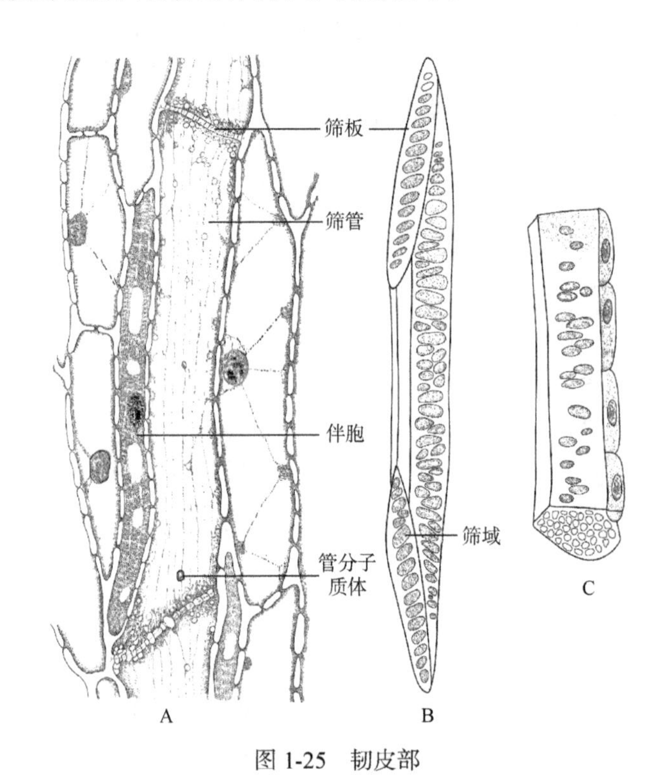

图 1-25 韧皮部

A. 烟草茎韧皮部中的筛管与伴胞纵切面；B. 复筛板的筛管分子；C. 单筛板的筛管分子

（1）筛胞 筛胞是绝大多数蕨类植物和裸子植物的输导分子。成熟的筛胞通常细长、两端尖斜，具有生活的原生质体，但没有细胞核。细胞壁为初生壁，侧壁和先端部分有不很特化的筛域，筛孔狭小，通过的原生质丝也很细小。筛胞在组织中互相重叠而生，物质运输是通过筛胞之间相互重叠末端的筛孔进行的。

（2）筛管分子 筛管是被子植物中运输有机物的结构。它是由一些管状活细胞纵向连接而成的，组成该筛管的每一细胞称为筛管分子（sieve tube element）。成熟的筛管分子中，细胞核退化，细胞质仍然保留。筛管的细胞壁由纤维素和果胶构成，在侧面的细胞壁上有许多特化的初生纹孔场，叫作筛域（sieve area），其中分布有成群的小孔，这种小孔称为筛孔（sieve pore），筛孔中的胞间连丝比较粗，称联络索（connecting strand）。而其末端的细胞壁分布着一至多个筛域，这部分细胞壁则称为筛板（sieve plate）。联络索沟通了相邻的筛管分子，能有效地输送有机物。在被子植物的筛管中，还有一种特殊的蛋白质，称 P 蛋白，有人认为 P 蛋白是一种收缩蛋白，与有机物的运输有关。

（3）伴胞　伴胞（companion cell）是和筛胞并列的一种细胞，细胞核大，细胞质浓厚。伴胞和筛管是从分生组织的同一个母细胞分裂发育而成。二者间存在发达的胞间连丝，在功能上也是密切相关，共同完成有机物的运输。

6．分泌组织

植物体中有一些细胞或一些特化的结构有分泌功能。这些细胞或结构分泌的物质十分复杂，如挥发油、树脂、乳汁、蜜汁、单宁、黏液、盐类等物质。有些植物在新陈代谢过程中，这些产物或是通过某种机制排到细胞外、体外，或是积累在细胞内。凡能产生分泌物质的有关细胞或特化的细胞组合，总称为分泌结构或分泌组织。分泌结构也多种多样，其来源、形态和分布不尽相同（图 1-26）。例如，花中可形成蜜腺、蜜槽；有些植物（如天竺葵）叶表面往往有腺毛；玉兰等花瓣有香气是因为其中有油细胞，也能分泌芳香油。松树的茎、叶等器官中有树脂道，能分泌松脂；橘子果皮上可见到透明的小点就是分泌囊，能分泌芳香油；三叶橡胶树的茎中有乳汁管，所分泌的汁液能制作橡胶。

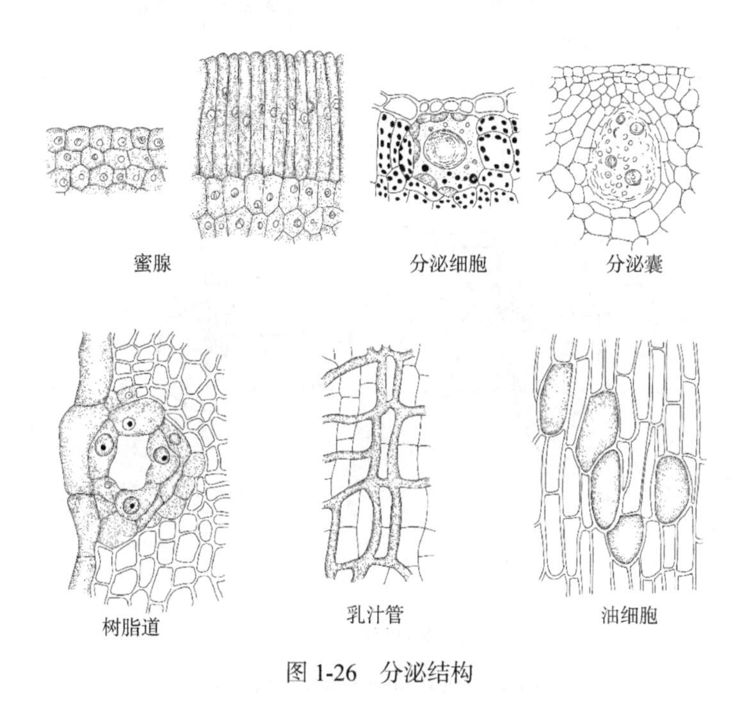

图 1-26　分泌结构

1.2.3　组织系统的概念

在植物体内，结构和功能各异的组织组合在一起形成了植物的三大组织系统，即基本组织系统（ground tissue system）、皮组织系统（dermal tissue system）和维管组织系统（vascular tissue system）。基本组织系统包括具有同化、贮藏、通气和吸收功能的薄壁组织以及具有机械作用的厚角组织和厚壁组织；皮组织系统包括作为初生保护结构的表皮和作为次生保护结构的周皮；维管组织系统由贯穿植物体各部分的维管组织构成，包括初生木质部和初生韧皮部以及次生木质部和次生韧皮部。分生组织的活动以及三大组织系统的协调配合为植物的形态发生、发育以及各项生理代谢活动的顺利进行奠定了基础（图 1-27）。

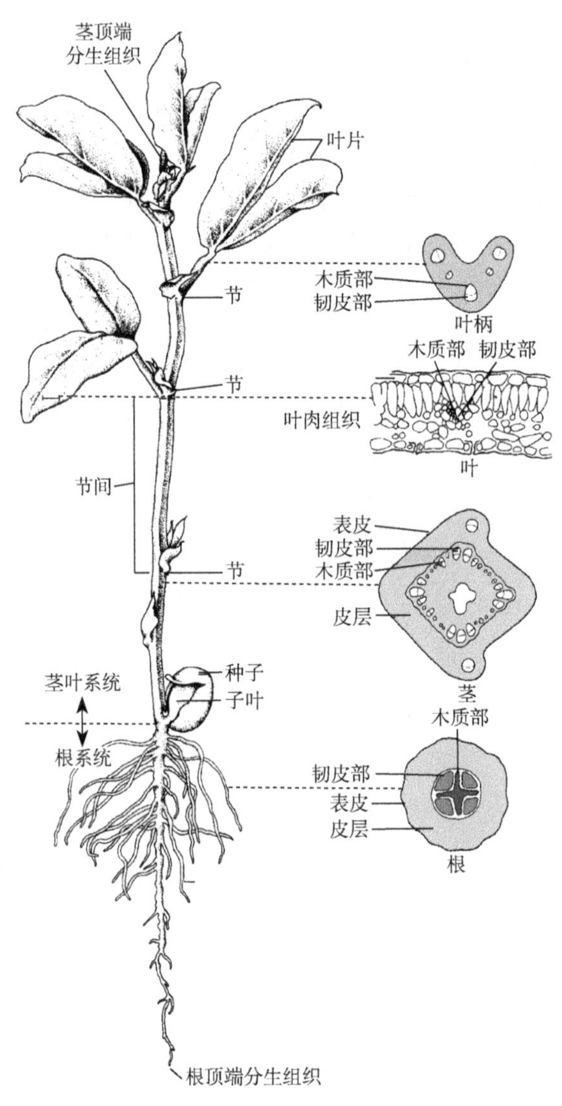

图 1-27　维管植物（蚕豆）模式图

示根、茎、叶及构成各器官的组织系统

第2章 藻类植物

藻类植物是一群没有根、茎、叶分化，能进行光合作用的低等自养植物。藻类植物的形态结构差异很大，从体长上看，小的只有几微米，必须在显微镜下才能看到，而大的体长可达60m。现存的藻类植物大约有3万种，主要生活在海水或淡水中，少数生活在潮湿的土壤、墙壁、岩石或树干上，还有少数附生在动物体上。依据藻体是由原核细胞还是真核细胞构成，可将藻类植物分为原核藻类和真核藻类两大类群。原核藻类与细菌属原核生物，出现在35亿～33亿年前。在15亿年前，已有和现代藻类相似的有机体存在。现代生存的原核生物主要包括细菌（真细菌）、放线菌、古细菌、蓝藻和原绿藻等。在两界生物系统中，细菌和蓝藻因以细胞直接分裂进行繁殖而归类于植物界的裂殖植物门，后来根据两者营养方式的不同，分别将细菌和蓝藻各自独立为门。1979年又发现了含叶绿素a和叶绿素b的原核藻类——原绿藻。按照近代的生物五界系统，将原核生物从植物界中分出，单立为原核生物界。由于原核藻类的营养方式、光合作用过程及放氧等特征与植物界存在某些相同之处，从生物进化上看，原核藻类和真核藻类关系密切，了解原核藻类对分析真核藻类的起源和系统发育亦有重要意义。同时也考虑到原核藻类和真核藻类的差异以及许多人赞同成立原核生物界的事实，故将原核藻类和真核藻类分别讲述。

2.1 原核藻类

原核藻类是一群现存最原始、最古老，具有核物质，但没有核膜、核仁，也没有膜包围的叶绿体、线粒体、高尔基体等细胞器，具有光合色素，能够进行光合作用并产生O_2的原核生物。目前已知包括蓝藻和原绿藻两大类群。

2.1.1 蓝藻

1．形态结构

蓝藻（cyanophyta），也称蓝绿藻（blue-green algae）。蓝藻细胞具有细胞壁，其主要化学成分是肽聚糖（peptidoglycan），与细菌相同，均可被溶菌酶溶解。大多数蓝藻细胞的外部由果胶酸（pectic acid）和黏多糖（mucopolysaccharide）构成的胶质鞘（gelatinous sheath）包围，有些种类的胶质鞘容易水化，有的胶质鞘比较坚固，易形成层理。胶质鞘中还常常含有红、紫、棕色等非光合作用的色素。

蓝藻细胞里的原生质体分化为中心质（centroplasm）和周质（periplasm）两部分。

中心质又叫中央体（central body），位于细胞中央，其中含有 DNA。蓝藻细胞中无组蛋白，不形成染色体，DNA 以纤丝状存在，无核膜和核仁的结构，但有核的功能，即仅具原始核（图 2-1）。

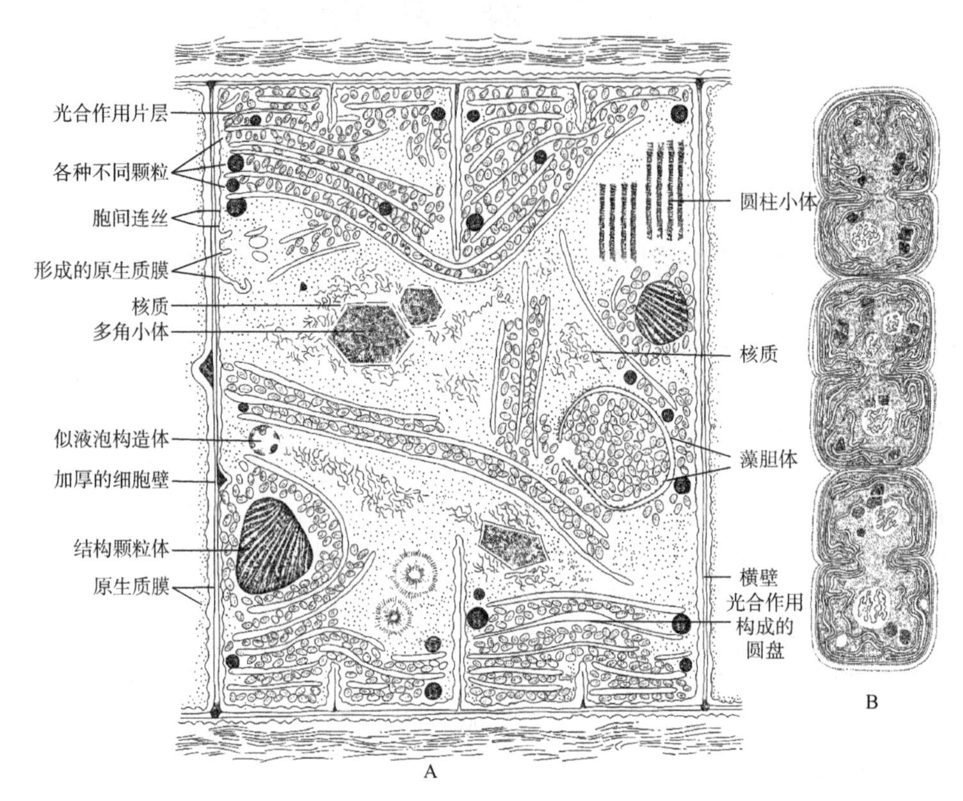

图 2-1 蓝藻细胞超微结构（A）及细胞分裂过程（B）示意图

周质又称色素质（chromoplasm），在中心质的四周，蓝藻细胞没有分化出载色体等细胞器（organelle），在电子显微镜下观察，周质中有许多扁平的膜状光合作用片层（photosynthetic lamellae），即类囊体（thylakoid），这些片层不集聚成束，而是单条地有规律地排列，它们是光合作用的场所，光合色素存在于类囊体的表面。蓝藻的光合色素有三类：叶绿素 a、藻胆素（phycobilin）及一些黄色色素。藻胆素为一类水溶性的光合辅助色素，它是藻蓝素（phycocyanobilin）、藻红素（phycoerythrobilin）和别藻蓝素（allophycocyanin）的总称。由于藻胆素紧密地与蛋白质结合在一起，所以又总称为藻胆蛋白（phycobiliprotein）或藻胆体（phycobilisome），在电镜下，呈小颗粒状分布于类囊体表面。蓝藻光合作用的产物为蓝藻淀粉（myxophycean starch）和蓝藻颗粒体（cyanophtcin），这些营养物质分散在周质中；周质中还有一些气泡（gas vacuole），充满气体，具有调节蓝藻细胞浮沉的作用，在显微镜下观察呈黑色、红色或紫色。

蓝藻植物体形态多样，有单细胞、群体和丝状体等多种类型。有些蓝藻在每条丝状体中只有一条藻丝，而有些种类有多条藻丝；有些蓝藻的藻丝上还常含有一种特殊细胞，叫异形胞（heterocyst），异形胞是由营养细胞形成的，但一般比营养细胞大。在形成异形胞时，细胞内的贮藏颗粒溶解，光合作用片层破碎，形成新的膜，同时分泌出新的细胞壁物质于细胞壁外边，所以在光学显微镜下观察，细胞内是空的。

2．繁殖

蓝藻以细胞直接分裂的方法进行繁殖。单细胞类型是细胞分裂后，子细胞立即分离，形成单细胞；群体类型是细胞反复分裂后，子细胞不分离，形成多细胞的大群体，然后群体破裂，形成多个小群体；丝状体类型是以形成藻殖段（hormogonium）的方法进行营养繁殖，藻殖段是由于丝状体中某些细胞的死亡，或形成异形胞，或在两个营养细胞间形成双凹分离盘（separation disc），或是由于外界的机械作用将丝状体分成许多小段，每一小段称为一个藻殖段，以后每个藻殖段发育成一个丝状体（图 2-2）。

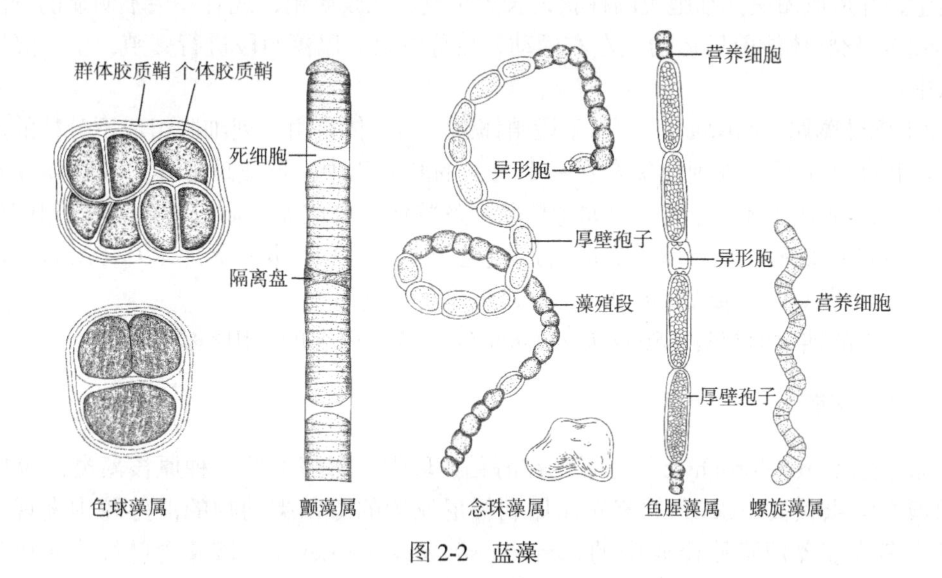

图 2-2　蓝藻

蓝藻除进行营养繁殖外，还可以产生孢子，进行无性生殖。例如，在有些丝状体类型中可以通过产生厚壁孢子（akinete）（图 2-2）、外生孢子（exospore）或内生孢子（endospore）进行无性生殖，厚壁孢子是由于普通营养细胞的体积增大、营养物质的积蓄和细胞壁的增厚形成的，此种孢子可长期休眠，以渡过不良环境，待环境适宜时，孢子萌发，分裂形成新的丝状体。形成外生孢子时，细胞内原生质发生横分裂，形成大小不等的两块原生质，上端一块较小，形成孢子，基部一块仍具有分裂能力，继续分裂形成孢子。内生孢子极少见，源于母细胞增大，原生质进行多次分裂，形成许多具有薄壁的子细胞，母细胞破裂后孢子放出。

3．分布与生境

蓝藻分布很广，淡水、海水中，潮湿地面、树皮、岩面和墙壁上都有生长，主要生活在水中，特别是在营养丰富的水体中，夏季大量繁殖，集聚水面，形成水华（water bloom）。此外，还有一些蓝藻与其他生物共生。例如，有的与真菌共生形成地衣，有的与蕨类植物满江红共生，还有的与裸子植物苏铁共生。

4．分类与代表植物

蓝藻门现存1500～2000种，是已知地球上出现最早、最原始的光合自养生物。

1）色球藻属（*Chroococcus*） 属于色球藻纲。植物体为单细胞或群体。单细胞时，细胞为球形，外被固体胶质鞘。群体是由两代或多代的子细胞在一起形成的。每个细胞都有个体胶质鞘，同时还有群体胶质鞘包围着（图2-2）。细胞呈半球形或四分体形，在细胞相接触处平直。胶质鞘透明无色，浮游生活于湖泊、池塘、水沟中，有时也生活在潮湿地上、树干上或滴水的岩石上。

2）颤藻属（*Oscillatoria*） 属于段殖体纲。植物体是由一列细胞组成的丝状体，常丛生，并形成团块。细胞短圆柱状，长大于宽，无胶质鞘，或有一层不明显的胶质鞘（图2-2）。丝状体能前后运动或左右摆动，故称颤藻。以藻殖段进行繁殖，生于湿地或浅水中。

3）念珠藻属（*Nostoc*） 属于段殖体纲。植物体是由一列细胞组成不分枝的丝状体。丝状体常常是无规则地集合在一个公共的胶质鞘中，形成球形体、片状体或不规则的团块，细胞圆形，排成一行如念珠状。丝状体或有或无个体胶质鞘。异形胞壁厚，以藻殖段进行繁殖。丝状体上有时有厚壁孢子（图2-2）。本属的地木耳（*N. commune* Vauch.）、发菜（*N. flagelliforme* Born. et Flah.）可供食用。

蓝藻中的钝顶螺旋藻（*Spirulina platensia*），亦是著名的食用藻类。

2.1.2 原绿藻

原绿藻（prochlorophyte）是附生在海鞘、珊瑚、海藻上的一种原核藻类，1975年美国藻类学家赖文（Lewin）首先在加利福尼亚湾的海鞘类动物的泄殖腔中发现，并将其定名为蓝藻门集胞藻属中的*Synecocyslis didemni* Lewin。该藻含叶绿素a和叶绿素b，而不含藻胆素，不同于蓝藻，因此从蓝藻中分出，另建立一个门即原绿藻门，其名称也重新定为［*Prochloron didemni*（Lewin）Lewin］。随后，又发现了其他原绿藻生物，如原绿丝蓝细菌属（*Prochlorothrix*）和原绿球藻（*Prochlorococcus*）等。1980年3月我国的藻类学家曾呈奎教授在西沙群岛发现了生于苔藓虫上的原绿藻，后来在三亚低潮区附近也有发现。

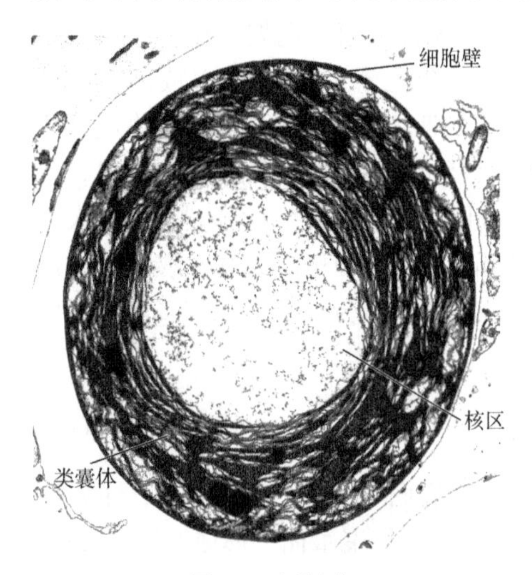

图2-3 原绿藻

原绿藻（图2-3）是绿色的单细胞藻类，直径为6～25μm。细胞中央有较大的无色类核区，无核膜和核仁。含有叶绿素a、叶绿素b（叶绿素a：叶绿素b=5：6）、类胡萝卜素及叶黄素。类囊体通常单条、光滑，无藻胆体，波折状地与细胞壁平行，含有光系统Ⅰ和光系统Ⅱ，能进行光合放氧。细胞壁中含有原核生物特有的胞壁酸（muramic acid）。原绿藻细胞分裂与蓝藻门一样，以直接分裂的方法进行繁殖。

原绿藻的发现对于研究藻类系统发育具有重要意义。有学者认为原绿藻是由蓝藻类进化而来，大约1亿年前，某种蓝藻类与海鞘类共生，获得了制造叶绿素b和叶绿素a及叶绿素b蛋白质体的能力，然而藻胆素退化，形成了原绿藻。然而有的学者则认为原绿藻可能是介于蓝藻和绿藻的中间生物，既继承了蓝藻类的叶绿素a，又产生了叶绿素b，为绿藻类的形成奠定了基础。真核细胞叶绿体起源的“共生说”认为，叶绿体可能是蓝藻或原绿藻生物通过内共生形成真核生物的叶绿体。现在，根据16S rRNA的测序比较发现，几种原绿藻生物并不是含叶绿素a、叶绿素b的绿色植物的早期祖先。相反，原绿藻生物、蓝藻类和植物的叶绿体可能是来自一个共同的祖先。因此，原绿藻生物在生物系统发育中的地位还需要进一步的研究。

2.2 真核藻类

真核藻类（eukaryotic algae）是一群没有根、茎、叶分化，能够进行光合作用的低等自养真核植物。出现在距今15亿～14亿年前，现存约25 000种，主要生活在海水或淡水中，少数生活在潮湿的土壤、墙壁、岩石或树干上，还有少数附生在动物体上。真核藻类并不是一个自然类群，根据藻体的形态、细胞的结构、所含色素的种类、贮藏物质的类别以及生殖方式和生活史类型等，可以把藻类植物分成许多不同的类群。

2.2.1 绿藻

绿藻（green algae）植物体的形态多种多样，有单细胞、群体、丝状体或叶状体，少数单细胞和群体类型的营养细胞前端有鞭毛，终生能运动，但绝大多数绿藻的营养体不能运动，只有繁殖时形成的游动孢子和配子有鞭毛，能运动。

绿藻细胞壁分两层，内层主要成分为纤维素，外层是果胶，常常黏液化。细胞里充满原生质，在原始类型中，原生质中只形成很小的液泡，但在高级类型中，像高等植物一样，中央有一个大液泡。绿藻细胞中的载色体和高等植物的叶绿体结构类似，电子显微镜下观察，有双层膜包围，光合作用片层为3～6条叠成束排列，载色体所含的色素也和高等植物相同，主要色素有叶绿素a、叶绿素b、α-胡萝卜、β-胡萝卜素以及一些叶黄素类；在载色体内通常有一至数枚蛋白核（pyrenoid），同化产物是淀粉，其组成与高等植物的淀粉类似，也是由直链淀粉组成，多贮存于蛋白核周围。细胞核一至多数。

1．繁殖

绿藻的繁殖有营养繁殖、无性生殖和有性生殖三类。

1）营养繁殖 对一些大的群体和丝状体绿藻来说，常由于动物摄食、流水冲击等机械作用，使其断裂；也可能由于丝状体中某些细胞形成孢子或配子，在放出孢子或配子后从空细胞处断裂；或由于丝状体中细胞间胶质膨胀分离而形成单个细胞或几个细胞的短丝状。无论什么原因，断裂产生的每一小段都可发育成新的藻体，因而这是营养繁殖的一种途径。某些单细胞绿藻遇到不良环境时，细胞可多次分裂形成胶群体，待环境好转时，每个细胞又可发育成一个新的植物体。

2）无性生殖 绿藻可通过形成游动孢子（zoospore）或静孢子（aplanospore）进行无性繁殖。游动孢子无壁，形成游动孢子的细胞与普通营养细胞没有明显区别，有些绿藻全体细胞都可产生游动孢子，但群体类型的绿藻仅限于一定的细胞中产生游动孢子。在形成游动孢子时，细胞内原生质体收缩，形成一个游动孢子，或经过分裂形成多个游动孢子。游动孢子多在夜间形成，黎明时放出，或在环境突变时形成。游动孢子放出后，游动一个时期，缩回或脱掉鞭毛，分泌一层壁，成为一个营养细胞，继而发育为新的植物体。有些绿藻以静孢子进行无性生殖，静孢子无鞭毛，不能运动，有细胞壁。在环境条件不良时，细胞原生质体分泌厚壁，围绕在原生质体的周围，并与原有的细胞壁愈合，同时细胞内积累大量的营养物质，形成厚壁孢子，环境适宜时，发育成新的个体。

3）有性生殖 有性生殖的生殖细胞叫配子（gamete），两个生殖细胞结合形成合子（zygote），合子可直接萌发形成新个体，或是经过减数分裂先形成孢子，再由孢子进一步发育成新个体。如果是形状、结构、大小和运动能力完全相同的两个配子结合，称为同配生殖（isogamy）；如果两个配子的形状和结构相同，但大小和运动能力不同，此两种配子的结合称为异配生殖（anisogamy），其中，大而运动能力迟缓的为雌配子（female gamete），小而运动能力强的为雄配子（male gamete）；如果两个配子在形状、大小、结构和运动能力等方面都不相同，那么其中大的配子无鞭毛不能运动，称为卵（egg），小而有鞭毛能运动的称为精子（sperm），精卵结合称为卵式生殖（oogamy）；如果是两个没有鞭毛能变形的配子结合，称为接合生殖（conjugation）。

2．分布与生境

绿藻分布在淡水和海水中，海产种类约占 10%，90% 的种类分布于淡水或潮湿土表、岩面或花盆壁等处，少数种类可生于高山积雪上。还有少数种类与真菌共生形成地衣体。

3．常见代表类群

绿藻是藻类植物中种类最多的一个类群，现存 5000～8000 种，下列几个类群在形态结构上具有一定的代表性。

1）衣藻属（*Chlamydomonas*） 衣藻是常见的单细胞绿藻，生活于含有有机质的淡水沟和池塘中。植物体呈卵形、椭圆形或圆形，体前端有两条顶生鞭毛，是衣藻在水中的运动器官。细胞壁分两层，内层主要成分为纤维素，外层是果胶。载色体形状如厚底杯形，在基部有一个明显的蛋白核。细胞中央有一个细胞核，在鞭毛基部有两个伸缩泡（contractile vacuole），一般认为是排泄器官。眼点（stigma）橙红色，位于体前端一侧，是衣藻的感光器官。

衣藻经常在夜间进行无性生殖，生殖时藻体通常静止，鞭毛收缩或脱落变成游动孢子囊，细胞核先分裂，形成 4 个子核，有些种则分裂 3～4 次，形成 8～16 个子核；随后细胞质纵裂，形成 2 个、4 个、8 个或 16 个子原生质体，每个子原生质体分泌一层细胞壁，并生出两条鞭毛，子细胞由于母细胞壁胶化破裂而放出，长成新的植物体。在某些环境下，如在潮湿的土壤上，原生质体可再三分裂，产生数十、数百至数千个没有鞭毛的子细胞，埋在胶化的母细胞中，形成一个不定群体（palmella）。当环境适宜时，每个子细胞生出两条鞭毛，从胶质中放出（图 2-4）。

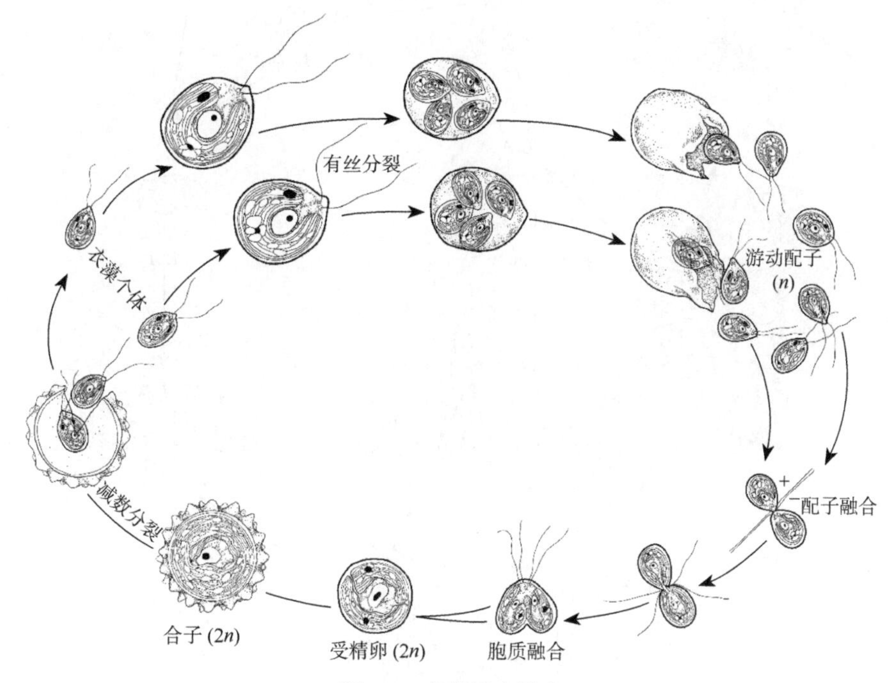

图 2-4　衣藻属生活史

衣藻进行无性生殖多代后，再进行有性生殖。多数种的有性生殖为同配，生殖时，细胞内的原生质体经过分裂，形成具 2 条鞭毛的（＋）、（－）配子（16 个、32 个或 64 个）；配子在形态上与游动孢子无大差别，只是比游动孢子小。成熟的配子从母细胞中放出后，游动不久，即成对结合，形成双倍、具四条鞭毛、能游动的合子，合子游动数小时后变圆，分泌厚壁形成厚壁合子，壁上有时有刺突。合子经过休眠，在环境适宜时萌发，经过减数分裂，产生 4 个单倍的原生质体，并继续分裂多次，产生 8 个、16 个、32 个单倍的原生质体；以后合子壁胶化破裂，单倍核的原生质体被放出，并在几分钟之内生出鞭毛，发育成新的个体（图 2-4）。

2）松藻属（*Codium*）　全部海产，固着生活于海边岩石上。植物体为管状分枝的多核体，许多管状分枝互相交织，形成有一定形状的大型藻体，外观叉状分枝，似鹿角，基部为垫状固着器（图 2-5）。丝状体有一定分化，中央部分的丝状体细，无色，排列疏松，无一定次序，称作髓部；向四周发出侧生膨大的棒状短枝，叫作胞囊（utricle），胞囊紧密排列成皮部；髓部丝状体的壁上，常发生内向生长的环状加厚层，有时可使管腔阻塞，其作用是增加支持力，这种加厚层在髓部丝状体上各处都有，而胞囊基部较多。载色体数多，小盘状，多分布在胞囊远轴端，无蛋白核。细胞核极多而小。

松藻属植物体是二倍体。进行有性生殖时，在同一藻体或不同藻体上生出雄配子

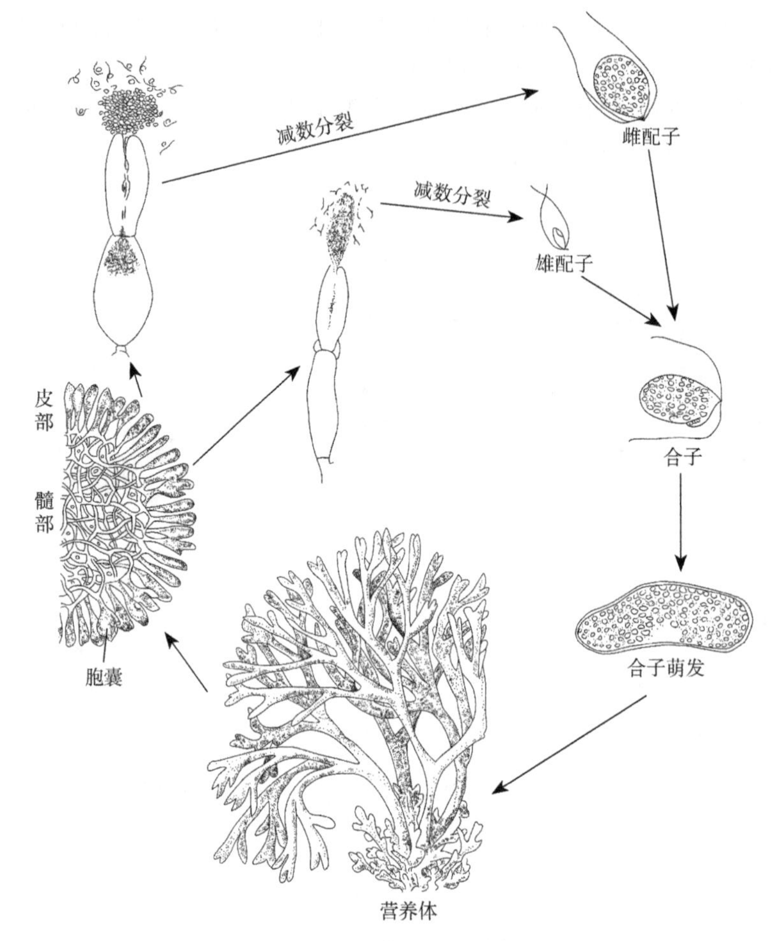

图 2-5　松藻属的生活史

囊（male gametangium）和雌配子囊（female gametangium），配子囊发生于胞囊的侧面，配子囊内的细胞核一部分退化，一部分增大；每个增大的核经过减数分裂，形成 4 个子核，每个子核连同周围的原生质一起，发育成具双鞭毛的配子。雌配子大，含多个载色体；雄配子小，只含有 1～2 个载色体。雌、雄配子结合成合子，合子立即萌发，长成新的二倍体植物（图 2-5）。

3）水绵属（*Spirogyra*）　属于接合藻纲，生于淡水中。水绵植物体是由一列细胞构成的不分枝的丝状体，细胞圆柱形。细胞壁分两层，内层由纤维素构成，外层为果胶质。壁内有一薄层原生质，载色体带状，一至多条，螺旋状绕于细胞周围的原生质中，有多数的蛋白核纵列于载色体上。细胞中有大液泡，占据细胞腔内的较大空间。细胞单核，位于细胞中央，被浓厚的原生质包围；核周围的原生质与细胞腔周围的原生质之间有原生质丝相连（图 2-6）。

水绵的有性生殖多发生在春季或秋季，生殖时两条丝状体平行靠近，在两细胞相对的一侧相互发生突起，并逐渐伸长而接触，继而接触处的壁消失，两突起连接成管，称为接合管（conjugation tube）。与此同时，细胞内的原生质体释放出一部分水分，收缩形成配子，

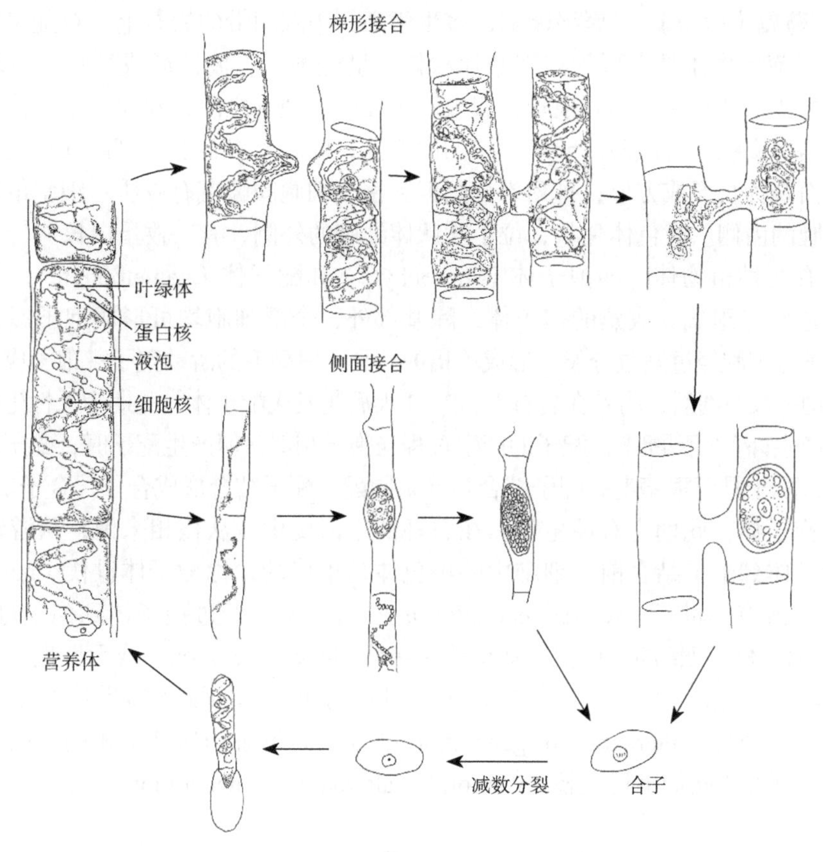

图 2-6 水绵属的生活史

第一条丝状体细胞中的配子，以变形虫式的运动，通过接合管移动至相对的第二条丝状体的细胞中，并与其中的配子结合。结合后，第一条丝状体的细胞只剩下空壁，该丝状体是雄性的，其中的配子是雄配子；而第二条丝状体的细胞在结合后，每个细胞中都形成一个合子，此丝状体是雌性的，其中的配子是雌配子。配子融合时细胞质先行融合，稍后两核才融合形成接合子。两条接合的丝状体和它们所形成的接合管，外观同梯子一样，故称这种接合方式为梯形接合（scalariform conjugation）（图 2-6）。除梯形接合外，该属有些种类还进行侧面接合（lateral conjugation），侧面接合是在同一条丝状体上相邻的两个细胞间形成接合管，或在两个细胞之间的横壁上开一孔道，其中一个细胞的原生质体通过接合管或孔道移入另一个细胞中，并与其中的原生质融合形成合子；侧面接合后，丝状体上空的细胞和具合子的细胞交替存在于同一条丝状体上，这种水绵可以认为是雌雄同体的。梯形接合与侧面接合比较，侧面接合较为原始。合子成熟时分泌厚壁，并随着死亡的母体沉于水底，待母体细胞破裂后放出体外。合子耐旱性很强，水涸不死，待环境适宜时萌发，一般是在合子形成后数周或数月，甚至一年以后萌发。萌发时，核先减数分裂，形成 4 个单倍核，其中 3 个消失，只有 1 个核萌发，形成萌发管，由此长成新的植物体（图 2-6）。

水绵属植物全部是淡水产，是常见的淡水绿藻，在小河、池塘、沟渠或水田等处均可见到，繁盛时大片生于水底或成大块漂浮水面，用手触及有黏滑的感觉。

4）石莼属（*Ulva*） 属绿藻纲，多生于高、中潮间带的岩石上。石莼属多数为食用海藻。石莼植物体是大型的多细胞片状体，呈椭圆形、披针形或带状，由两层细胞构成。植物体下部有无色的假根丝，假根丝生在两层细胞之间，并向下生长伸出植物体外，互相紧密交织，构成假薄壁组织状的固着器，固着于岩石上。藻体细胞表面观为多角形，切面观为长形或方形，排列不规则但紧密，细胞间隙富有胶质。细胞单核，位于片状体细胞的内侧。载色体片状，位于片状体细胞的外侧，有一枚蛋白核。

石莼有两种植物体，即孢子体（sporophyte）和配子体（gametophyte），两种植物体都由两层细胞组成。成熟的孢子体，除基部外，全部细胞均可形成孢子囊。在孢子囊中，孢子母细胞经过减数分裂，形成单倍的、具4根鞭毛的游动孢子；孢子成熟后脱离母体，游动一段时间后，附着在岩石上，2～3天后萌发成配子体，此期为无性生殖。成熟的配子体产生许多同型配子，配子的产生过程与孢子相似，但产生配子时，配子体不经过减数分裂，配子具两根鞭毛。配子结合是异宗同配，配子结合形成合子，合子2～3天后即萌发成孢子体，此期为有性生殖。在石莼的生活史中，从核相来说，从游动孢子开始，经配子体到配子结合前，细胞中的染色体是单倍的，称配子体世代（gametophyte generation）或有性世代（sexual generation）；从合子起，经过孢子体到孢子母细胞止，细胞中的染色体是双倍的，称孢子体世代（sporophyte generation）或无性世代（asexual generation）；在生活史中，二倍体的孢子体世代与单倍体的配子体世代互相更替的现象，称为世代交替（alternation of generation）。如果是形态构造基本相同的两种植物体互相交替，则称为同形世代交替（isomorphic alternation of generations）（图2-7）。

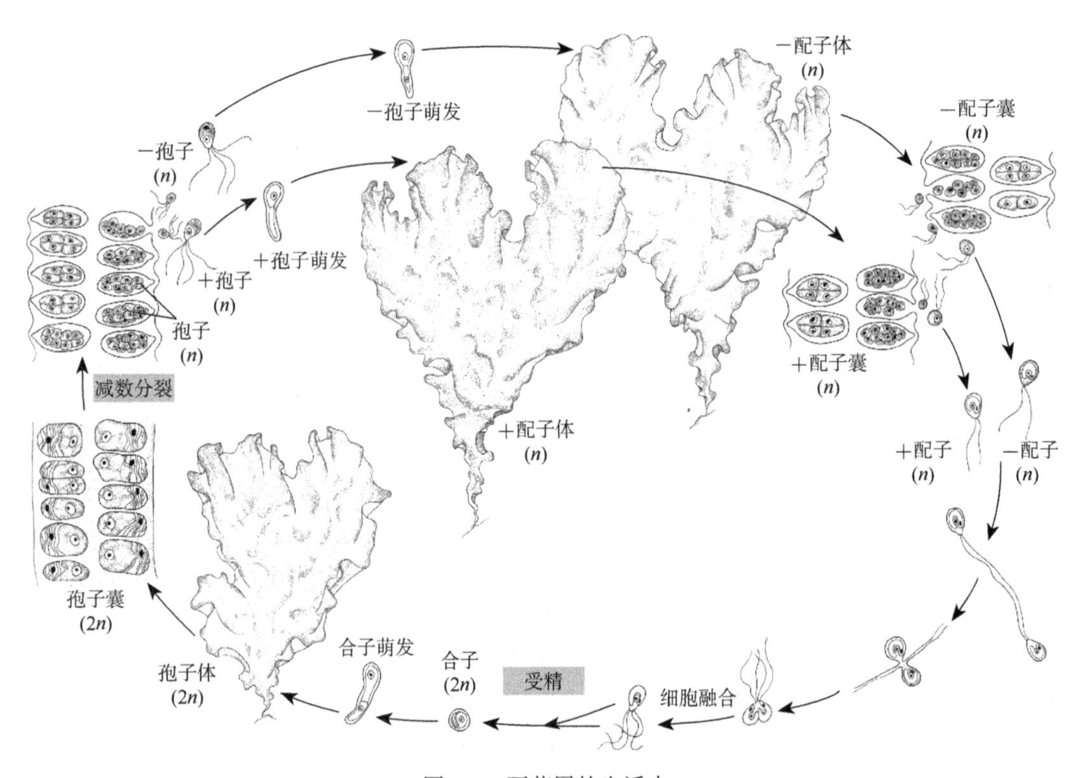

图2-7 石莼属的生活史

2.2.2 红藻

红藻（red algae）的植物体多数是多细胞，少数为单细胞，红藻的藻体均不具鞭毛。藻体一般较小，高约10cm，少数种类可超过1m。藻体有简单的丝状体，也有形成假薄壁组织的叶状体或枝状体。在形成假薄壁组织的种类中，有单轴和多轴两种类型，单轴型的藻体中央有一条轴丝，向各个方向分枝，侧枝互相密贴，形成“皮层”；多轴型的藻体中央有多条中轴丝组成髓，由髓向各个方向发出侧枝，密贴成“皮层”。

红藻的生长，多数种类是由一个半球形的顶端细胞纵分裂的结果；少数种类为居间生长，很少见的是弥散式生长，如紫菜，任何部位的细胞都可以分裂生长。

细胞壁分两层，内层为纤维素，外层是果胶。细胞内的原生质具有高度的黏滞性，并且牢固地黏附在细胞壁上。多数红藻的细胞只有一个核，少数红藻幼时单核，老时多核。细胞中央有液泡。载色体一至多数，颗粒状，载色体中含有叶绿素a和叶绿素d、β-胡萝卜素、叶黄素类及溶于水的藻胆素，一般是藻胆素中的藻红素占优势，故藻体多呈红色。藻红素对同化作用有特殊的意义，因为光线在透过水的时候，长波光线如红、橙、黄光很容易被海水吸收，在几米深处就可被吸收掉，只有短波光线如绿、蓝光才能透入海水深处，藻红素能吸收绿、蓝和黄光，因而红藻能在深水中生活，有的种类可生活在水下100m处。

红藻细胞中贮藏一种非水溶性糖类，称红藻淀粉（floridean starch），红藻淀粉是一种肝糖类多糖，以小颗粒状存在于细胞质中，而不在载色体中，用碘化钾处理，先变成黄褐色，后变成葡萄红色，最后是紫色，而不像淀粉那样遇碘后变成蓝紫色。有些红藻贮藏的养分是红藻糖（floridose）。

1. 繁殖

红藻的生活史中不产生游动孢子，无性生殖以多种无鞭毛的静孢子进行，有的产生单孢子，如紫菜属（*Porphyra*）；有的产生四分孢子，如多管藻属（*Polysiphonia*）。红藻一般为雌雄异株，有性生殖的雄性器官为精子囊，在精子囊内产生无鞭毛的不动精子；雌性器官称为果胞（carpogonium），果胞上有受精丝（trichogyne），果胞中只含一个卵。果胞受精后，立即进行减数分裂，产生果孢子（carpospore），发育成配子体植物；有些红藻果胞受精后，不经过减数分裂，发育成果孢子体（carposporophyte），又称囊果（cystocarp），果孢子体是二倍的，不能独立生活，寄生在配子体上。果孢子体产生果孢子时，有的经过减数分裂，形成单倍的果孢子，萌发成配子体；有的不经过减数分裂，形成二倍体的果孢子，发育成二倍体的四分孢子体（tetrasporophyte），再经过减数分裂，产生四分孢子（tetraspore），发育成配子体。

2. 分布与生境

红藻门植物绝大多数分布于海水中，仅有10余属50余种是淡水产。淡水产种类多分布于急流、瀑布和寒冷空气流通的山地水中。海产种类由海滨一直到深海100m处都有分布。海产种类的分布受到海水水温的限制，并且绝大多数是固着生活。

3．常见代表类群

红藻约有558属4000种。

紫菜属（*Porphyra*） 是常见的红藻，约有25种，我国海岸常见有8种。紫菜的植物体是叶状体，形态变化很大，有卵形、竹叶形、不规则圆形等，边缘略有皱褶。一般高20～30cm，宽10～18cm，基部楔形或圆形，以固着器固着于海滩岩石上；藻体薄，紫红色、紫色或紫蓝色，单层细胞或两层细胞，外有胶层。细胞单核，一枚星芒状载色体，中轴位，有蛋白核。藻体生长为弥散式。

以甘紫菜（*P. tenera*）为例来了解紫菜属植物的生活史（图2-8）。

甘紫菜是雌雄同株植物，水温在15℃左右时，产生性器官。藻体的任何一个营养细胞，都可转变成精子囊，其原生质体分裂形成64个精子。果胞是由一个普通营养细胞稍加变态形成的，一端微隆起，伸出藻体胶质的表面，即受精丝，果胞

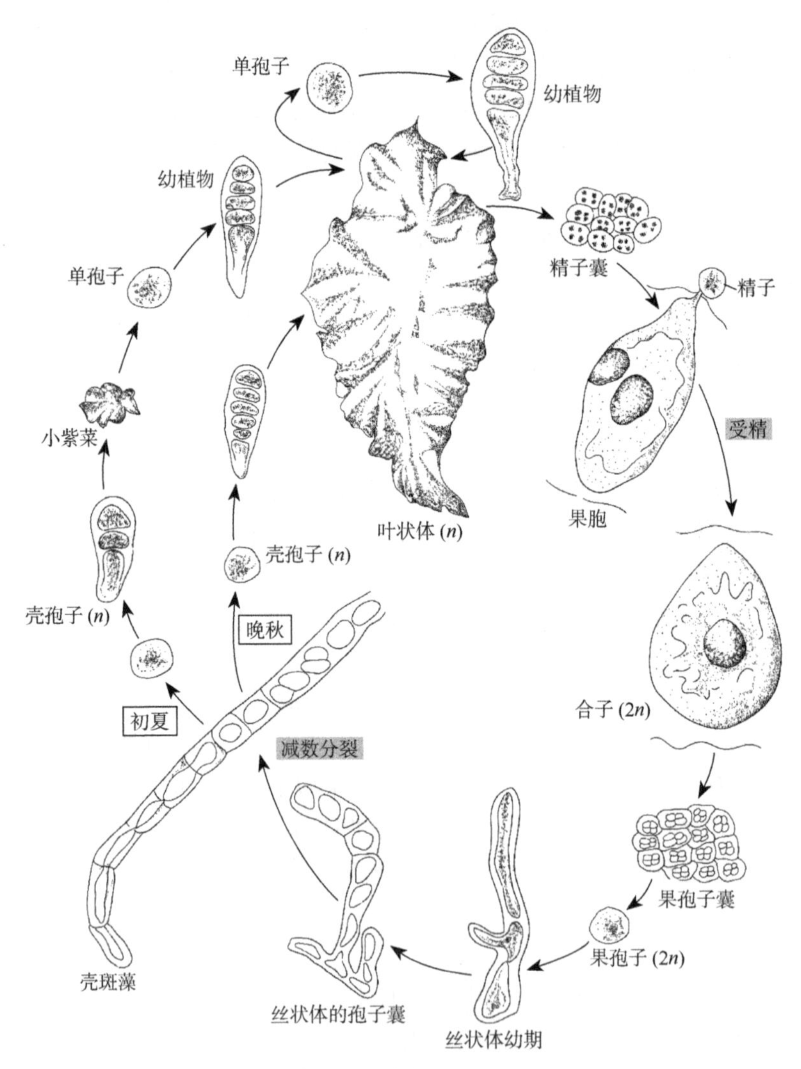

图2-8 甘紫菜的生活史

内有一个卵。精子放出后随水流漂到受精丝上，进入果胞与卵结合，形成二倍的合子。合子经过有丝分裂，分裂形成8个二倍体的果孢子；果孢子成熟后，落到文蛤、牡蛎或其他软体动物的壳上，萌发进入壳内，长成单列分枝的丝状体，即壳斑藻（conchocelis）；壳斑藻经过减数分裂产生壳孢子（conchospore），由壳孢子萌发为夏季小紫菜，其直径约3mm，当水温在15℃左右时，壳孢子也可直接发育成大型紫菜。夏季因水中温度高，不能发育成大型紫菜，小紫菜产生单孢子，发育为小紫菜；晚秋水温在15℃左右时，单孢子萌发为大型紫菜。因此，在北方，大型紫菜的生长期为每年的11月至次年的5月。

甘紫菜的生活史中具有两种植物体，一种为叶状体的配子体（*n*），另一种为丝状体的孢子体（壳斑藻）（2*n*），具有世代交替，为配子体发达的异形世代交替。

常见或经济价值较大的红藻还有串珠藻属（*Batrachospermum*），生活于淡水中，植物体节发达，丛生分枝。生活于海水中的有江蓠属（*Gracilaria*）、珊瑚藻属（*Corallina*）、仙菜属（*Ceramium*）、松节属（*Rhodomeia*）、石花菜属（*Gelidium*）和海萝属（*Gloiopltis*）等。

2.2.3　褐藻

褐藻（brown algae）是红藻通过次生内共生作用（真核的非光合作用宿主吞噬了红藻）而形成的大型海藻。植物体是多细胞的，基本上可分为三大类：第一类是分枝的丝状体，有些分枝比较简单，有些则形成有匍匐枝和直立枝分化的异丝体型；第二类是由分枝的丝状体互相紧密结合，形成假薄壁组织；第三类是比较高级的类型，是有组织分化的植物体。多数藻体的内部组织分化成表皮（epidermis）、皮层（cortex）和髓（medulla）三部分。表皮的细胞较多，内含许多载色体。皮层细胞较大，有机械固着作用，且接近表皮层的几层细胞，同样含有载色体，有同化作用。髓在中央，由无色的长细胞组成，有输导和贮藏作用，有些种类的髓部有类似喇叭状的筛管构造，称喇叭丝。

褐藻植物体的生长常局限在藻体的一定部位，如藻体的顶端或藻体中间，也有的是在特殊的藻丝基部。

褐藻细胞壁分为两层，内层是纤维素，外层由藻胶组成，同时在细胞壁内还含有一种糖类，叫褐藻糖胶（algin fucoidin），褐藻糖胶能使褐藻形成黏液质，退潮时，黏液质可使暴露在外面的藻体免于干燥。细胞单核，细胞中央有一或多个液泡，载色体一至多数，粒状或小盘状，载色体含有叶绿素a和叶绿素c、β-胡萝卜素和6种叶黄素，叶黄素中有一种墨角藻黄素（fucoxanthin），色素含量最大，掩盖了叶绿素，使藻体呈褐色，而且在光合作用中所起作用最大，可利用吸收光线中的短波长光。在电镜下，载色体由4层膜包围，外面2层是内质网膜，里边是2层载色体膜。光合片层由3条类囊体叠成。内质网膜与核膜相连，它由外层核膜向外延伸形成，包裹载色体和蛋白核。褐藻的蛋白核不埋在载色体里边，而是在载色体的一侧形成突起，与载色体的基质紧密相连，称为单柄型（single-stalked type），蛋白核外包有贮藏的多糖。有些褐藻没有蛋白核，一些学者认为没有蛋白核的种类在系统发育方面是比较高等的。

细胞光合作用积累的贮藏物是一种溶解状态的糖类，这种糖类在藻体内含量相当大，占干重的5%～35%，主要是褐藻淀粉（laminarin）和甘露醇（mannitol）。褐藻细胞中具特有的小液泡，呈酸性反应，它大量存在于分生组织、同化组织和生殖细胞中。许多褐藻细胞中还含有大量碘，如在海带属的藻体中，碘占鲜重的0.3%，而每升海水中仅含碘0.0002%，因此，它是提取碘的工业原料。

1．繁殖

褐藻的营养繁殖以断裂的方式进行，即藻体纵裂成几个部分，每个部分发育成一个新的植物体；或者由母体上断裂成的断片，脱离母体发育成植物体；还可以形成一种叫作繁殖体（propagulum）的特殊分枝，脱离母体发育成植物体。

无性生殖通过游动孢子或静孢子进行，褐藻多数种类都可以形成游动孢子或静孢子，但不同种类形成的方式不同。孢子囊有单室的和多室的两种，单室孢子囊（unilocular sporangium）是一个细胞增大形成的，细胞核经减数分裂，形成128个具侧生双鞭毛的游动孢子；多室孢子囊（plurilocular sporangium）是由一个细胞经过多次分裂，形成一个细长的多细胞组织，每个小立方形细胞发育成一个具侧生双鞭毛的游动孢子，此种孢子囊发生在二倍体的藻体上，形成孢子时不经过减数分裂，因此，此种游动孢子是二倍的，发育成一个二倍体的植物。

有性生殖是在配子体上形成一个多室的配子囊，配子囊的形成过程和多室孢子囊相同，配子结合有同配、异配或卵式生殖。

在褐藻的生活史中，多数种类具有世代交替，且在进行异形世代交替的种类中，多数是孢子体大，配子体小，如海带属（*Laminaria*）；少数是孢子体小，配子体大，如萱藻属（*Scytosiphon*）。

2．分布与生境

褐藻是固着生活的底栖藻类。绝大多数分布于海水中，仅几个稀见种生活在淡水中。褐藻属于冷水藻类，寒带海中分布最多，但马尾藻属（*Sargassum*）为暖型藻类。褐藻可以从潮间线一直分布到低潮线下约30m处，以低潮带和潮下带为主，是构成海底森林的主要类群。褐藻的分布与海水盐的浓度、温度，以及海潮起落时藻体暴露在空气中的时间长短都有很密切的关系，因此，在寒带、亚寒带、温带、热带分布的种类，各有不同。在我国，黄海、渤海海水较混浊，褐藻分布于低潮带；南海海水澄清，褐藻分布较深。

3．常见代表类群

褐藻门大约有250属1500种。

褐藻的经济价值较大，经济海藻多。现以海带（*Laminaria japonica* Aresch.）为代表，介绍其形态、结构、生殖和生活史（图2-9）。

海带原产俄罗斯远东地区、日本和朝鲜北部沿海，后由日本传到大连海滨，并逐渐在辽东和山东半岛的肥沃海区生长，是我国常见的藻类植物，含有丰富的营养，是人们喜爱的食品。海带还有药用价值，是制取褐藻酸盐、碘和甘露醇等的重要原料。

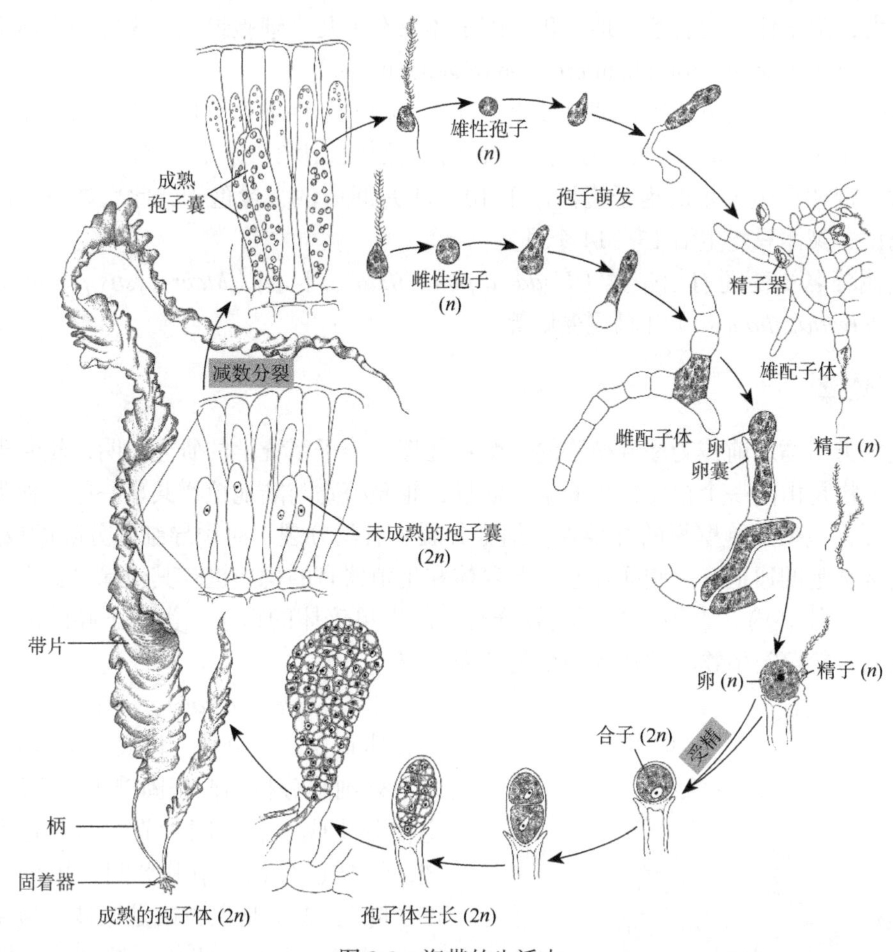

图 2-9 海带的生活史

海带的孢子体分成固着器（holdfast）、柄（stipe）和带片（blade）三部分（图 2-9）。固着器呈分枝的根状；柄不分枝，圆柱形或略侧扁，内部组织分化为表皮、皮层和髓三层；带片生长于柄的顶端，不分裂，没有中脉，幼时常凹凸不平，内部构造和柄相似，也分为三层。

海带的生活史中有明显的世代交替。孢子体成熟时，在带片的两面产生单室的游动孢子囊，游动孢子囊丛生呈棒状，中间夹着长的细胞，叫隔丝（paraphysis，或叫侧丝），隔丝尖端有透明的胶质冠（gelatinous corona）。带片上生长游动孢子囊的区域为深褐色，孢子母细胞经过减数分裂及多次普通分裂，产生很多单倍侧生双鞭毛的同型游动孢子；游动孢子梨形，两条侧生鞭毛不等长；同型的游动孢子在生理上是不同的，孢子落地后立即萌发为雌、雄配子体。雄配子体是由十几个至几十个细胞组成的分枝的丝状体，其上的精子囊由一个细胞形成，产生一枚侧生双鞭毛的精子，构造与游动孢子相似；雌配子体是由少数较大的细胞组成，分枝也很少，在 2～4 个细胞时，枝端即产生单细胞的卵囊，内有一枚卵，成熟时卵排出，附着于卵囊顶端。卵在母体外受精，形成二倍的合子；合子不离开母体，几日后即萌发为新的海带。海带的孢子体和配子体之间差别很大，孢子体大而有组织地分化，配子体只有十几个细胞组成，这样的生活史称为异形世代交替（heteromorphic alternation of generations）。

海带在自然情况下的生长期是2年，在人工筏式条件下养殖是1年，第一年秋天采苗，第二年3～4月间，生长速度达到最高峰，藻体长达2～3m，秋季水温下降至21℃以下时，带片产生大量的孢子囊群，于10～11月间放散大量孢子，此后如不收割，藻体即死亡。藻体只能生活13～14个月。

其他著名褐藻还有裙带菜（*Undaria pinnatifida*）、巨藻（*Macrocystis pyrifera*）、鹿角菜（*Pelvetia siliquosa*）和马尾藻属等。

2.2.4 轮藻

轮藻类植物之前作为绿藻植物的一个目处理。分子系统学的研究表明，轮藻类植物与陆地植物是由同一个祖先衍生而来。而且，轮藻植物与陆地植物共享一些其他类群没有的特征，包括细胞壁里的纤维素、细胞分裂（有丝分裂）时引导细胞分隔的成膜体，还有连接细胞的通道——胞间连丝。营养体和生殖器官的构造也较其他绿藻更复杂。合子保留于母体胚内，直到它经历减数分裂、产生单倍体的孢子，类似于胚的前体。因此，我们将轮藻类植物单独作为一个类群来介绍。

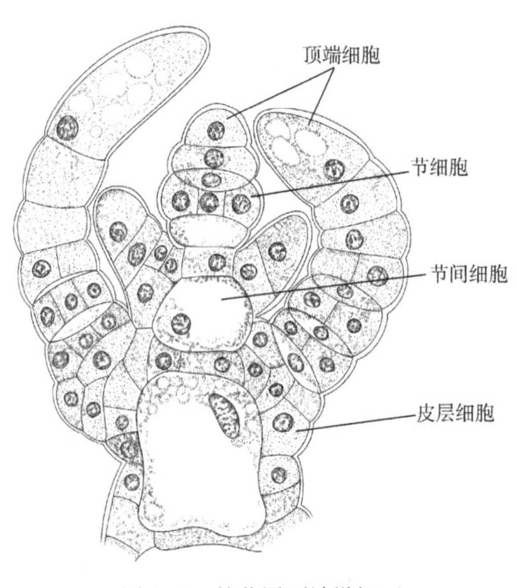

图2-10 轮藻属顶端纵切面

以轮藻属（*Chara*）（图2-10）为例，植物体直立，具分枝，体表常常含有钙质，以单列细胞分枝的假根固着于水底淤泥中。主枝分化成节和节间，节的四周轮生有短枝，短枝也分化成节和节间，短枝又被叫作“叶”。无论是主枝或是短枝，顶端都有一个半球形细胞，叫作顶端细胞。植物的生长即由顶端细胞不断分裂形成。顶端细胞横分裂，形成两个子细胞。上面的子细胞继续保持顶端细胞的作用，下面的子细胞再进行一次横分裂，又形成两个子细胞，下面的一个不再分裂，长大成节间的中央细胞；上面的一个细胞经过数次分裂，构成节部。同时，部分细胞发育成包围于节间中央细胞外的皮层。节细胞短小；节间细胞长管状，多核、载色体多数，具中央大液泡。主枝能无限生长；短枝到一定长度便停止生长，在短枝节上还具有单细胞刺状突起。

1. 繁殖

轮藻常常以藻体断裂的方式进行营养繁殖，断裂的藻体沉在水底，长出假根和芽，发育为新的植物体。轮藻体基部可长出珠芽，由珠芽长出植物体。珠芽含有大量淀粉，类似种子植物的块根或块茎。

轮藻的有性生殖是卵式生殖。雌性生殖器官叫卵囊（oogomium），雄性生殖器官叫精子囊（spermatangium）。雌雄生殖器官皆生于短枝的节上。卵囊生于刺状体上方，长卵形，内含一个卵细胞，卵细胞的外围有5个螺旋状的管细胞（tube cell）。管细胞上有一个小细胞，叫冠细胞（coronular cell），5个冠细胞在卵囊上组成冠（corona）。精子囊生于刺状体下方，圆形，外围有8个三角形细胞，叫盾细胞（shield cell）。盾细胞内含有很多橘红色的载色体，因此，成熟的精子囊，肉眼观看是橘红色的。盾细胞内侧中央连接一个圆柱形细胞，叫盾柄细胞（manubrium）。盾柄细胞末端有1～2个圆形细胞，叫头细胞（head cell）。头细胞上又可产生几个小圆细胞，叫次级头细胞。从这些次级头细胞上，长出多条单列细胞的精囊丝（antheridial filament），每个细胞内产生一个精子，成熟时，精子释放到水中。精子细长，顶端生两个等长鞭毛。卵囊成熟时，冠细胞裂开，精子从裂缝进入，与卵结合。合子分泌形成厚壁（图2-11）。

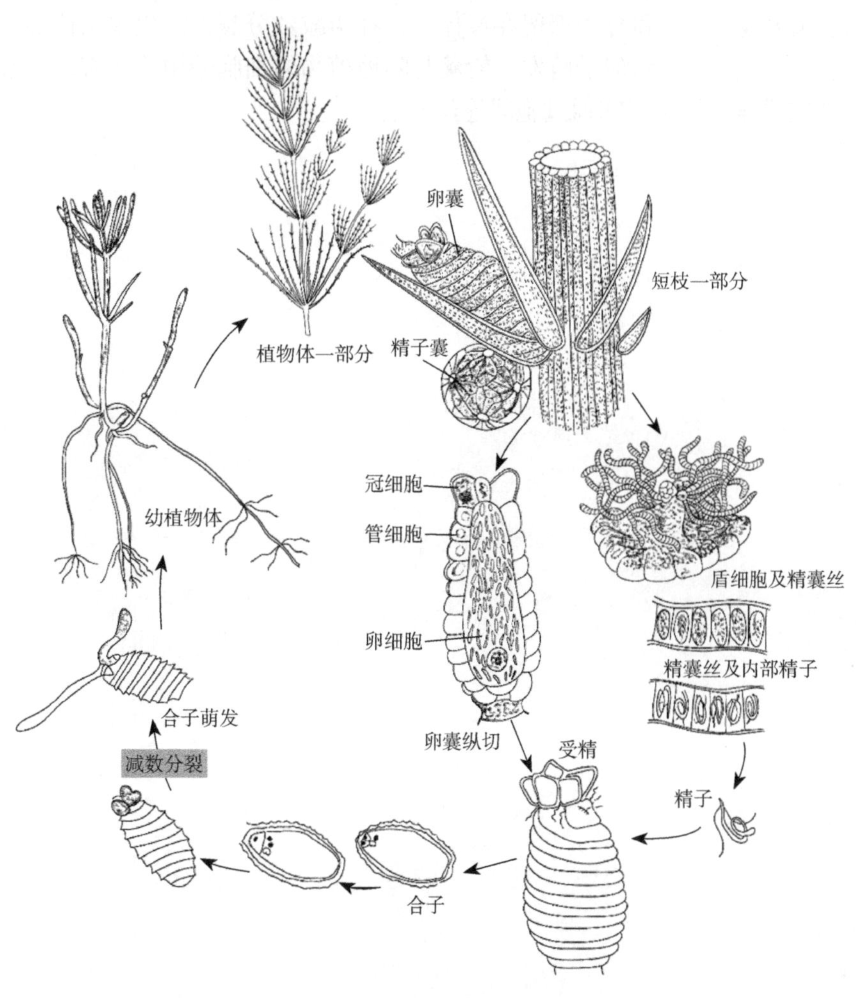

图2-11 轮藻属的生活史

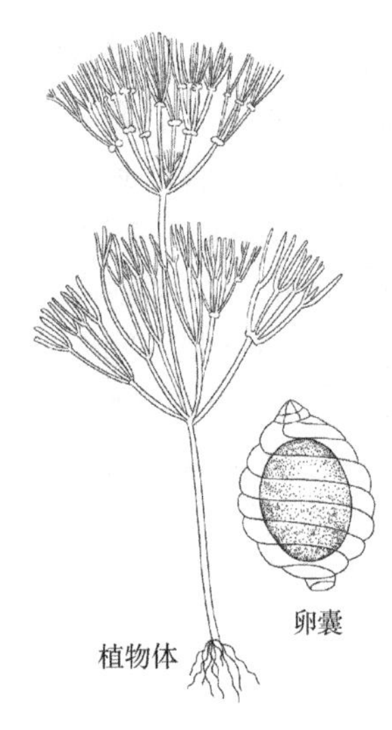

图 2-12　丽藻属

合子经过休眠后萌发，萌发时合子核分裂，形成 4 个子核，而后继续发育成原丝体，有节和节间的分化，由原丝体上可长出数个新植物体。有人认为，合子第一次分裂形成 4 个子核是减数分裂。

轮藻类植物除常见的轮藻属外，还有丽藻属（*Nitella*）（图 2-12），与轮藻属的区别有两点：一个是每个管细胞上面有两个冠细胞，整个卵囊上有 10 个冠细胞，分两层，每层 5 个；另一个是节间无皮层。

2．分布与生境

轮藻多生于淡水，在不大流动或静水的底部大片生长，少数生长在微盐性的水中，表现出胚的原始特征。轮藻植物的卵和合子保留在母体中，经历减数分裂，产生单倍体的孢子，直到孢子萌发。轮藻与陆地植物的细胞壁中均含有纤维素，细胞分裂时出现成膜体，细胞之间通过胞间连丝连通。

第3章 苔藓植物

苔藓植物（bryophyte）是苔类植物（liverwort）、角苔类植物（hornwort）和藓类植物（mosse）的总称，目前全世界有2万多种，中国约有3500种。苔藓植物是一群体型较小的有胚植物，属于陆生高等植物。苔藓植物的配子体高度发达，孢子体完全寄生于配子体上，不能独立生活，生活史存在明显的异形世代交替现象。苔藓植物的生殖器官由多细胞结构组成，具有不育细胞构成的保护壁层。雄性器官为精子器，雌性器官为颈卵器，属于颈卵器植物。颈卵器是在苔藓植物中第一次发展出来，横跨了苔藓、蕨类到裸子植物演化的巨大时空。颈卵器演化出来后，一直是雌配子发生、受精，以及合子和胚发育的场所。苔藓植物对陆生环境的适应不完善，体内尚没有维管组织的分化，受精过程离不开水，所以大多数生活在阴湿环境。

3.1 苔藓植物的起源

分子和形态学方面的证据支持苔藓植物与陆地植物起源于一个共同祖先的说法。在孢子体发育的生命早期存在一个休眠的胚胎时期，因此，陆地植物也称为有胚植物（图3-1）。传统上，有胚植物包括苔藓植物和维管束植物。有胚植物具有一些共同的特征：它们的

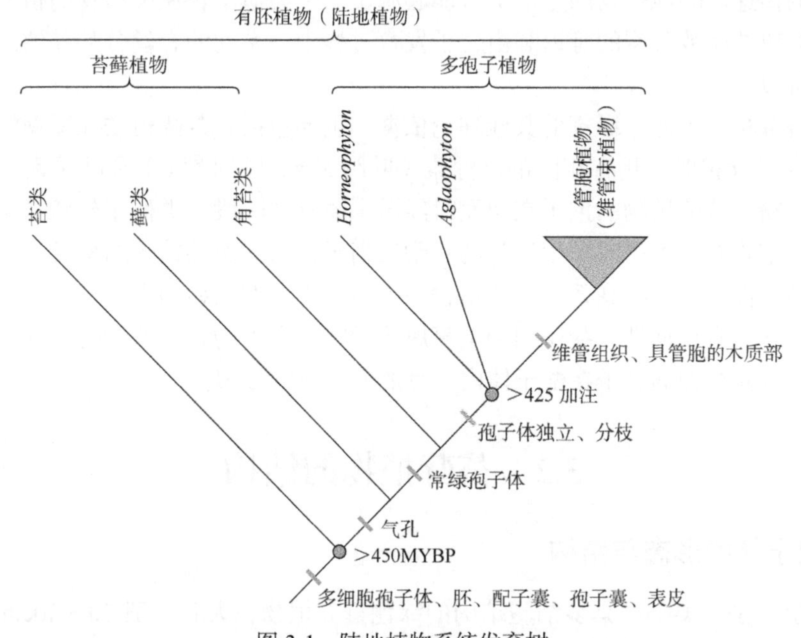

图3-1 陆地植物系统发育树

MYBP. million years before present，距今百万年

生殖结构均为多细胞构成，且具有不孕性细胞组成的保护层，这一保护层在不同的植物类群中或简单或复杂。其产生的结果是，雌配子体必须在母体中发育出来，从苔藓植物、蕨类植物到种子植物的演化过程中均遵循着这一模式，苔藓植物和蕨类植物的配子体可以独立生活；而发展到种子植物，其配子体不能独立生活，必须依赖于孢子体。此外，随着雌配子囊在母体中发展出来，两性结合的场所也在雌配子囊中，合子形成后，胚的发育继续在雌配子囊中进行，这就是人们常说的雌配子和配发育的“滞母性”。

此外，苔藓植物作为早期登陆的植物类群，发展出了一些保护性的结构，如局部位置形成了表皮细胞，出现了角质膜和（通）气孔，这些特征是对陆地生活的一种良好适应，可以束缚植物体内水分的散失，防止过分蒸腾。同时，在植物体内出现了分生组织，具有了三面分生能力的顶端细胞，这就使得植物体更加复杂。另外，孢子具有了抗腐蚀性的细胞壁，在孢子细胞壁中沉积了孢质素，孢子具有了抗脱水的能力，这一重要性状使得苔藓植物在陆地环境中生存和发展，保证了后代的延续。

一般来说，没有分化出维管组织的苔类、藓类和角苔类以单倍体（haploid）的状态在生活史中占据优势和主导地位，而具有维管组织的植物，以二倍体（diploid）或多倍体（polyploid）的状态在生活史中占据优势地位。

目前世界上发现最早的苔藓植物化石是中华拟葫芦藓（*Parafunaria sinensis* R. D. Yang），约在 5.2 亿年前出现。陆地植物系统学分析显示，苔藓植物的三大类群苔类、藓类和角苔类为并系分支关系。早期的形态学分析认为，气孔是角苔类、藓类和维管植物间的一个关键创新特征。最近的分子系统学研究认为，角苔类是其他现生陆地维管束植物的姊妹群。

传统的“绿藻”和“苔藓植物”属于并系关系。研究表明，在包括轮藻类和有胚植物的系统发育支系中，一个关键的创新是单倍体和二倍体阶段间通过一个胎座传递组织进行营养的传递。陆地植物的生活史可能起源于一个类似于轮藻类植物的祖先状态，主要是通过简单的减数分裂的延迟和由合子发育过程中一系列的有丝分裂导致的 1 个多细胞二倍体阶段。

关于苔藓植物起源于绿藻的其他理论依据，主要包括：苔藓植物和绿藻的载色体所包含的色素成分相似，具有相同的叶绿素（叶绿素 a、叶绿素 b）和叶黄素，而且光合产物都是淀粉；苔藓植物的孢子在萌发时经历了原丝体阶段，类似于丝状藻类的藻丝体结构；苔藓植物有性生殖时产生等长的双鞭毛精子，与绿藻的精子结构类似，说明它们在有性生殖方面存在某些联系；苔藓植物的生活史中存在明显的世代交替类型，与绿藻的生活史特征具有相似性；绿藻门鞘毛藻属（丝状藻类）的合子萌发时存在不离开母体的迹象，与苔藓植物的合子在配子体内发育的方式较为相似。

3.2 苔藓植物的结构

3.2.1 配子体的形态与结构

苔藓植物是一类小型具多细胞结构的绿色自养植物，大者一般 30～40cm 高，通常见到的苔藓植物绿色营养体是它们的单倍体配子体。苔藓植物与其他高等陆生植物相比，没有真正的根、茎、叶的分化。

苔藓植物的配子体没有真正的根，仅有由单细胞或单列细胞构成的假根，起固着、吸收的作用。苔藓植物的配子体内部结构简单，没有中柱的存在，不具有维管组织；只在较高级的类群中，存在类似输导组织的细胞群。苔藓植物的配子体主要有两种形态，简单的一类是无茎、叶分化的扁平叶状体，有背、腹面之分，具有单细胞假根；较高级的一类为有类似茎、叶分化的"茎叶体"，配子体的叶绝大多数种类由 1 层细胞构成，没有叶脉，有些种类在主脉的位置上有 1 或 2 条纵向伸长的厚壁细胞，称为中肋，主要起支持作用。

3.2.2 孢子体的形态与结构

苔藓植物的孢子体完全寄生于配子体上，由 3 部分构成：孢蒴（capsule）、蒴柄（seta）和基足（foot）。孢蒴结构较为复杂，是产生孢子的器官，生长于蒴柄顶端，幼嫩时一般绿色，成熟后多为褐色或红棕色。蒴柄最下端为基足，基足伸入配子体组织中吸收养料，以供孢子体生长，基足周围细胞的细胞壁多曲折，扩大了表面积，便于配子体和孢子体间营养物质的运输和传递。

3.3 苔藓植物的生活史

苔藓植物配子体上产生的有性生殖器官由多细胞结构组成，它们的生殖细胞都有一至数层不育细胞组成的保护器壁，是苔藓植物对陆生环境的适应。

苔藓植物的雌性生殖器官称为颈卵器，外形似长颈烧瓶，上部细狭的部分称为颈部，下部膨大的部分称为腹部。颈部由 1 层细胞围成，中央有 1 条沟，称为颈沟。颈沟内有 1 串细胞，称为颈沟细胞。腹部的外壁由多层细胞构成，中间有 1 个大型的细胞，称为卵细胞。在卵细胞与颈沟细胞之间的部分称为腹沟，腹沟内有 1 个腹沟细胞。苔藓植物的雄性生殖器官称为精子器，精子器的外形多成棒状或球状，其外壁也由 1 层细胞构成，精子器内具多数精原细胞，能发育形成精子，精子长而卷曲，顶端带有 2 条鞭毛。

苔藓植物的有性生殖均为卵式生殖，其受精过程必须借助于水（下雨或雨滴等）来完成，卵细胞成熟时，颈沟细胞与腹沟细胞解体破裂，精子游到颈卵器附近，通过破裂的颈沟细胞与腹沟细胞形成的孔道进入颈卵器的腹部，从而与卵细胞结合，形成合子。合子不需要经过休眠即开始横向分裂，形成两个细胞，上面的一个细胞直接发育成胚，下面的细胞发育成基足，基足连接配子体，吸收养分。胚在颈卵器内发育成为孢子体，孢子体上的孢蒴中形成多细胞的孢子囊，其外有不孕性的蒴壁细胞包被，其内形成造孢组织（sporogenous tissue），产生孢子母细胞，孢子母细胞经过减数分裂形成单倍体的孢子。孢子成熟后，从孢蒴中散出，在适宜的环境中萌发形成具分枝的丝状体，称为原丝体（protonema）。原丝体生长一段时间后，产生芽体，芽体进一步发育成配子体，即苔藓植物的营养体。由此可见，苔藓植物生活史中具有明显的世代交替，并以配子体世代占优势。

3.4 苔藓植物的主要类群

3.4.1 苔类

世界上大约有8000种苔类植物，一般呈现出叶状体的结构。与藓类和角苔类相比，苔类植物没有气孔。在苔类植物的一些类群中，存在无真正保卫细胞的表皮小孔。在孢子囊中，苔类植物不具有藓类、角苔类和早期维管束植物演化过程中出现的典型圆柱形的不育组织——蒴轴（columella）。这些苔类植物的特征被认为是陆地植物类群的祖先特征。

苔类植物的有性生殖器官包括产生精子的精子器和产生卵细胞的颈卵器。在孢子体阶段，孢子囊成熟时通常4瓣裂，孢蒴内具有弹丝。

代表植物：地钱（*Marchantia polymorpha* L.），属地钱目（Marchantiales）地钱科（Marchantiaceae）地钱属（*Marchantia*）。该物种世界广布，常生于沟边、温室地面及阴湿墙角等地。地钱植物体为绿色、扁平、叉状分枝的叶状体，平铺于地面，有背腹之分。地钱植物体的背面有许多多角形的网格，每个网格的中央有一个白色小点。叶状体的腹面有许多单细胞假根和由单层细胞组成的紫褐色鳞片，有吸收养料、保持水分和固着作用。从地钱配子体的横切面上可以看出其叶状体已有明显的组织分化，最上层为上表皮，表皮下有一层气室（air chamber），气室之间有由单层细胞构成的气室壁隔开，每个气室有一表皮小孔与外界相通。气室间包含排列疏松、富含叶绿体的同化组织，气室下为薄壁细胞构成的贮藏组织。最下层为表皮，其上长出假根和鳞片（图3-2）。

在地钱植物体的背面有一种进行营养繁殖的杯状结构，称为胞芽杯（gemma cup）（图3-3），其内产生多个绿色的胞芽（gemma）。每个胞芽形如凸透镜，中部厚，边缘薄，两侧具缺口，基部以一个透明的细胞着生于胞芽杯的底部。胞芽成熟时散落地面，从两侧缺口处向外方生长，产生2个叉形分枝，在发育的过程中，地钱植物体较老的部

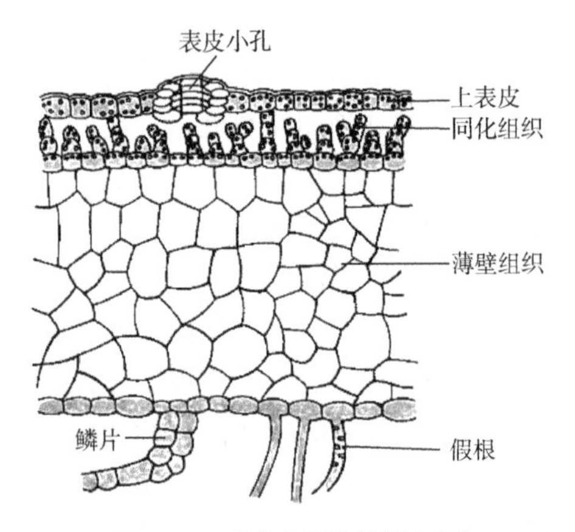

图3-2 地钱配子体的横切面

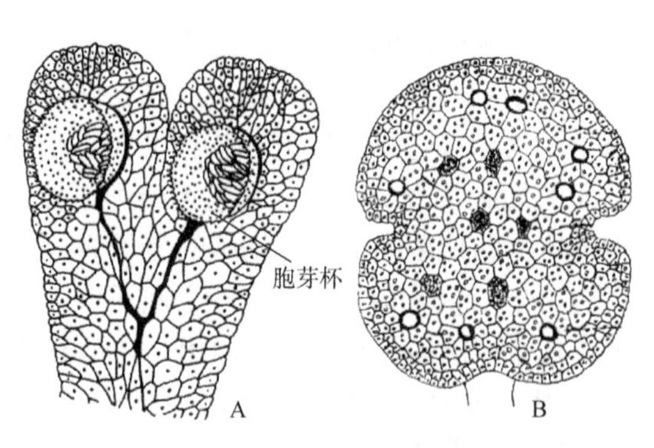

图3-3 地钱的胞芽杯

A. 胞芽杯；B. 胞芽

分逐渐死去，二叉分枝的幼嫩部分发育成2个新的植物体。

地钱为雌雄异株植物（图3-4），有性生殖时，在雄株中肋上生出雄生殖托（antheridiophore），又称雄器托或精子器托。雌株中肋上生出雌生殖托（archegoniophore），又称雌器托或颈卵器托。雄生殖托有2～6cm长的托柄，柄端为边缘呈波状的圆盘状体，即托盘。托盘具许多精子器腔，每腔内具一精子器。托盘上面有许多小孔，即为精子器腔的开口，精子器中产生的精子由此孔逸出。精子细长，顶端生有两条等长的鞭毛。雌生殖托伞形，边缘具8～10条手指状下垂的芒线（ray），两芒线之间生有一列倒悬的颈卵器，每行颈卵器的两侧各有一片薄膜将它们遮住，称为蒴苞（involucre），对颈卵器起保护作用。

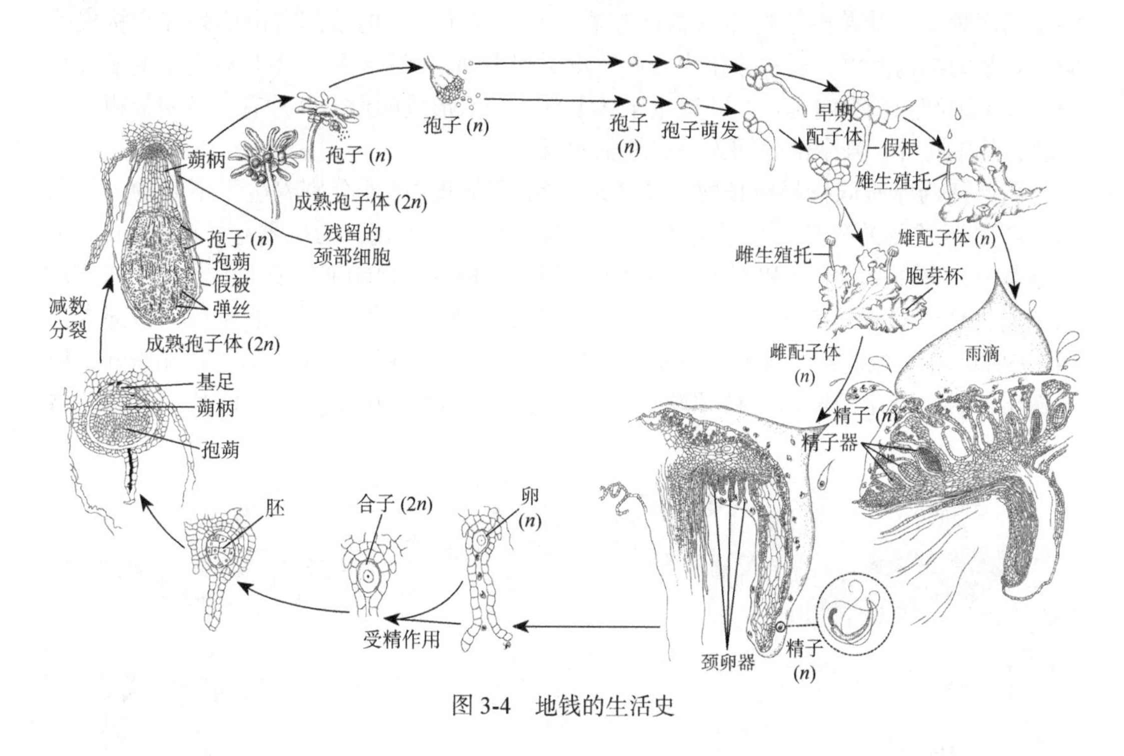

图3-4 地钱的生活史

精子成熟后，逸出精子器，以水为媒介，游入发育成熟的颈卵器内，精、卵结合形成合子。合子在颈卵器中发育形成胚，并继续发育成由孢蒴、蒴柄和基足3部分组成的孢子体。

在孢子体发育的同时，颈卵器腹部的壁细胞也分裂，膨大加厚，成为一罩，包住孢子体。此外，颈卵器基部的外围也有一圈细胞，随着颈卵器的发育和受精过程而不断分裂，最后在颈卵器外面形成一个套筒状的保护结构，名为假被（pseudoperianth，又称假蒴苞）。因此，受精卵的发育受到三重保护：颈卵器壁、假被和蒴苞。

地钱的孢子体很小，主要靠基足伸入配子体的组织中吸收营养。随着孢子体的发育，其顶端孢蒴内的孢子母细胞经减数分裂产生很多单倍异性的孢子，不育细胞则分化为弹丝；孢蒴成熟后不规则破裂，孢子借助弹丝的弹动散布出来，在适宜条件下萌发形成由6～7个细胞组成的原丝体，进一步发育成雌或雄的新一代植物体（叶状体），即配子体。

3.4.2 藓类

藓类植物约有 10 000 种，广泛分布于世界各地，生长于高山、冻原、森林、沼泽等地，能形成大片群落，是重要的先锋植物。藓类植物的配子体为直立的叶状体。孢子体结构复杂，形成 1 个单一不分枝的柄，末端长有孢蒴，孢蒴内无弹丝，孢子成熟后孢蒴盖裂，裂口处常有蒴齿，帮助孢子散发。孢子萌发时，形成一个类似于绿藻细丝的原丝体。原丝体产生 1 个或多个直立的配子体。

代表植物：葫芦藓（*Funaria hygrometrica* Hedw.），属真藓目（Bryales）葫芦藓科（Funariaceae）葫芦藓属（*Funaria*）。该物种为世界性广布种，常生于火烧地、林间及阴湿的泥地等。葫芦藓植物体高 2cm 左右，直立丛生，茎的基部有由单列细胞构成的假根。茎的结构简单，通常分化为表皮、皮层和中轴三部分组织，不具有真正的输导组织，仅中轴细胞稍纵向延长。叶簇生于茎上部，长舌形或卵形。叶片有一条明显粗壮的中肋，除中肋外，其余部分均为一层细胞构成。

葫芦藓为雌雄同株异枝植物（图 3-5），精子器和颈卵器分别着生于不同的分枝顶端。产生精子器的分枝，顶端叶形大，外张，似一朵小花，为雄器苞（perigonium），雄器苞中含有许多精子器和侧丝。侧丝由单列细胞构成，顶端细胞膨大，含有叶绿体；侧丝能将精子器分别隔开，其作用是保存水分，保护精子器。精子器棒状，基部有小柄，内部的精原细胞产生带有 2 条鞭毛的长弯曲形精子。精子器成熟后，顶端裂开，精子逸出体外。产生颈卵器的枝顶端如顶芽，称为雌器苞（perigynium），其中有颈卵器

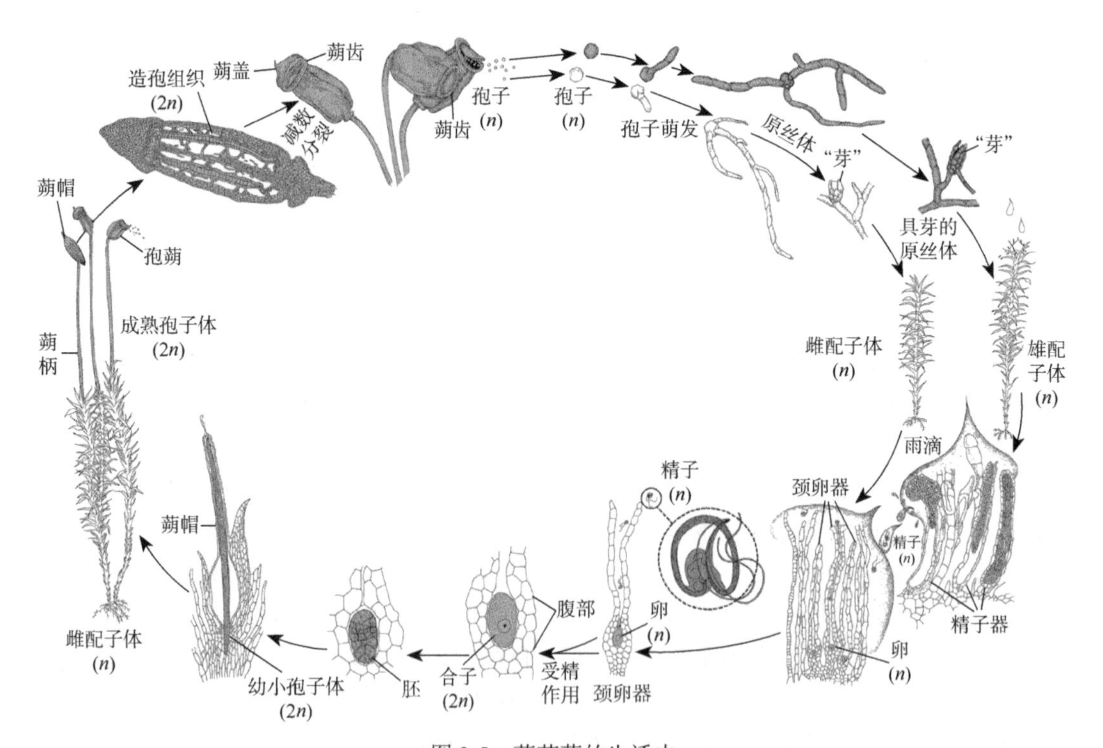

图 3-5 葫芦藓的生活史

一至多个，颈卵器瓶状，颈部细长，腹部膨大，基部有长柄着生于枝端。颈卵器颈部壁由一层细胞构成，腹部壁由多层细胞构成；颈部有一串颈沟细胞，腹部内有一个卵细胞，颈沟细胞与卵细胞之间有一个腹沟细胞。卵成熟时，颈沟细胞和腹沟细胞解体，颈沟即形成1条管道。在有水的条件下，精子游动到颈卵器附近，并从颈部进入颈卵器内与卵受精形成合子。

合子不经休眠，即在颈卵器内发育成胚，胚进一步发育形成具基足、蒴柄和孢蒴的孢子体。蒴柄细长，黄褐色，长2～5cm，上部弯曲，蒴柄初期生长迅速，将颈卵器从基部撑破，其中一部分颈卵器的壁仍套在孢蒴上，发育形成蒴帽（calyptra）。因此，蒴帽是配子体的一部分，而不属于孢子体。蒴帽兜形，具长喙，形似葫芦瓢状。孢蒴（图3-5）是孢子体最重要的结构，成熟时形似一个基部不对称的歪斜葫芦，孢蒴可分为三部分：顶端为蒴盖（operculum），中部为蒴壶（urn），下部为蒴台（apophysis）。蒴盖的构造简单，由一层细胞构成，覆于孢蒴顶端。蒴壶的构造较为复杂，最外层是一层表皮细胞，表皮以内为蒴壁，蒴壁由多层细胞构成，蒴壁的内侧为疏松的含有叶绿体的同化丝和气室。蒴壶的中央部分为薄壁细胞构成的圆柱状的蒴轴（columella），蒴轴与蒴壁之间有少量的孢原组织（archesporium），孢子母细胞即来源于此，孢子母细胞减数分裂后，形成四分孢子。蒴壶与蒴盖相邻处，外面有由表皮细胞加厚形成的环带（annulus），内侧生有蒴齿（peristomal teeth），蒴齿共32枚，分内外两轮；蒴盖脱落后，蒴齿露在外面，能进行干湿性伸缩运动，孢子借蒴齿的运动弹出蒴外。蒴台在孢蒴的最下部，蒴台的表面有许多气孔，表皮内为几层含叶绿体的细胞，中央为无色的薄壁细胞。

孢子成熟时，环带常在干燥的条件下自行卷落，蒴盖也因而脱落，称为盖裂。孢子散出后，在适宜的条件下萌发为分枝的丝状结构，即原丝体，原丝体向下生出假根，向上生芽，芽发育成类似茎、叶分化的配子体。从葫芦藓的生活史看，它和地钱一样孢子体也寄生在配子体上，不能独立生活，所不同的是孢子体在构造上比地钱复杂。

3.4.3 角苔类

角苔类植物约有100种。配子体叶状，一般呈鲜绿色或褐绿色，内部无组织分化。角苔类植物细胞内常含2～8个大型的叶绿体，每个叶绿体内含1个淀粉核。该类植物不耐干旱，常生于潮湿的土壤。

孢子体从配子体上长出，常呈圆柱形，具基足和蒴轴，无蒴柄。基足以上有基部分生组织，可连续产生孢子体组织，新形成的细胞被推向顶端时，逐渐分化出蒴壁、蒴轴和造孢组织，外形上孢子囊的界限不明显（图3-6）。

代表类群：角苔属（*Anthoceros*）。配子体为具背腹面的叶状体，叶状体边缘有缺刻。腹面生有单细胞构成的假根。叶状体的腹面有胶质穴，其中有念珠藻共生。

角苔属为雌雄同株植物，精子器和颈卵器均埋生于叶状体内。孢子体较为发达，呈长圆柱状。孢蒴的蒴壁由多层细胞构成，具有一对简单的保卫细胞围成的气孔，中央具蒴轴（columella），由营养组织构成。造孢组织形如长管，罩于蒴轴周围，经减数分裂产生单倍体的四分孢子，同时也产生假弹丝。假弹丝一般由2～4个细胞组成。孢子的

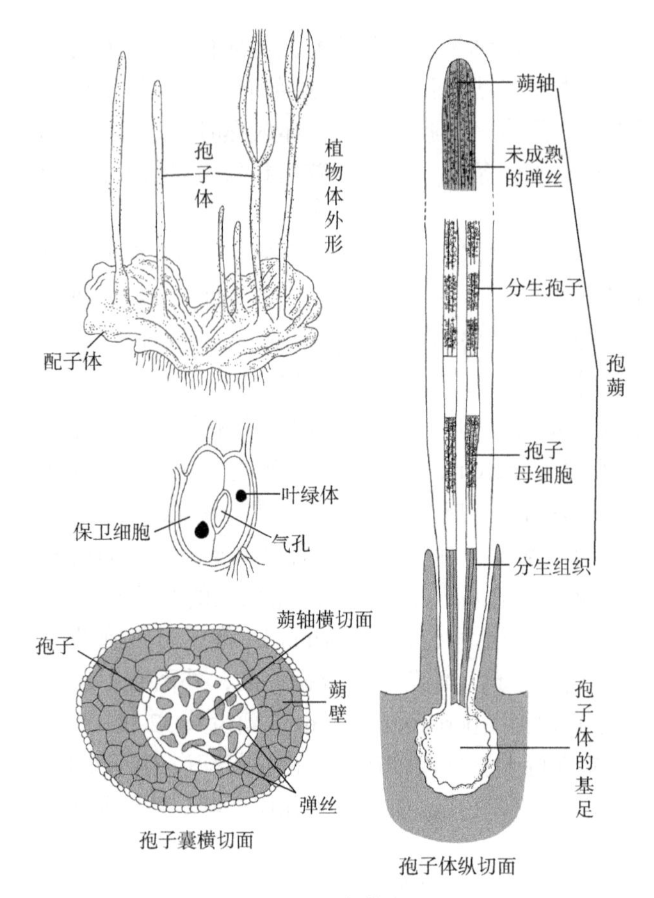

图 3-6 角苔属

成熟期不一，由上而下渐次成熟，成熟时纵裂为两瓣，孢子借假弹丝的扭转力散出体外。蒴轴残留于叶状体上。

第4章 无种子维管植物

植物与其他生物一样，其祖先也生活在水中，因此，植物的部分演化历程是它们对陆地的逐渐占领和繁殖过程逐渐摆脱对水的依靠。这一章我们首先讨论维管植物适应陆地生活的一般特征，然后再了解无种子维管植物的主要类群——石松类（lycophyte）和蕨类植物（pteridophyte）（包括木贼类）。

4.1 维管植物的演化

苔藓植物与维管植物均具有多细胞的胚胎，它们由一个共同的祖先演化而来，因而称为有胚植物（embryophyte）。最早的陆地植物很可能从周期性干涸的淡水塘中演化而来。

苔藓植物与维管植物具有相似的异形世代交替生活史，孢子萌发后发育形成配子体。然而，苔藓植物世代交替中配子体占优势，孢子体完全寄生在配子体之上，相比之下，维管植物的世代交替中孢子体占优势。苔藓植物配子体生活于陆地上，配子体中无维管组织，且精子需借助水中游动完成与卵子的结合，这就大大限制了苔藓植物体的发展，限制了苔藓植物对陆地环境的广泛适应，因而至今苔藓植物都保持了矮小的体态，并只能生活在陆地阴湿环境中，成为陆生植物发展中的一个旁支。

苔藓植物中，大多数孢子体是无法长高的，也不分枝，产生单个孢子囊，仅少数类群（角苔类）孢子体基部具有有限的分生能力。维管植物则通过位于枝顶端的分生组织活动，不仅能使孢子体长高，并产生大量分枝，还能产生多个孢子囊，因此，也被称为多孢子囊植物（图4-1A）。

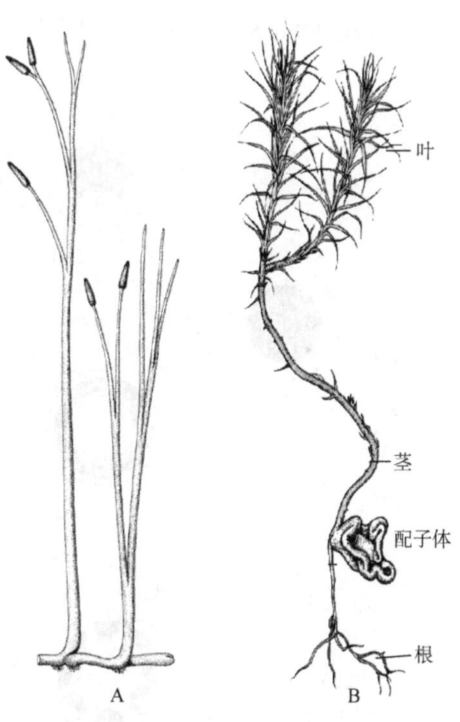

图4-1 维管植物的演化

A. 没有根和叶、枝顶端产生孢子囊的早期维管植物阿格劳蕨（*Aglaophyton*）；B. 具根、茎、叶分化的石松类植物的孢子体

早期的维管植物并没有产生特化运输水分的管状分子，只有通过膨压才能直立，这不仅限制了它们的生存环境，也限制了株高。

如何解决植物体内的水和营养运输是所有大型陆地植物所面临的最严重的问题，由木质部和韧皮部组成的高效流体运输系统的演化解决了这一问题。产生合成木质素的能力在植物的演化过程中也是一个关键的步骤，木质素被整合到支持组织和输水细胞的细胞壁中，增加了细胞壁的硬度，使具有维管组织的孢子体有可能长得更高。

早期维管植物孢子体的地下部分和地上部分在结构上基本没有差异（图 4-1A），漫长的演化过程中，维管植物逐渐形成了分化程度更高的、更特化的，由根、茎和叶组成的植物体（图 4-1B）。根起着固着、吸收水分和矿物质的作用，茎和叶则提供了一个非常适合植物在陆地生长的系统，即从阳光中获取能量，从大气中获取 CO_2 和水。与此同时，配子体世代经历了体积逐渐缩小，越来越依赖孢子体的保护和提供营养的过程，并沿着这一路线最终演化形成种子。种子的形成，一方面为幼小孢子体的生长提供了营养保证，另一方面也为它们抵御陆地严酷环境提供了保障。显然，无种子维管植物缺乏种子。而且，大多数无种子维管植物的配子体能独立生活，有水环境是其游动的精子游向卵子所必需的。

4.1.1 维管系统

维管系统主要由木质部和韧皮部组成，木质部中含有运输水分和无机盐的管胞或导管分子；韧皮部中含有运输有机物的筛胞或筛管。各组成分子在茎中聚集在一起，并按不同的方式排列，从而形成了各种不同类型的中柱（stele），包括：原生中柱（protostele）、管状中柱（siphonostele）、网状中柱（dictyostele）和具节中柱（cladosiphonic stele）等（图 4-2）。原生中柱为原始类型，仅由木质部和韧皮部组

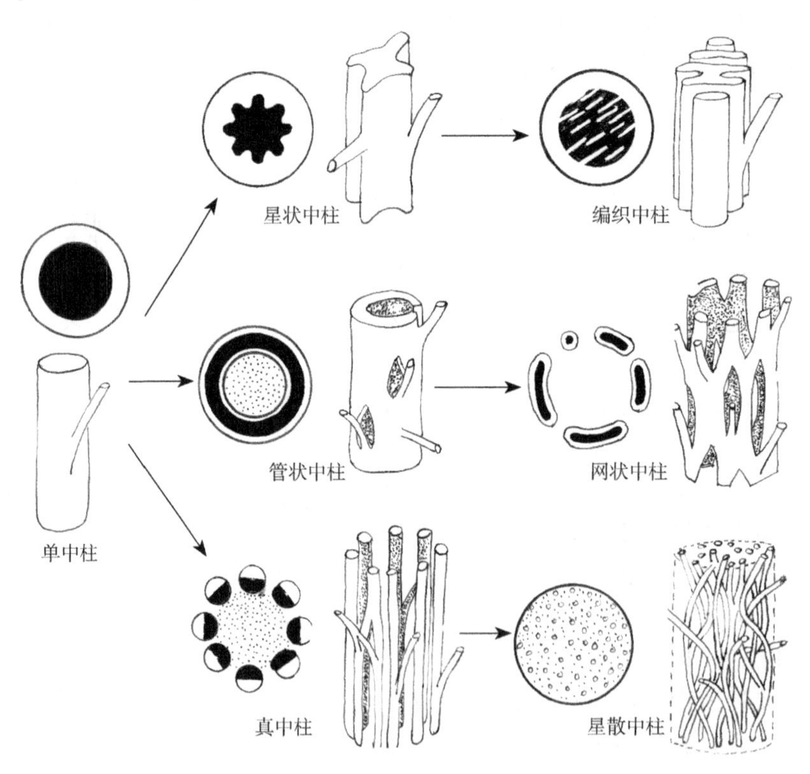

图 4-2 中柱类型

成，无髓和叶隙，它又分为单体中柱（monostele）、星状中柱（actinostele）、编织中柱（plectostele）和多体中柱（polystele）等多种不同的类型。管状中柱的特点是具髓和叶隙，维管系统围在髓的外面形成圆筒状。根据韧皮部的位置或维管系统的数目可分为外韧管状中柱（ectophloic siphonostele）、双韧管状中柱（amphiphloic siphonostele）和多环管状中柱（polycyclic siphonostele）。所有这些类型的中柱只在蕨类植物茎中出现，它们进一步发展可演化为种子植物的真中柱（eustele）和星散中柱（atactostele）（图 4-2）。

4.1.2　根和叶的起源

早期维管植物的孢子体是缺少根和叶的二叉分枝的轴状体（图 4-1A）。随着功能的特化，植物体的不同部分之间产生了形态和生理的差异，导致根和叶器官的分化。总的来说，根组成根系，固着植物体，吸收土壤中的水和矿物质。茎和叶一起组成了茎叶系统，茎上长出朝向太阳的叶子，特化为光合作用的器官（图 4-1B）。维管系统将水分和矿物质输送到叶片，光合作用的产物又从叶子运送到植物体的其他器官。

尽管有关根起源的化石资料很少，据目前所知，根是由古老的维管植物靠近地面或地下的轴器官演化而来。在大多数情况下，根的结构相对简单，并保留了许多现代植物茎中不再存在的原始结构。

叶是茎上最主要的侧面附属器官。无论大小或结构如何，它们都是由茎的顶端分生组织突起，以形成叶原基的方式形成的。从演化的角度来看，有两种完全不同的叶子——小型叶（microphyll）和大型叶（megaphyll）（图 4-3）。

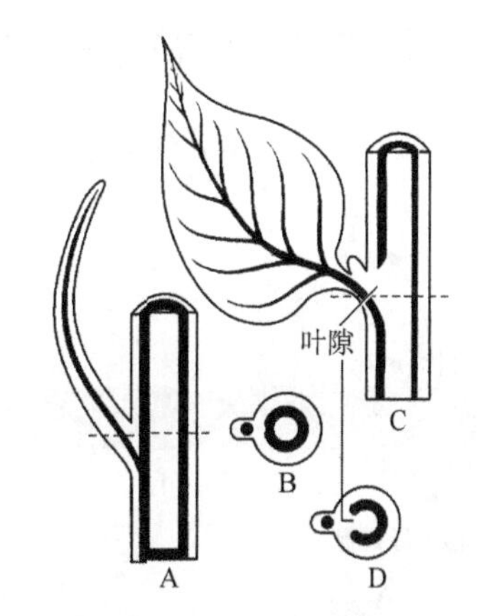

图 4-3　大型叶和小型叶

A. 小型叶；B. A 中沿虚线部分的横切面；C. 大型叶；D. C 中沿虚线部分的横切面

小型叶通常是相对较小的叶子，只包含一条维管束。小型叶往往生长在具有原生中柱的茎上，是石松类植物的特征。小型叶的叶迹上方没有叶隙，每枚叶只有一个叶脉。尽管小型叶的意思是小叶子，但石松类水韭属有些种类的叶子却相当长。石炭纪和二叠纪某些石松类植物的小型叶可长到 1m 或更长。

小型叶可能起源于茎表面的侧向突起，或起源于古老石松类植物不育的孢子囊。小型叶起初是小的、鳞片状或棘状的分枝，缺少维管组织，也称其为突起。此后，微小的叶迹出现在突起的基部。最后，叶迹延伸到突起内，形成原始的小型叶（图 4-4）。

大型叶，顾名思义，比大多数小型叶更大，除少数例外，它们多生长于具管状中柱或真中柱的茎上。通常从管状或真中柱进入大型叶的叶迹上方具有明显的叶隙。不同于小型叶，多数大型叶植物具有复杂的维管分支系统。大型叶的发展可能是整个分枝的扁化（图 4-5）。最早的植物是无叶的，为二叉状分枝的轴状体，轴和叶之间没有区别。不均等的分枝导致有些分枝更大，而另一些分枝更弱，侧向弱的分枝便向叶的方向演化，而生长更快的主枝则形成类似茎的结构。随后，侧枝扁化或变平。最后，分离的侧枝之间愈合，形成原始的叶片。大型叶至少在蕨类植物、木贼类植物和种子植物独立起源三次。

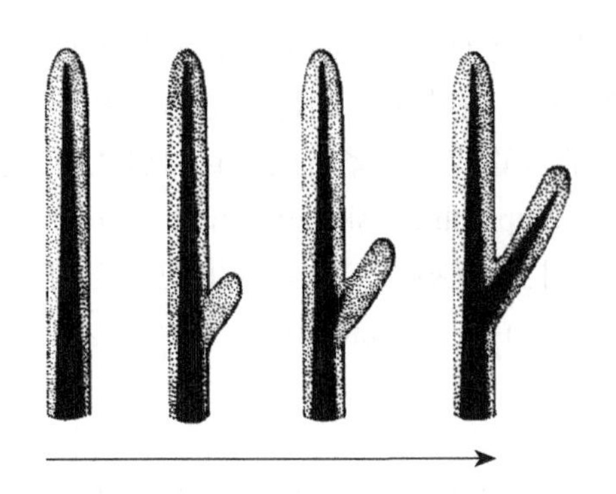

图 4-4 小型叶的发展

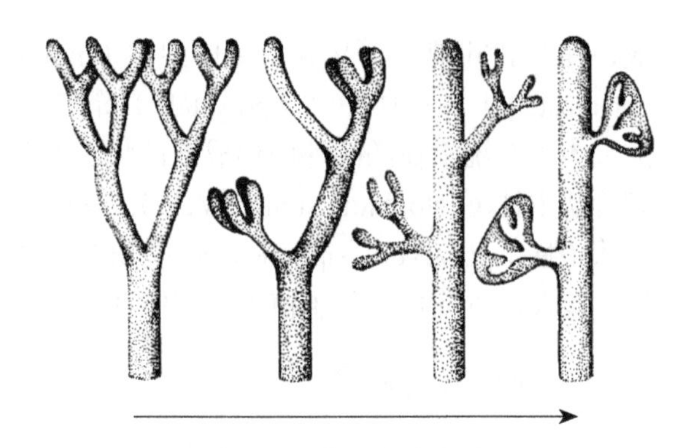

图 4-5 大型叶的发展

维管植物成功地适应了陆地生存，早在4.08亿～3.62亿年前的泥盆纪，已成为地球上陆地的优势类群。维管植物包括两个主要类群：石松类植物和真叶植物，真叶植物又包括现存的蕨类植物和种子植物。

4.2 无种子维管植物的繁殖

所有的维管植物都是卵式生殖，也就是说，一个小的、游动的精子与一个大的、不游动的卵结合，完成受精作用。同时，维管植物均具有异形世代交替，其中，孢子体比配子体更大，结构也更复杂（图4-6）。卵式生殖是对植物最有利的一种有性生殖方式，因为只需要一种配子在植物体外游行，遭遇不良环境的概率至少减少了一半。

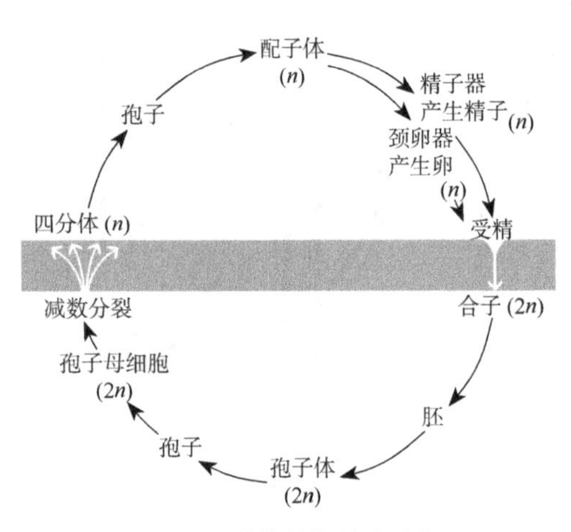

图 4-6 维管植物的生活史

无种子维管植物仍以孢子进行繁殖。在石松类植物中，孢子囊通常单生于孢子叶的近轴面叶腋或叶子基部，且孢子叶通常集生在枝的顶端，形成球状或穗状的孢子叶球（strobilus）或孢子叶穗（sporophyll spike）；较进化的真蕨类植物不形成孢子叶球，其孢子囊通常生在孢子叶的背面、边缘或集生在一个特化的孢子叶上，并常常是多数孢子囊聚集成群，形成不同形状的孢子囊群或孢子囊堆（sorus），大多数真蕨类植物的每个囊群还有一种保护结构，即囊群盖（indusium）。孢子形成时经过减数分裂，多数无种子维管植物的孢子囊中产生的孢子形态大小相同，称为同型孢子（isospory），而卷柏属植物和少数水生蕨类的孢子有大小之分，称为异型孢子（heterospory）。孢子萌发形成配子体，又称原叶体（prothallus），小型，结构简单，生活期较短；原始类型的配子体生于地下，呈辐射对称的圆柱体或块状，没有叶绿素，通过与真菌共生得到养料；大多数无种子维管植物的配子体生于阴湿的地表，为具背腹性的绿色叶状体，能独立生活。配子体的腹面生有精子器和颈卵器，精子器产生具多条或两条鞭毛的精子，在有水的条件下，精子游至颈卵器内与卵结合形成合子，完成受精作用。合子不经休眠，继续分裂发育成胚，以后发育成孢子体（图 4-6）。

4.3　无种子维管植物的多样性

4.3.1　石松类植物

石松类植物（lycophyte）（图 4-7）起源于约 4 亿年前，在石炭纪（3.45 亿～2.90 亿年）最为繁茂，其树木状类群［如鳞木属（*Lepidodendron* sp.）］是当时森林的优势类群，有些种可高达 40m，基部直径达 2m。这些古代树木的遗骸是重要经济煤层的主要成分。石炭纪的植物化石近一半都是石松类植物。该类群为整个维管植物的基部类群。

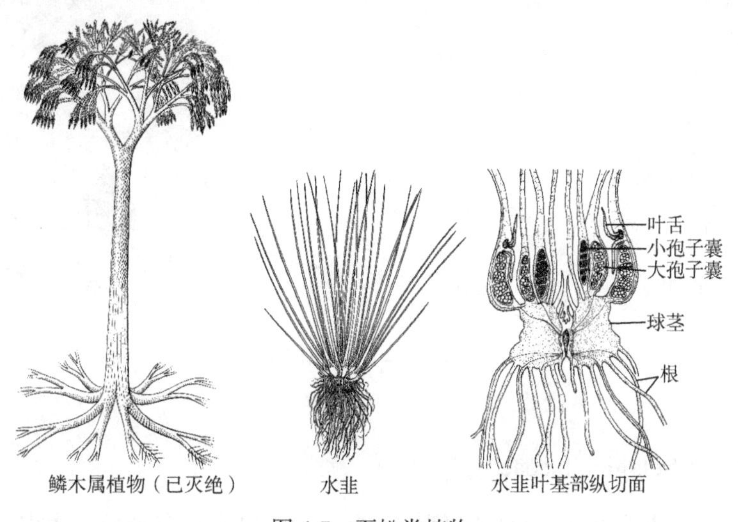

图 4-7　石松类植物

现存的石松类植物有 3 科，包括具有同型孢子的石松科（Lycopodiaceae），具有异型孢子的卷柏科（Selaginellaceae）和水韭科（Isoetaceae）。石松科的配子体是两性的，具菌根，通常生于地下。卷柏科的配子体为单性。雌配子体部分突出于大孢子壁，雄配子体完全在小孢子内发育，之后壁破裂，精子游出。水韭科是陆生或水生植物，具直立而短的球状茎，常具长叶，其孢子囊嵌入叶基部的近轴面。

1．石松科（Lycopodiaceae）

土生、附生。植株直立、悬垂或攀缘。主茎二歧分枝，原生中柱。叶少，螺旋状排列或不规则轮生，无叶脉或仅具单一小脉。能育叶与不育叶同型或异型，质厚，有时呈龙骨状，线形或钻形，不育叶全缘或有锯齿或龋齿状。孢子囊肾形或近圆球形，叶腋单生，生于茎的中上部，或在枝顶聚生成囊穗，囊穗为棍棒状、圆柱状或为分枝的下垂线形。孢子近圆球形至四面体，三裂缝，无叶绿素，外壁具穴状或网状纹饰。原叶体地下生，半腐生或腐生，椭圆形或线形，单一或分枝，具菌根，块状或蝶状。

石松科植物5属约400种，世界广布，主产泛热带；中国4属67种，各地广布，主产西南和华南地区。常见的有石松（*Lycopodium japonicum*）（图4-8）及蛇足石杉（千层塔）（*Huperzia serrate*）。蛇足石杉全草入药，有清热解毒、生肌止血、散瘀消肿的功效；从中可提取石杉碱甲，对治疗阿尔茨海默病等具有特殊的药用价值。

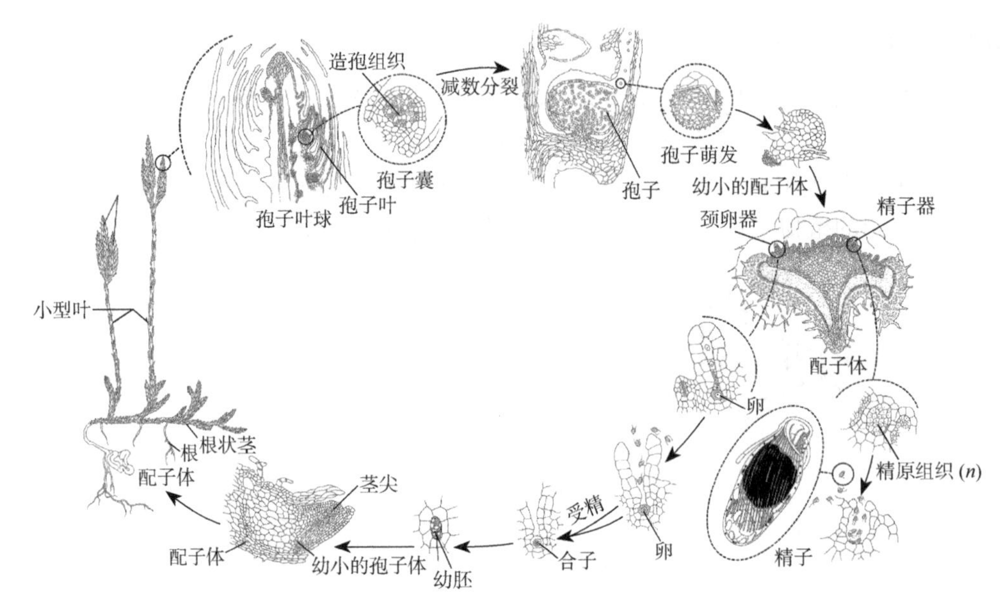

图4-8　石松的生活史

2．卷柏科（Selaginellaceae）

土生或石生。植株直立、斜生或匍匐蔓生，少有攀缘；多分枝，大多为二叉合轴分枝，主枝圆柱形或四棱柱状，无背腹性，具原生中柱、管状中柱或分体中柱，主枝下部生圆柱状根托，末端生出细长的多次二叉分枝的根系。单叶，较小，一型或二型，平展或斜展。二型叶螺旋状互生、呈4列；侧面2行叶称背叶，较大；中间2行叶称腹叶，贴生茎上。能育叶穗状。孢子囊穗着生在小枝顶端，通常呈四棱形或扁圆形。能育叶分大、小孢子叶，分别产生大、小孢子囊。大孢子囊圆球形，外壁光滑或皱状或疣状，成熟时呈白色、黄色、棕色或黑色，每一大孢子囊内有大孢子1～4枚；小孢子囊肾形或倒卵形，可产生大量粉末状小孢子，囊外壁颗粒状、瘤状、刺状或疣状，极面三裂缝，成熟时呈浅黄色、黄色或橘红色。配子体细小，在孢子壁内发育。

本科植物1属750余种，主要分布于热带和亚热带，极少至北极高山；我国1属72种，南北均产。常见有卷柏（*Selaginella tamariscina*）、中华卷柏（*S. sinensis*）、江南卷柏（*S. moellendorffii*）和伏地卷柏（*S. nipponica*）等。

代表植物：卷柏（图4-9），配子体极度退化，在孢子壁内发育。当小孢子囊尚未

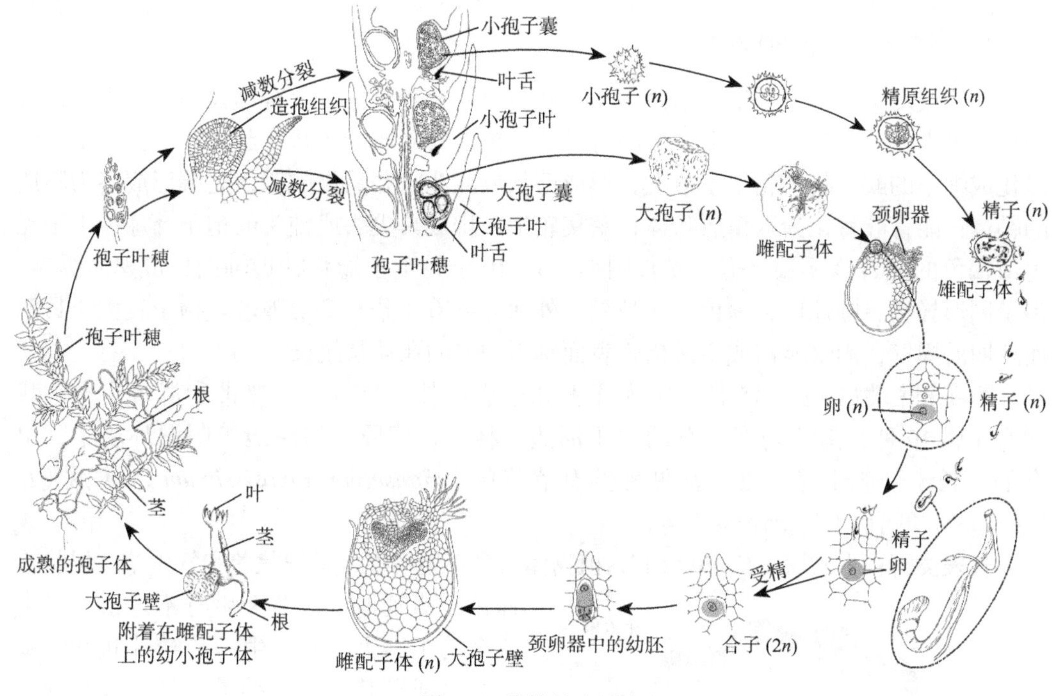

图 4-9　卷柏的生活史

开裂时，小孢子已开始发育，首先分裂一次，产生一个小的原叶细胞（prothallial cell）和一个大的精子器原始细胞，原叶细胞不再分裂，精子器原始细胞又分裂几次，形成精子器，卷柏的雄配子体就是由一个原叶体细胞和一个精子器组成，精子器的外面有由一层细胞构成的壁，中央有 4 个初生精原细胞，初生精原细胞经多次分裂，产生 128 个或 256 个具双鞭毛的精子，成熟后壁破裂，精子游出。卷柏雌配子体的早期发育也在大孢子的壁内进行，且大孢子也不脱离大孢子囊；大孢子的核经过多次分裂形成许多自由核，再由外向内产生细胞壁形成营养组织。色绿，能进行光合作用，其中一部分突出于大孢子顶端的裂口处，并产生假根。颈卵器发生于突出部分的组织中，由 8 个颈细胞、1 个颈沟细胞、1 个腹沟细胞和 1 个卵细胞组成。当颈卵器发育成熟时，其颈沟细胞和腹沟细胞解体，具双鞭毛的精子借助于水游至颈卵器，并与其内的卵受精形成合子，合子进一步发育成胚。幼小的孢子体吸收雌配子体的养料，逐渐分化出根、茎、叶，伸出配子体，营独立的自养生活。

4.3.2　蕨类植物

蕨类植物［monilophyte（fern）］包括蕨类植物和木贼类植物。这两个类群曾经被认为是独立的门，但是，最近的形态学和分子系统学的研究表明，蕨类植物和木贼类植物是单系类群，该类群分为 4 个主要分支：木贼类（equisetaceae）、松叶蕨类（psilotaceae）、合囊蕨类（marattiopsida）和真蕨类（polypodiopsida）植物，共有 300 属 9000 种，植株 3cm 至 20m 高。

1．木贼科（Equisetaceae）

常绿或夏绿植物，土生或沼泽生。根状茎横走，有节，节上有锯齿的鞘，中空，常分枝或单出，分枝轮生于节上，节间有纵棱，棱上有硅质的疣状突起。叶二型：不育叶退化成细小的鳞片状，轮生于节上，形成筒状或漏斗状并具齿的鞘，先端形成多为膜质的鞘齿；能育叶特化为六角盾状体，密集轮生，排成具尖头或钝头的孢子叶球，生于无色或褐色的能育茎顶端。孢子囊长圆形，5～10个轮生于能育叶近轴面，成熟时纵裂。孢子同形异性，圆球形，绿色，无裂缝，外面环绕着4条十字形弹丝。孢子较大，具薄而透明的周壁，周壁皱褶或不皱褶，表面具不均匀的颗粒状纹饰。

木贼科植物1属约15种，除大洋洲和南极洲外，热带、亚热带和温带广布；我国有1属10种，南北均产。有的生于河边、林下、草原、沼泽地等阴湿环境中，也有的生长于开旷干燥之处。常见种类有节节草（*Equisetum ramosissimum*）、木贼（*E. hyemale*）和问荆（*E. arvense*）等。

代表类群：木贼属（*Equisetum*），植物体为多年生草本，具根状茎和气生茎。根状茎棕色，蔓延地下，节上生有不定根；气生茎多为1年生，节上生一轮鳞片状叶，基部联合成鞘状。有些种类的气生茎有营养枝（sterile stem）和生殖枝（fertile stem）之分，营养枝通常在夏季生出，节上轮生许多分枝，色绿，能进行光合作用，但不产生孢子囊；生殖枝在春季生出，短而粗，棕褐色，不分枝，枝端能产生孢子叶球。无论是气生茎还是地下根状茎均有明显的节和节间，节间中空。气生茎表面有纵肋，脊与沟相间而生。从节间的横切面看（图4-10），茎的最外层为表皮细胞，细胞外壁沉积着极厚的硅质，故表面粗糙而坚硬；表皮内为多层细胞组成的皮层，靠近表皮的部分为厚壁组织，尤以对着纵肋处最为发达，皮层中对着茎表每个凹槽处各有一个大的空腔，称为槽腔（vallecular cavity），皮层和中柱间有内皮层。问荆的中柱结构比较特殊，幼时为原生中柱，稍大些转为管状中柱，再长大些维管组织在内皮层里呈束状排列成环，围着髓腔，而节处是实心的，因而称为具节中柱（cladosiphonic stele）。在排列成环的对脊而生的每个维管束的内方通常各有一个小空腔，称为脊腔（carinal cavity），是由原生木质部破裂后形成。维管束的木质部大多由管胞组成，但也有少数种类是由导管组成。茎的中央为一个大的髓腔（medullary cavity）。

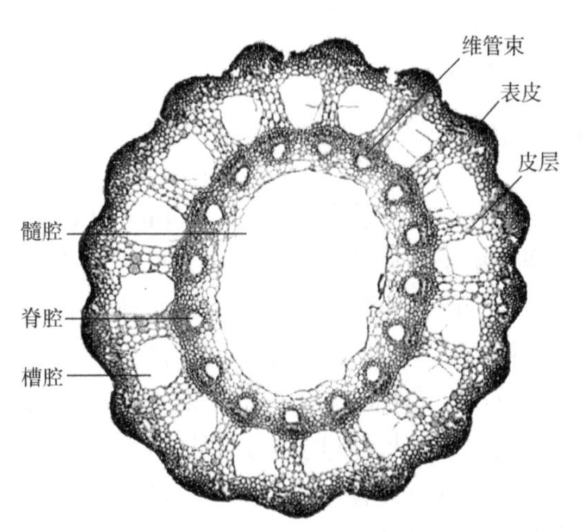

图4-10　木贼属植物茎横切面

木贼属植物的孢子叶球呈纺锤形，由许多特化的孢子叶聚生而成，这种孢子叶称为孢囊柄。孢囊柄盾形、具柄，密生于孢子叶球轴上，每个孢囊柄内侧生有5～10枚孢子囊。孢子同型，周壁上同一点着生有4条弹丝，弹丝能作干湿运动，有利于孢子的散播（图4-11）。

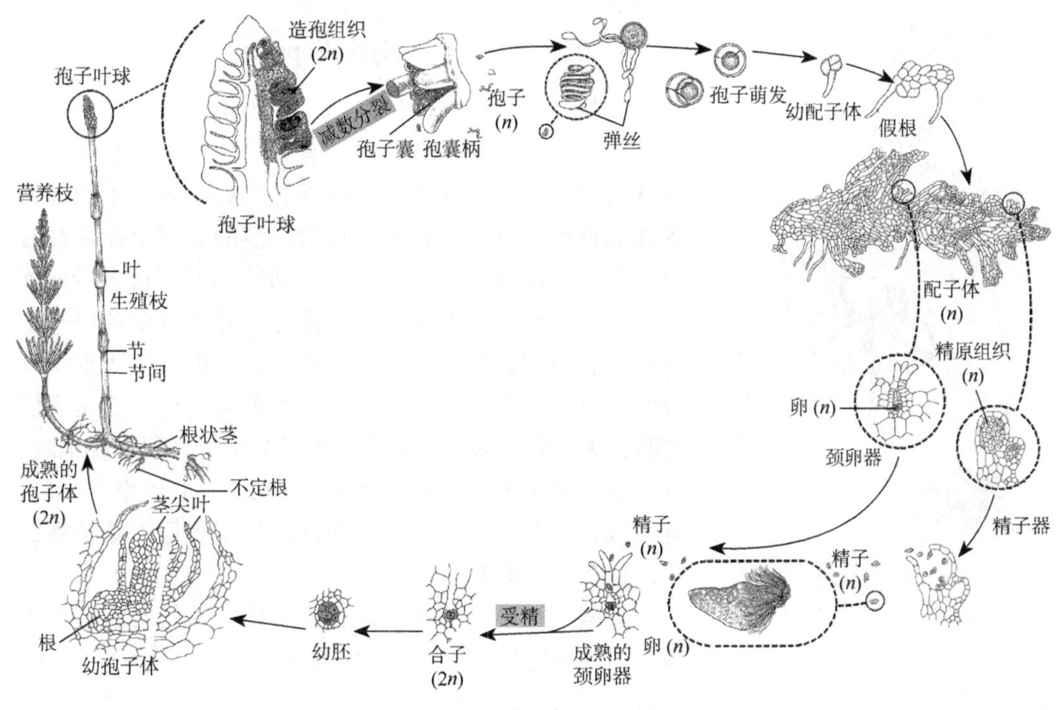

图 4-11　木贼属植物的生活史

配子体由孢子萌发形成，通常为背腹性的由几层细胞构成的垫状组织，下侧生有假根，上侧有许多不规则带状裂片，裂片由一层细胞构成，绿色，裂片间发育出雌、雄性生殖器官，即颈卵器和精子器。木贼属的孢子虽为同型，但它萌发形成的配子体有雌雄同体和异体之分，这可能与营养条件有关。实验结果表明，基质营养丰富时多为雌性，否则多为雄性。颈卵器产生的卵与精子器产生的具多鞭毛的精子在有水的环境中实现受精作用，形成合子，再进一步发育成胚。胚由基足、根、茎端和叶组成，胚进一步发育形成孢子体，配子体随之死亡（图 4-11）。

2．松叶蕨科（Psilotaceae）

中小型常绿植物，附生或石生。根状气生茎直立、匍匐横走或下垂，无根，下部不分枝，中上部呈二叉分枝，绿色，圆柱状，具棱或扁平，具原生中柱或管状中柱。叶为单叶，细小，无柄，疏生，二型。不育叶鳞片状、近三角状、披针形到狭卵形，无叶脉或有 1 条叶脉；能育叶二叉，小鳞片状，无叶脉。孢子囊圆球形，2～3 枚生于叶腋，通常愈合似 1 枚 2～3 室的孢子囊，囊壁由数层细胞构成，无环带，成熟时纵裂。孢子同型，二面体状，椭圆形，单裂缝。配子体为不规则分枝圆柱状，无叶绿素，有菌根。

本科植物 2 属 12～15 种，分布于热带和亚热带；中国 1 属 1 种，产于西南、华南和华东等地区。

代表植物：松叶蕨［*Psilotum nudum*（Linnaeus）］（图 4-12），可作室内盆栽观赏；全株入药可活血止血。

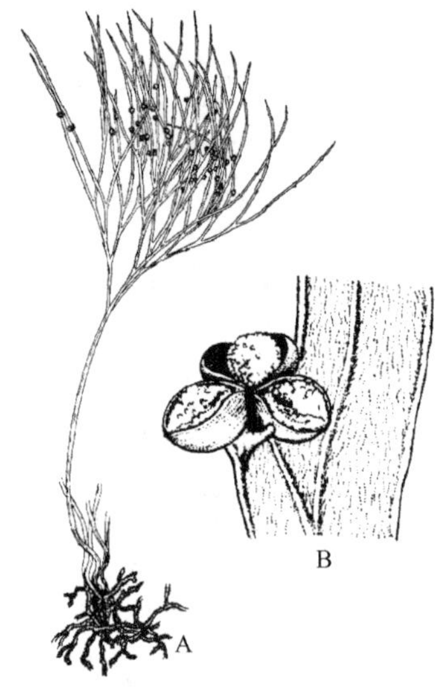

图 4-12 松叶蕨
A. 孢子体；B. 开裂的孢子囊

3．真蕨类植物（polypodiopsida）

真蕨类植物的孢子体发达，根为不定根；除树蕨类外，茎均为根状茎；茎的中柱有原生中柱、管状中柱和多球网状中柱等，除原生中柱外，均有叶隙。木质部有各式的管胞，仅少数种类具导管。茎的表皮上往往具有保护作用的鳞片或毛。大型叶，幼叶拳卷，长大后伸展平直，并分化为叶柄和叶片两部分。叶片有单叶或一至多回羽状分裂或复叶。孢子囊聚集成囊群，生于孢子叶背面或背缘，有或无囊群盖；原始种类的孢子囊是多层细胞，无环带，较进化的种类孢子囊壁薄，仅 1 层细胞，有环带。配子体小，多为背腹性叶状体，心脏形，绿色，有假根，自养。精子器和颈卵器均生于腹面，精子螺旋状，具有多数鞭毛。

真蕨类植物起源很早，在古生代泥盆纪时就已经出现，到石炭纪时极为繁茂，种类也相当多，而到二叠纪时都已绝迹，但在中生代的三叠纪和侏罗纪，却又演化出一些能够适应新环境的种系，这些蕨类一直延续到现在，它们和古代的化石蕨类有很大的不同。现在生存的真蕨类植物有 1 万种以上，广布世界各地。

代表类群：水龙骨属（*Polypodium*）（图 4-13），为多年生草本，孢子体有根、茎、

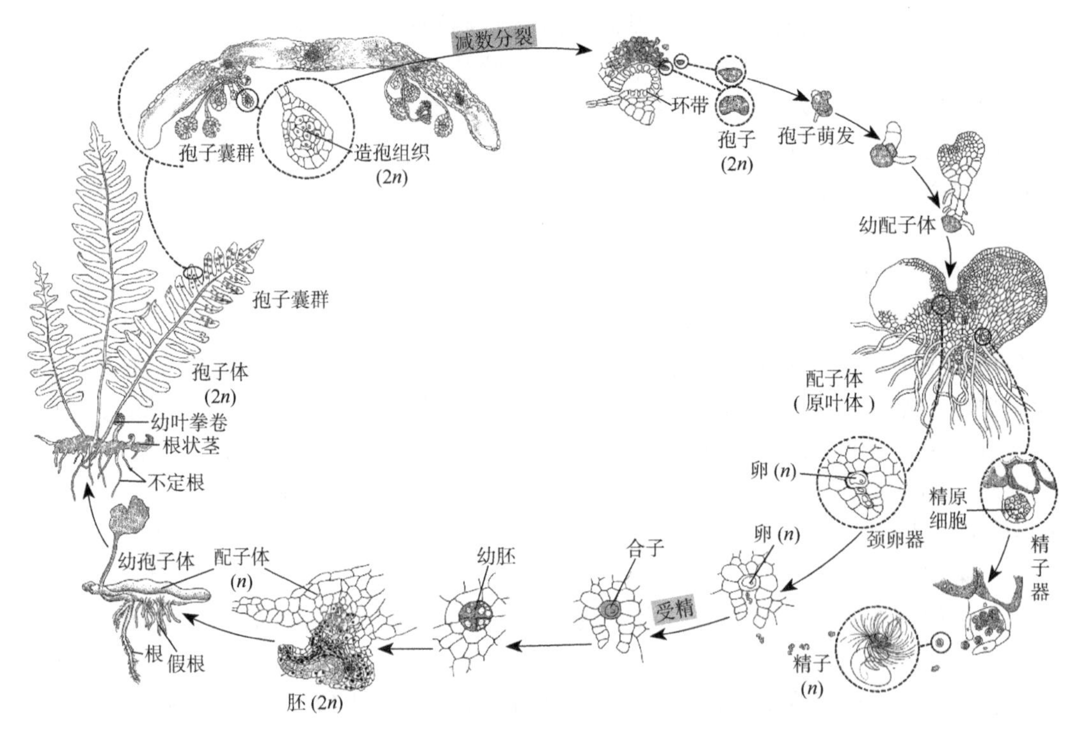

图 4-13 水龙骨的生活史

叶的分化。茎多为根状茎，有分枝，在土壤中蔓延生长；茎上生不定根，并密被黑褐色鳞片。叶为大型叶，同型，幼时拳卷，成熟后平展，羽状深裂至一回羽状；叶脉明显，沿主脉两侧各有 1 行网眼，内藏 1 小脉。孢子囊群圆形，无囊群盖，生于内藏小脉的顶端。孢子囊扁圆形，具 1 长柄，囊壁由一层细胞构成，但有 1 列细胞特化形成环带。环带中大多数细胞的内切向壁和两侧径向壁木质化增厚，另有 2 个细胞的胞壁不加厚，为薄壁细胞，称为唇细胞（lip cell）。孢子成熟时，在干燥的条件下环带细胞失水，导致孢子囊从 2 个唇细胞之间裂开，并因环带的反卷作用将孢子弹出。一般每个孢子囊有孢子母细胞 16 个，产生 64 个孢子。

孢子散落在适宜的环境中，萌发形成心形的配子体（即原叶体），体型小，宽约 1cm，绿色自养，背腹扁平，中部较厚，由多层细胞组成，周边仅有一层细胞。配子体为雌、雄同体，雌、雄生殖器官均生于配子体的腹面，腹面同时还生有假根。颈卵器一般着生于原叶体的心形凹口附近，精子器生在原叶体的后方。精子与卵分别在精子器和颈卵器中发育成熟后，具多鞭毛的精子在有水的条件下，游至颈卵器与其中的卵受精形成受精卵（合子）。合子经过多次分裂，发育形成胚，胚再进一步发育成新一代孢子体（图 4-13）。

第5章 种子植物

种子植物（spermatophyta，seed plant）是能够产生种子的植物。种子是由胚珠发育而成，胚珠是一个复合结构，由大孢子发育而来的雌配子体、周围大孢子囊（珠心）及一至数层的保护层（珠被）共同构成；胚珠镶嵌在孢子体内。花粉（雄配子体）被传播到接近胚珠的孢子体表面，随后发生受精作用，雄配子体的一个核（精子）与雌配子体的一个核（卵细胞）融合形成合子，随后发育成胚。受精后，胚珠发育形成种子。成熟的种子由种皮、胚和胚乳三部分组成。种皮由珠被发育形成，起保护作用。有的种子外被一层坚硬至柔软，油质至肉质，通常色彩明亮的结构，称为假种皮。胚乳是三倍体（被子植物受精的极核发育形成）或单倍体（裸子植物的雌配子体形成）的组织，是种子中贮存营养的场所，常含有淀粉、脂类、蛋白质、寡糖、半纤维素等，质地可为坚硬至柔软，或肉质。胚由胚芽、胚轴、胚根和子叶 4 部分构成（图 5-1）。种子的形成，在很大程度上加强了对胚的保护，提高了幼小孢子体（胚）对不良环境的抵抗能力。种子植物与其他植物的不同之处还有其受精过程中产生了花粉管，这使得受精过程不再需要水为媒介，从而摆脱了对水的依赖。现存的种子植物有 223 000 余种，可分为 5 个单系类群：苏铁类、买麻藤类、银杏类、松柏类和被子植物。

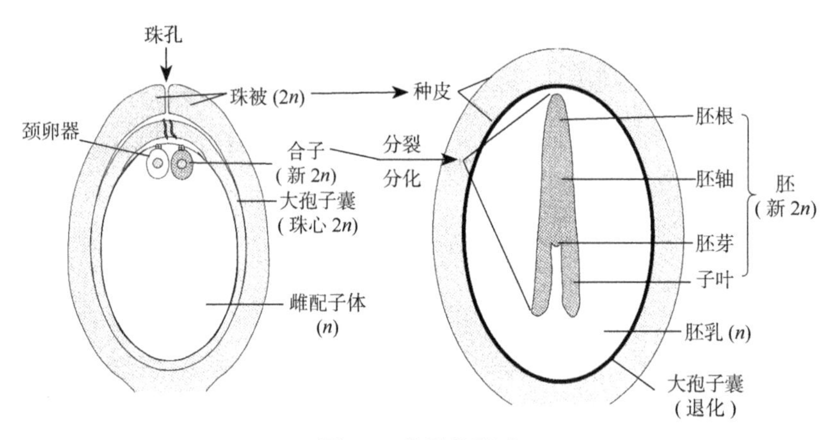

图 5-1　种子的形成

5.1　种子的起源和演化

种子的起源和演化包括几个阶段，见图 5-2。

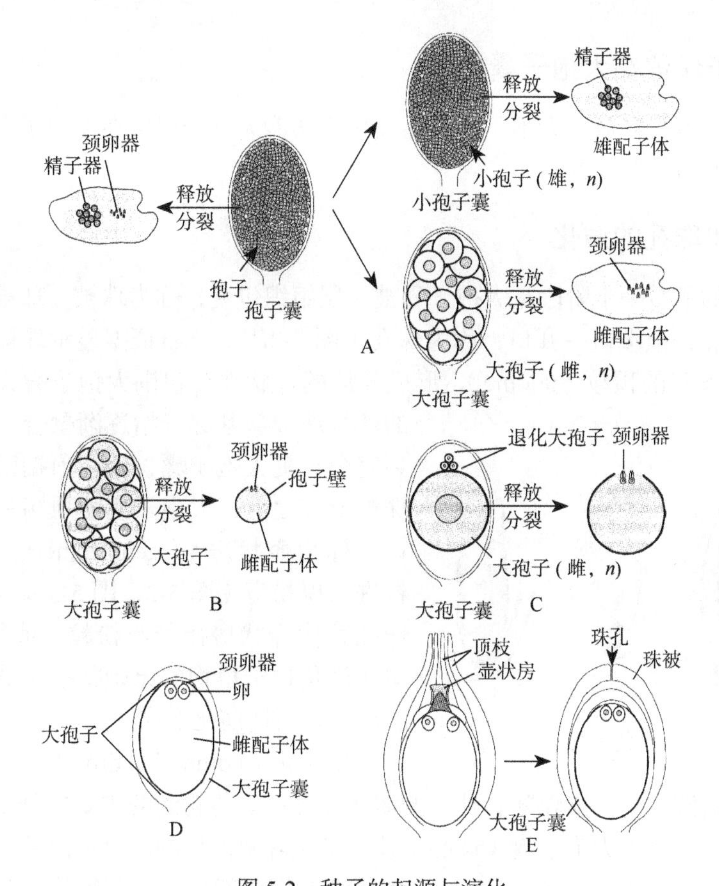

图 5-2 种子的起源与演化

A. 同型孢子向异型孢子演化；B. 外生孢子向内生孢子演化；
C. 大孢子的数量由多数减少到一个；D. 大孢子保留在大孢子囊中；E. 珠被和珠孔的演化

5.1.1 同型孢子向异型孢子演化

同型孢子是指孢子体中只形成一种类型的孢子囊，孢子囊母细胞经过减数分裂，产生许多同型孢子，孢子萌发长成配子体，同一配子体上既有精子器，也有颈卵器。异型孢子则是孢子体分化出两种孢子囊，并产生两种类型的孢子，大孢子囊中的大孢子母细胞通过减数分裂产生数量较少的大孢子；小孢子囊中的小孢子母细胞通过减数分裂产生数量较多的小孢子。大孢子萌发形成雌配子体，其上只形成颈卵器。小孢子萌发形成雄配子体，其上只形成精子器，如古蕨属（*Archaeopteris*）（图 5-2A）。

5.1.2 外生孢子向内生孢子演化

外生孢子是指大孢子萌发长成雌配子体，雌配子体上再长出颈卵器，进而演化为雌配子体直接在大孢子内形成颈卵器，因此，雌配子体外由大孢子壁包裹（图 5-2B）。

5.1.3 大孢子的数量由多数减少到 1 个

大孢子囊中由多数大孢子母细胞减少为 1 个，1 个大孢子母细胞减数分裂产生 4 个大孢子，其中 3 个退化，只留下 1 个功能大孢子（图 5-2C）。

5.1.4 大孢子保留在大孢子囊中

功能大孢子不再释放出大孢子囊，而演化为功能大孢子保留在大孢子囊中。与此同时，大孢子壁变薄（图 5-2D）。

5.1.5 珠被和珠孔的演化

种子演化的最后一个阶段是大孢子囊被一层组织包裹，称为珠被。珠被从大孢子囊的基部向上包裹，顶端留一开口，称为珠孔（图 5-2E）。化石证据显示珠被可能起源于大孢子囊周围丝状的顶枝（telome）。形成开放的丝状珠被包围大孢子囊，此后，分离的丝状珠被从基部开始逐渐融合，由部分包裹到完全包裹大孢子囊，仅在顶端留下珠孔。在珠被形成之前，大孢子囊的顶端具有一杯状开口，称为壶状房（lagenostome），可引导花粉粒进入授粉室（图 5-2，图 5-3）。珠被形成后，珠孔替代壶状房接受花粉粒。值得注意的是，单珠被是种子植物的原始状态，被子植物第二层珠被是后期演化形成的。

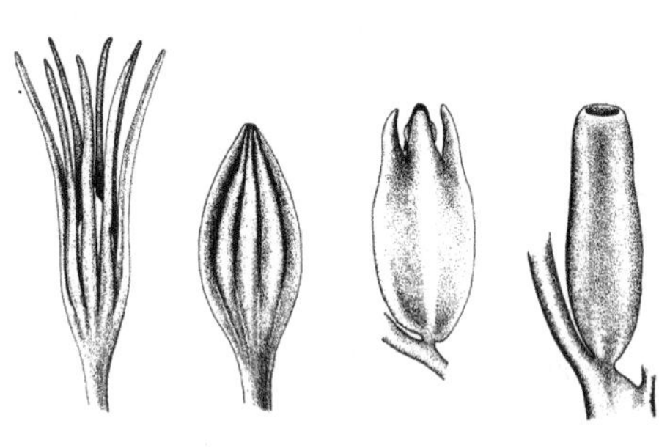

图 5-3 珠被的演化

传粉滴（pollination drop）是由幼嫩胚珠通过珠孔分泌的液滴，它可能伴随着种子的演化而形成。传粉滴的主要成分是水，还有少量的糖和氨基酸，是由大孢子囊（珠心）顶端细胞降解产生的。这些降解细胞所形成的空腔称为传粉室（pollination chamber）。传粉滴的作用就是捕获花粉粒，并将花粉粒拉进传粉室。目前尚不清楚传粉滴是否在早期的种子植物中出现。但是，它们在许多无花的种子植物中出现，表明它至少是现存种子植物的衍生特征。值得说明的是，被子植物胚珠缺少传粉滴和传粉室，有花植物演化出不同的机制来捕获和转运花粉。

5.2 种子的类型

5.2.1 裸子植物的种子

裸子植物的种子由受精后的胚珠发育形成。退化颈卵器中的受精卵（2*n*）发育胚，周围的雌配子体组织（*n*）转化为贮存营养的胚乳，珠被发育形成种皮。因此，裸子植物的种子由三个世代的产物组成，胚是新的孢子体世代（2*n*），胚乳是雌配子体世代（*n*），种皮是老的孢子体世代（2*n*）。除此之外，由于裸子植物一个雌配子体有几个颈卵器，其中的多个卵细胞可同时受精，进而形成种子中的简单多胚现象（simple polyembryony）；或者由于一个受精卵在发育过程中，胚原组织分裂为几个胚，而呈现出裂生多胚现象（cleavage polyembryony）。

5.2.2 被子植物的种子

被子植物的种子在形态上与裸子植物种子相似，但在胚乳的来源上又不同于裸子植物。被子植物的胚乳由受精极核发育形成，是三倍体，由父母双方的基因共同调控，增加了胚乳的遗传多样性，使得种子和子代的适应能力更强（图 5-4）。根据种子成熟时是否存在胚乳，可将被子植物的种子分为无胚乳种子和有胚乳种子。

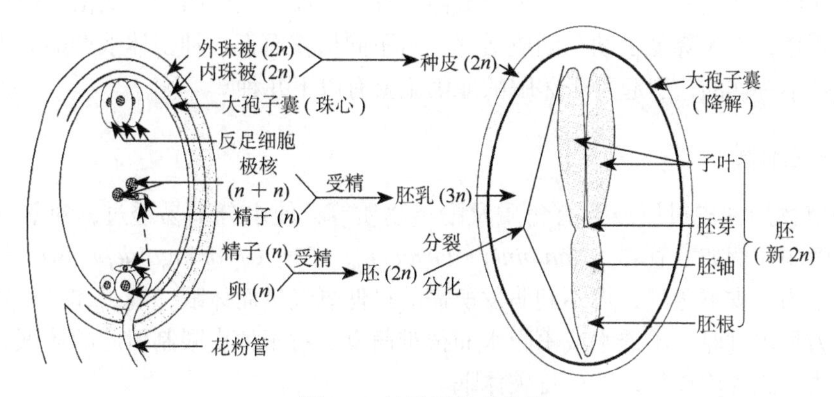

图 5-4　被子植物的种子

1．无胚乳种子

无胚乳种子由种皮和胚两部分组成，胚乳在胚胎发育时即被吸收掉，因此种子成熟时已无胚乳存在，如大豆、棉、油菜、慈姑等（图 5-5A）。此外，有些植物种子成熟时，珠心组织始终存在并发育成类似胚乳的贮藏组织，称为外胚乳，如甜菜。

2．有胚乳种子

有胚乳种子由种皮、胚和胚乳三部分组成，如蓖麻、烟草、水稻、洋葱等（图 5-5B，C）。胚乳在种子萌发时才为胚所利用，因此在未萌发的种子中保留有胚乳。

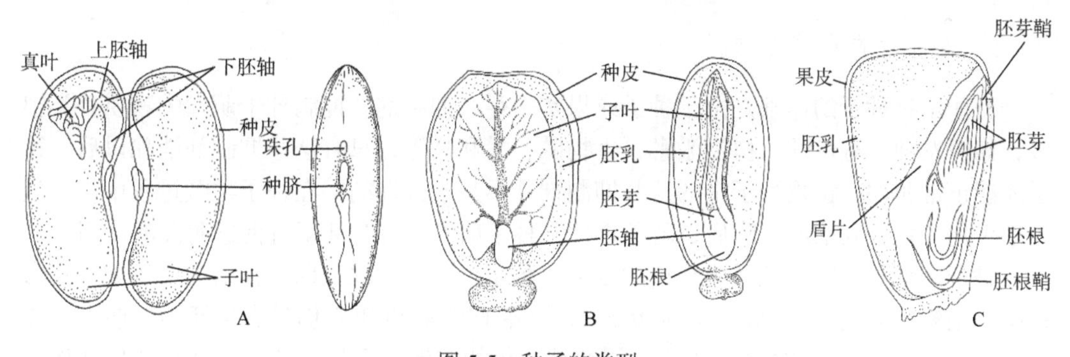

图 5-5　种子的类型

A．四季豆无胚乳种子；B．蓖麻有胚乳种子；C．玉米有胚乳种子

5.3　种子的休眠与萌发

5.3.1　种子的休眠

很多植物的种子成熟后，只要环境条件适宜就能萌发成幼苗，但也有不少植物，如

人参（*Panax ginseng*）种子成熟后，即使在适宜的环境条件下也不能立即萌发，而必须经过一段相对静止的阶段以后才能萌发，这一过程称为种子的休眠（dormancy）。休眠是植物对不利环境条件的一种适应，因为休眠可能避免种子在不适宜的季节或环境里萌发，免于幼苗受伤或死亡。例如，秋季成熟的种子，如果立即萌发，幼苗会遭遇到冬季的低温而死亡，大大降低了幼苗的成活率。对不同植物而言，种子休眠期的有无和休眠期的长短是不一样的，引起种子休眠的原因主要有以下几种。

1. 种皮限制

有些植物的种皮过厚或含有角质及酚类物质等，使水分不易透过，对氧气的渗透作用也很微弱。例如，苍耳（*Xanthium sibiricum*）、车前（*Plantago depressa*）等植物的种子往往因为种皮不透气，得不到萌发所需的最低氧气量而休眠；莲子和豆科植物的种子，常因为种皮过厚、不透水或不吸水而很难萌发。对于种皮限制引起的休眠，只要采取机械方法造成种皮损伤，即可打破休眠。

2. 胚未成熟或种子的后熟作用

有些植物的种子在脱离母体时，胚体并未发育完全，因而不能萌发，如人参、银杏等；另有一些植物种子在收获时，胚的外貌似已成熟，但在生理上并未完全成熟，它们必须在适当的温度、湿度和空气条件下，经过数周或数月以后才能萌发，这种现象称为种子的后熟作用（after-ripening）。例如，莴苣（*Lactuca sativa*）种子要经过几个月的干燥贮藏后才能完成后熟；大麦（*Hordeum vulgare*）种子在 40℃下干燥 3 天，当麦粒含水量下降到 12.8% 时，才能完成后熟作用。促进植物种子完成后熟作用的有效办法往往是低温层积或高温处理，也可以用植物激素来加快某些植物种子的后熟。例如，用赤霉素处理可以将人参种子的后熟期从 1～2 年缩短到几个月。

3. 种子中存在萌发抑制剂

有些植物种子的休眠是由于种子或果实中存在抑制剂。抑制种子萌发的物质种类很多，如挥发油、有机酸、植物激素、生物碱、酚和醛等，只有这些抑制剂消除以后，种子才能正常萌发。植物种子中的这些抑制剂并不是永久性的，在种子贮藏过程中，经过生理生化变化，其浓度下降后，就不再抑制种子萌发，有时甚至有促进萌发的作用。

种子休眠是植物长期适应环境的结果，种子可通过休眠长期保存活力。例如，玄参科植物毛瓣毛蕊花（*Verbascum blattaria*）的种子贮藏 90 年后仍具有生活力，萌发后能产生正常的植株。泥炭层中 1200 年前的莲子仍能萌发、生长、开花。种子的后熟作用则是植物对不良环境的一种适应，如低温层积促进种子完成后熟作用，可使植物种子的萌发和生长有效地避开低温逆境，这对生活在寒带、温带等季节变化明显地区的植物具有重要的意义。萌发抑制剂常常成为干旱地区植物种子“感知”水分、避开干旱的重要介导，许多沙漠植物在种皮里含有萌发抑制剂，只有当雨水多至足以淋洗掉这些萌发抑制剂时这类种子才萌发。因此，这些萌发抑制剂帮助沙漠植物“感知”水环境，使沙漠植物能避开干旱环境，而在水分相对丰富的季节迅速萌发，完成生活史。

在生产实践中，人们常常利用种子休眠的特性，通过控制种子贮藏的环境条件来强迫植物种子处于休眠状态，以满足特定生产目的的需要，但并不是所有植物的种子都可以无限期贮藏，这与种子的寿命和贮藏条件有关。

5.3.2 种子的萌发

一旦种子解除休眠，并处于适宜的环境条件下，种子的胚就会转入活动状态，开始生长，这一过程称为种子萌发（seed germination）。充足的水分、适宜的温度和足够的氧气是种子萌发不可缺少的外界条件。

一般情况下，水分是控制种子萌发的最重要因素。干燥种子的含水量通常只占种子总重量的5%～10%，此时细胞原生质处于凝胶状态，只能进行微弱的呼吸作用，物质转化也很缓慢。只有当种子吸收了足够的水分后，萌发才能顺利进行。水分对于种子萌发的作用主要表现在以下几个方面：①水分使种皮膨胀变软，氧气易于透过，改善呼吸作用。②吸水使种子的细胞原生质由不活跃的凝胶状态过渡到活跃的溶胶状态，酶的活性因此加强，代谢速度加快。③水分提供了种子萌发过程中各种物质的运输媒介。④胚的生长需要充足的水分，无论是细胞分裂与伸长都离不开水。各种植物种子萌发时的吸水量很不一致，通常以脂质作为主要贮藏物的种子吸水较少，而含蛋白质较多的种子吸水量很大。

种子萌发涉及呼吸作用的变化和一系列酶促物质转化过程，这些过程只有在一定温度下才能顺利进行，所以温度也构成了种子萌发的必要条件之一。温度过低，种子发芽慢，易烂种；温度过高，呼吸作用很强，贮藏物质过多消耗，不利于幼苗生长。不同植物种子萌发对温度的要求不同，通常原产高纬度地区的植物种子萌发要求的温度较低，而原产于低纬度地区的植物种子萌发要求的温度较高。

种子吸足水分后，通常需氧量急剧增加，完全缺氧时种子是不能正常萌发的。只有少数植物［如水稻、稗（*Echinochloa crusgalli*）等］的种子在胚生长的最初阶段由无氧呼吸提供能量，而绝大多数植物的种子萌发、生长都是通过有氧呼吸获得能量的。一般说来，当空气中含氧量达到10%以上时，植物种子才能正常发芽；当空气中含氧量低于5%时，多数植物的种子不能发芽。作物播种前的松土，就是为了能够给种子萌发提供足够的氧气。

除以上三个必要条件外，光对某些植物种子的萌发也有一定的影响。有些植物种子的萌发需要光，如莴苣、烟草（*Nicotiana tabacum*）等，通常把这些植物种子称为需光种子；另一些植物种子的萌发受光抑制，如番茄（*Lycopersicon esculentum*）、茄子（*Solanum melongena*）以及瓜类的种子，称为嫌光种子。光对种子萌发的促进或抑制与种子中光敏色素系统的作用有关。

种子在萌发过程中，不仅要受到水分、温度、氧气和光等外界环境因子的影响，还受到植物内源激素和植物体内遗传物质对萌发过程的调节与控制。目前在植物体内发现的五大类植物激素（生长素、赤霉素、细胞分裂素、乙烯和脱落酸）几乎都参与种子的萌发过程，在萌发早期，种子中生长素、赤霉素、细胞分裂素和乙烯的含量都有所增加，而脱落酸和其他抑制剂含量下降。激素调节中研究得最多的是赤霉素在禾谷类种子萌发中的作用。禾谷类的种子属于有胚乳种子，与其他有胚乳种子不同的是，禾谷类种子胚乳的外面环绕着一种特殊的细胞，它们富含蛋白质和脂肪，并且与种皮紧贴，称为糊粉层（aleurone layer）。在种子萌发期间，糊粉层细胞中产生不同类型的水解酶（如淀粉酶和蛋白酶），帮助降解胚乳的贮藏物质，为种子萌发提供能源和底物。研究发现只有胚存在时糊粉层细胞中才能产生水解酶，如果在发芽前除去胚，去胚种子中则不能产生水解酶；但假如把赤霉素加到去胚种子中，糊粉层细胞可恢复正常活动，说明种子萌发期间糊粉层细胞合成水解酶的作用受到来自胚胎赤霉素的诱导。

种子萌发过程中最显著的变化就是种子形态的变化。首先可以观察到的形态变化是种子吸水后的膨胀，种子吸水使原来坚硬、干燥的种皮逐渐变软，水分进一步渗入胚乳和胚细胞中，于是整个种子因为吸水而膨胀；种子吸水膨胀后，由胚乳（或子叶）供应充足的养料，加上适宜的环境条件，胚根、胚芽迅速生长。一般情况下，胚根先突破种皮，然后向下生长，形成主根；与此同时，胚轴细胞也相应地生长和伸长，把胚芽或胚芽连同子叶一起推出土面；最后，胚芽突出种皮，向上生长，形成茎和叶。

不同植物种子萌发的过程和方式不完全相同，一些植物属于子叶出土萌发（epigeal germination）（图 5-6A），而另一些植物则是子叶留土萌发（hypogeal germination）（图 5-6B）。前者的种子萌发时，胚根首先突出种皮，伸入土中，形成主根，然后下胚轴

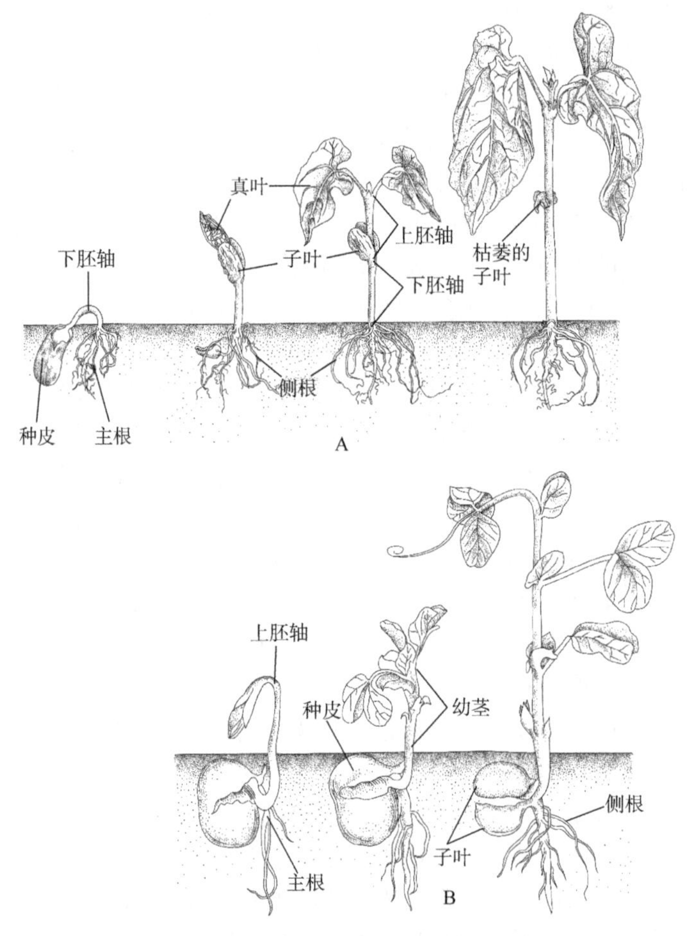

图 5-6 双子叶植物种子萌发过程

A．四季豆子叶出土萌发过程；B．豌豆子叶留土萌发过程

迅速生长，将子叶和胚芽推出土面，因此幼苗形成时，子叶是出土的；后者种子萌发时下胚轴不伸长，主要是上胚轴伸长，所以子叶不随胚芽伸出土面，而是留在土壤中。

种子萌发是一种异养过程，胚生长发育所需要的营养物质主要来自胚乳或子叶。胚乳或子叶中通常含有大量的糖类物质、脂肪、蛋白质以及胚生长发育所需要的其他物质，如磷、植物激素等。种子萌发时，胚乳或子叶中的贮藏物质被分解成单糖、脂肪酸或氨基酸，并运送到胚中，在那里被用于合成细胞生长发育所需要的结构物质或用作呼吸的底物，以满足胚生长发育的物质和能量需求。当幼苗的光自养系统建立以后，植株即转入自养过程。

5.4 种子植物营养器官的结构与发育

从种子萌发到幼苗的形成，植物的生长由异养向自养转变，植物体逐渐进入营养体迅速发展时期，表现为植物体营养器官——根、茎、叶的旺盛生长，因此，这一阶段也称为营养生长（vegetative growth）。这一阶段也是种子植物制造有机物、贮藏营养、转运营养的关键时期。

5.4.1 根

在大多数种子植物中，根（root）构成了植物体的地下部分，是植物适应陆地生活而在进化过程中逐渐形成的器官。根最基本的作用是固着和支持植物体，并从环境中吸收水分和无机营养。

根通常具有发达的薄壁组织，植物体地上部分光合作用的产物可以通过韧皮部运送到根的薄壁组织中贮藏起来，因此大多数植物的根是重要的贮藏器官，根中的贮藏物质除满足根的生长发育外，大多水解后经韧皮部向上运输，供地上部分生长发育所需；此外，根还有合成物质的功能，一些重要植物激素如赤霉素和细胞分裂素，以及一些植物碱和多种氨基酸都是在根中合成的，这些物质可运至植物体正在生长的部位，或用来合成蛋白质作为形成新细胞的材料，或调节植物的生长发育。

种子植物的种子萌发时，胚根最先突破种皮，并向下生长，这种由胚根生长出来的根是植物个体发育中最早出现的根，称为主根（main root）。在裸子植物和双子叶植物中，主根向下垂直生长达到一定长度时，就会从内部侧向生出许多分支，这些分支叫作侧根或一级侧根，侧根生长与主根成一定角度；当侧根生长至一定长度时又可产生出新的侧根，即二级侧根；侧根不断发育可以形成多级侧根，这种由主根和各级侧根构成的庞大根系，称为直根系（taproot system）（图 5-7A）。除主根和侧根外，还有一类由茎、叶或老根上长出的根，叫作不定根（adventitious root）。有些植物（如多数单子叶植物）的主根通常是短命的，其根系主要由从胚轴和茎下部节上生出的不定根及其侧根组成，这种根系称为须根系（fibrous root system）（图 5-7B）。

根系在土壤中分布的深度和广度，因植物种类、生长发育状况、土壤条件和人为影响等因素而不同。依据根在土壤中的分布状况，通常把根系分为深根系和浅根系，直根系多为深根系，其主根发达，根系深入土层，可达 3～5m，甚至 10m 以上；须根系

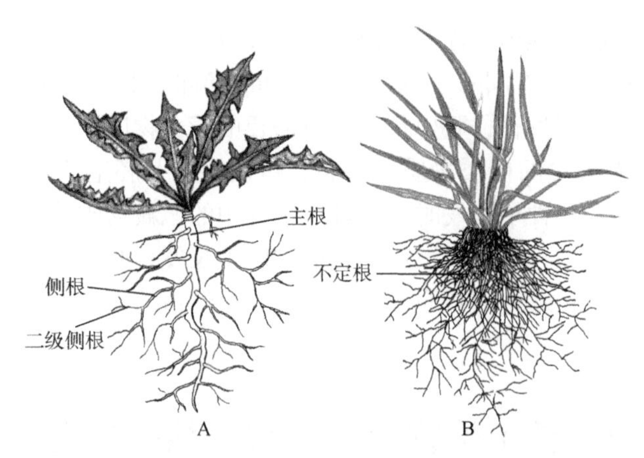

图 5-7　直根系（A）和须根系（B）

则多为浅根系，通常浅根系的侧根和不定根较发达，并主要分布在土壤表层。例如，大麻（*Cannabis sativa*）在砂质土壤中发展成直根系，在细质土壤中则形成须根系；扁蓄（*Polygonum aviculare*），在小溪边形成直根系，而生长在干旱的山路旁则形成须根系。一般直根系由于主根长，可以向下生长到较深的土层中，形成深根系，能够吸收到土壤深层的水分，而须根系由于主根短，侧根和不定根向周围发展，形成浅根系，可以迅速吸收地表和土壤浅层的水分。直根系并不都是深根系，须根系也并不都是浅根系。由于环境条件的改变，直根系可以分布在土壤浅层，须根系亦可以深入土壤深处。例如，小麦（*Triticum aestivum*）的须根系在雨量多的情况下，入土较深，雨量少的时候，主要分布在表层土壤中。

植物生长时，地上部分与地下部分，或者说根系的吸收表面积与地上部光合作用总面积之间维系着一定的平衡关系。在幼小的植物中，根系的吸收表面积远远大于地上部光合作用总面积。然而，随着植物体的生长，这种关系逐渐改变，光合作用总面积不断增加。因此，在农林生产及园艺生产中，我们应当注意生产措施对这种平衡关系的影响，并适时做出调整。例如，进行植物移栽时，幼小的植物更容易移栽成活。而移栽较大植物体时，由于大量的吸收根被切断，植物体地上部分与地下部分的平衡关系被破坏，因此适当剪掉一些枝叶有利于移栽植物的成活。

1．根尖及其分区

根尖（root tip）是指从根的顶端到着生根毛的部分。不论是主根、侧根还是不定根都具有根尖，根尖是根伸长生长和吸收活动的最重要部分，因此根尖的损伤会影响到根的继续生长和吸收作用的进行。根尖被分为 4 个部分：根冠（root cap）、分生区（meristematic zone）、伸长区（elongation zone）和成熟区（maturation zone），成熟区由于具有根毛又被称为根毛区（root-hair zone）。各区的细胞形态结构不同，从分生区到根毛区逐渐分化成熟，除根冠外，各区之间并无严格的界限（图 5-8）。

1）根冠　位于根尖的最前端，像帽子一样套在分生区外面，保护其内幼嫩的分生组织细胞，使其不会暴露在土壤中。根冠由许多薄壁细胞构成，外层细胞排列疏松，细胞壁常黏液化，在根冠表面形成一层黏液鞘。这样的黏液化可以从根冠一直延伸到成熟区，黏液由根冠外层细胞分泌，可以保护根尖免受土壤颗粒的磨损，有利于根尖在土壤中生长。黏液能溶解和整合某些矿物质，有利于根细胞的吸收。电子显微镜及其放射自显影研究表明这些黏液是高度水合的多糖物质和一些氨基酸，多糖物质可能是果胶，它们由根冠外层细胞合成，并贮藏于小泡中，小泡与质膜融合后，将它们释放到细胞壁中，最终通过细胞壁形成根冠表层的黏液鞘。它们可以促使周围细菌迅速生长，这些微生物的代谢有助于土壤基质中营养物质的释放。随着根尖的生长，根冠外层的薄壁细胞不断死亡、解体、脱落；与此同时，其内的顶端分生组织细胞不断分裂，补充到根冠，使根冠保持一定的形状和厚度。最新的研究发现，根冠的死亡并不是生长过程中产生的摩擦伤害引起的，而是细胞程序性死亡，是由核基因调控的主动死亡过程。

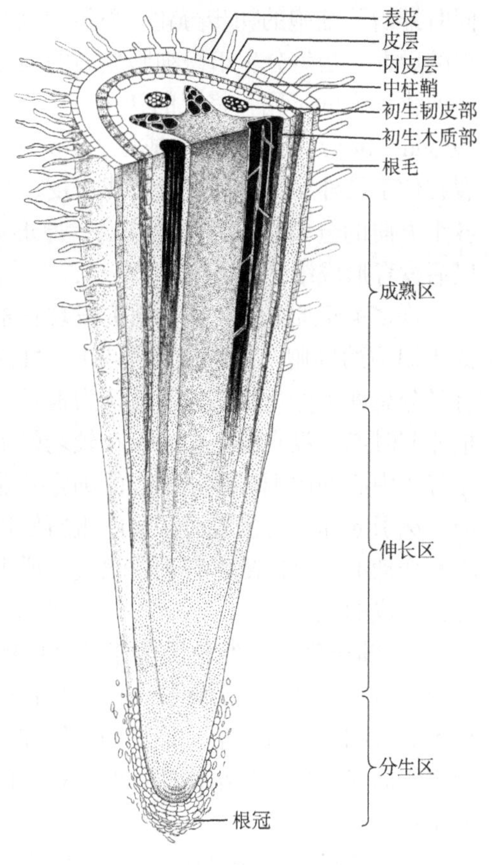

图 5-8　根尖的结构

根冠可以感受重力，参与控制根的向地性反应。将正常向下生长的根水平放置，根尖在伸长区弯曲后继续向下生长，若将根冠切除，根的生长没有停止，但不再向下生长，直到长出新的根冠。研究表明根冠中央细胞中的淀粉粒，可能起到“平衡石”的作用。在自然情况下，根垂直向下生长，“平衡石”向下沉积在细胞的下部，水平放置后根冠中“平衡石”受重力影响改变了在细胞中的位置，向下沉积，这种刺激会引起根尖生长素浓度梯度发生改变，导致根尖细胞的一侧生长较快，使根尖发生了弯曲，从而保证了根正常地向地性生长。除淀粉粒外，有些细胞器如线粒体、高尔基体、内质网也可能与根的向地性反应有关。

2）分生区　分生区也称生长锥（growing tip），位于根冠之后，全部由顶端分生组织细胞构成，分裂能力强。在植物的一生中，分生区的细胞始终保持分裂的能力，经分裂产生的细胞一部分补充到根冠，以补充根冠中损伤脱落的细胞；大部分细胞进入根后方的伸长区，是产生和分化形成根各部结构的基础；同时，仍有一部分分生区的细胞保持原分生区的体积和功能。

根的分生区由原分生组织和初生分生组织两部分组成。原分生组织位于最前端，由原始细胞组成，细胞排列紧密，无胞间隙，细胞小，壁薄，核大，细胞质浓厚，液泡化程度低，是一群近等径的细胞，分化程度低，具有很强的分裂能力。原分生组织分裂所衍生的细胞有一部分继续分裂不发生分化，使原分生组织自我永续。另一部分在分裂的同时开始了细胞的初步分化，发展为初生分生组织（primary meristem），位于原分生组织的后方。初生分生组织细胞分裂的能力仍很强。根据其中细胞的位置、大小、形状及液泡化程度的不同，将根的初生分生组织划分为原表皮层（protoderm）、基本分生组织（ground meristem）和原形成层（procambium）三个部分，原表皮层细胞砖形，径向分裂，位于最外层，以后发育形成表皮；基本分生组织细胞多面体形，细胞大，可以进行各个方向的分裂，以后形成皮层；原形成层细胞小，有些细胞为长形，位于中央区域，以后发育形成维管柱。

许多关于原分生组织的研究发现在根尖分生区的最远端有一团细胞有丝分裂的频率低于周围的细胞。经细胞化学与放射自显影等技术研究发现这些细胞少有 DNA 合成，有丝分裂处于停止状态，因此认为根具有静止中心（quiescent center）。在胚根和幼小侧根原基时期，没有静止中心；在较老根中，出现静止中心，有丝分裂活跃的原始细胞位于静止中心的周围。静止中心的细胞并非完全丧失细胞分裂能力，当根损伤、除去根冠或冷冻引起休眠再恢复时，又能重新使这部分细胞进行分裂。大量研究表明静止中心是不断变动的，可以随发育进程出现、增大或变小，是一群不断更新的细胞群，同时还是激素合成的地方。

3）伸长区 伸长区位于分生区的后方，细胞来源于分生区，细胞已停止分裂，突出的特点是细胞显著伸长，液泡化程度加强，体积增大并开始分化；细胞伸长的幅度可为原有细胞的数十倍。最早的筛管和环纹导管，往往在伸长区开始出现，是从初生分生组织向成熟区初生结构的过渡。根尖的伸长主要是伸长区细胞的延伸，使得根尖不断向土壤深处推进。

4）成熟区 成熟区由伸长区细胞分化形成，位于伸长区的后方，该区的各部分细胞停止伸长，分化出各种成熟组织。表皮通常有根毛产生，因此又称根毛区（root-hair zone）。根毛是由表皮细胞外侧壁形成的半球形突起，以后突起伸长成管状（图 5-8），细胞核和部分细胞质移到了管状根毛的顶端，细胞质沿壁分布，中央为一大的液泡。根毛的细胞壁物质主要是纤维素和果胶，壁中黏性的物质与吸收功能相适应，使根毛在穿越土壤空隙时和土壤颗粒紧密地结合在一起。根毛的生长速度快，数目多，每平方毫米可达数百根，如玉米（*Zea mays*）约为 425 根，苹果（*Malus pumila*）约为 300 根，根毛的存在扩大了根的吸收表面积。根毛的寿命很短，一般 10～20 天死亡，表皮细胞同时也随之死亡。根的发育由先端逐渐向后成熟，靠近伸长区的根毛是新生的，随着根毛区的延伸，根在土壤中推进，老的根毛死亡，靠近伸长区的细胞不断分化出新根毛，以代替枯死的根毛行使功能。随着根尖的生长，根毛区不断进入土壤中新的区域，使根毛区能够更换环境，有利于根的吸收。

2．根的初生结构

在根尖的成熟区已分化形成各种成熟组织，这些成熟组织是由顶端分生组织细胞经生长分化形成的结构，被称为根的初生结构（primary structure），这种由顶端分生组织所进行的生长称为初生生长（primary growth）。从根尖的成熟区作横切面，可观察根的初生结构。由外至内可分为表皮（epidermis）、皮层（cortex）和维管柱（vascular cylinder）（图 5-9）。

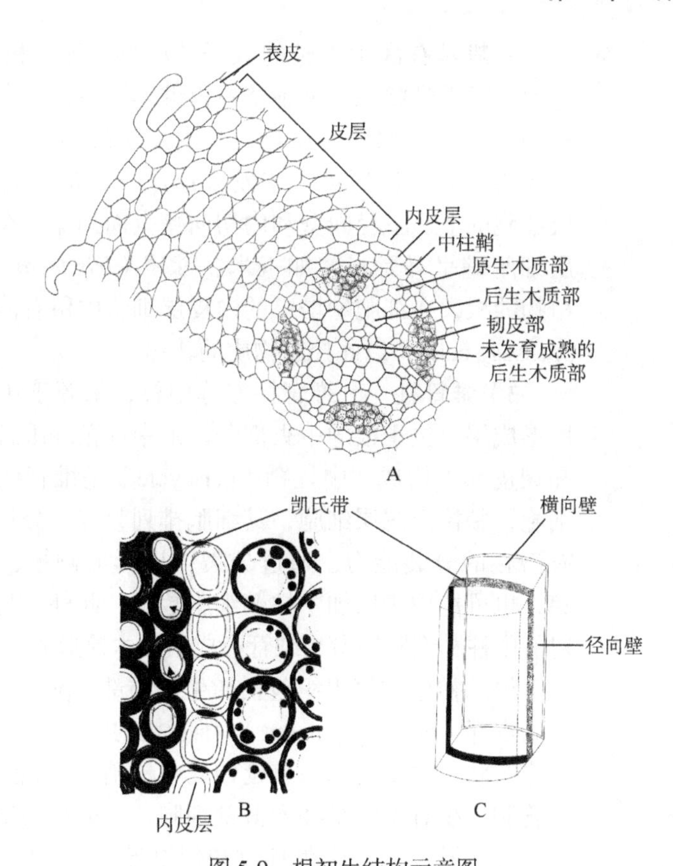

图 5-9 根初生结构示意图

A. 根横切面；B. 内皮层结构；C. 一个内皮层细胞，示凯氏带的位置

1）表皮 表皮是根最外面的一层细胞，来源于初生分生组织的原表皮，从横切面上观察，细胞为长方形，排列整齐紧密，无胞间隙，外切向壁上具薄的角质膜，有些表皮细胞特化形成根毛。

在热带某些附生的兰科植物的气生根上可以看到由几层细胞构成的根被，即复表皮。根被由表皮原始细胞衍生，为一种保护组织，可以减少气生根水分的丧失。

2）皮层 皮层位于表皮之内维管柱之外，由多层薄壁细胞构成，来源于初生分生组织的基本分生组织，细胞体积较大并且高度液泡化，细胞排列疏松，具明显的胞间隙。皮层细胞贮藏有淀粉粒和其他物质，但明显缺乏叶绿体。表皮之内有一到几层细胞，排列紧密，没有胞间隙，称为外皮层（exodermis）。当根毛细胞死亡后，表皮细胞随之被破坏，外皮层细胞的壁增厚并栓质化，形成保护组织代替表皮起保护作用。皮层的最内一层细胞排列整齐而紧密，无胞间隙，称为内皮层（endodermis）（图 5-9），内皮层细胞的上、下壁和径向壁上，常有木质化和栓质化的加厚，呈带状环绕细胞一周，称为凯氏带（Casparian strip）（图 5-9B，C）。在电子显微镜下观察，凯氏带处内皮层细胞质膜较厚，并紧紧地与凯氏带连在一起，即使质壁分离时两者也结合紧密不分离（图 5-10）。凯氏带不透水，并与质膜紧密结合在一起，阻止了水分和矿物质通过内皮层的壁进入内部，水及溶解在其中的物质只能通过内皮层细胞的原生质体进入维管柱。内皮层质膜的选择透过性使根对所吸收的矿物质有一定的选择。

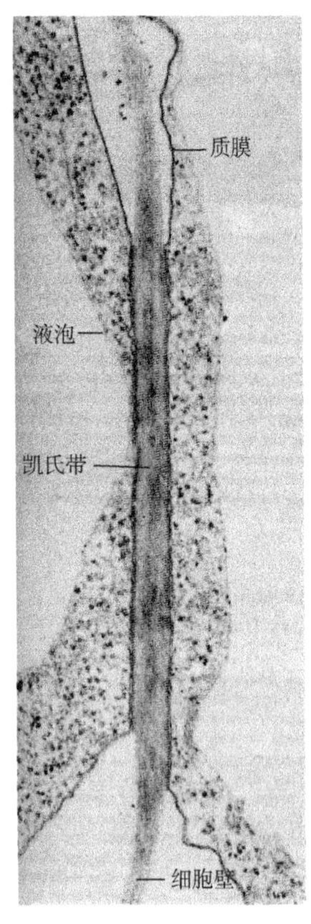

图 5-10 电镜下的凯氏带

一般具有次生生长的双子叶植物、裸子植物的内皮层常停留在凯氏带状态，细胞壁不再继续增厚；而大多数的单子叶植物和部分的双子叶植物，其内皮层细胞壁在发育的早期为凯氏带形式，以后进一步发育形成五面加厚的细胞，即内皮层细胞的上、下径向壁和内切向壁全面加厚，在横切面上内皮层细胞壁呈马蹄形，如玉米、鸢尾（*Iris tectorum*）等单子叶植物的根，在细胞壁增厚的内皮层细胞中留有薄壁的通道细胞（passage cell），以此控制物质的转运。

3）维管柱 维管柱亦称中柱，来源于初生分生组织的原形成层，位于根的中央部分，由中柱鞘和维管组织（木质部和韧皮部）构成。中柱鞘（pericycle）是维管柱的最外层薄壁细胞，紧接内皮层细胞，其细胞排列整齐，分化程度较低，具有潜在的分裂能力，通过分裂可以形成侧根、不定根、不定芽，也可能用于增加中柱鞘细胞数量，此外，与原生木质部相对的中柱鞘细胞还参与维管形成层和木栓形成层的形成。

根的初生维管组织包括初生木质部（primary xylem）和初生韧皮部（primary phloem）。维管柱的中央部分为初生木质部，呈星芒状，脊状突起一直延伸到中柱鞘。细胞组成主要为导管和管胞，少有木纤维和木薄壁细胞。一般在初生木质部外侧的管状分子孔径小，多为环纹和螺纹导管，而中央部分孔径大，多为梯纹、网纹和孔纹导管。外侧孔径小的管状分子在木质部分化发育过程中首先发育成熟，称为原生木质部（protoxylem）；而中央部分孔径大的管状分子后发育，被称为后生木质部（metaxylem）。这种初生木质部分子由外向内渐次成熟的发育方式为外始式（exarch）。初生木质部的这种结构及发育方式与根的吸收和输导功能相一致，在发育的早期，原生木质部细胞分化成熟，根仍在生长，螺纹和环纹导管可以随之拉伸以适应生长的需要，此时根毛细胞数目比较少，吸收的物质也少，导管孔径小也能满足其输导的要求，位于外侧的原生木质部可以使吸收的物质立即到达导管，从而加速了向地上部分的物质运输。随着根的进一步生长发育，伸长生长停止，根毛发育充分，大量吸收水分和无机盐，后生木质部的粗大导管满足根的输导需求。

在根的横切面上，初生木质部表现出不同的辐射棱角，称为木质部脊，脊的数目决定原型，依照脊的数目将根分为二原型（diarch）、三原型（triarch）、四原型（tetrarch）、五原型（pentarch）、六原型（hexarch）和多原型（polyarch）。在不同植物中，木质部脊的数目是相对稳定的，如萝卜（*Raphanus sativus*）、烟草（*Nicotiana tabacum*）和油菜（*Brassica napus*）等为二原型木质部；豌豆（*Pisum sativum*）和紫云英（*Astragalus sinicus*）等为三原型木质部；棉花（*Gossypium* spp.）与向日葵（*Helianthus annuus*）等为四原型或五原型木质部，葱（*Allium fistulosum*）等为六原型木质部，蚕豆（*Vicia faba*）的木质部脊为4个、5个、6个不等，一般双子叶植物根的木质部脊数量比较少，而单子叶植物根中木质部脊都在6个或6个以上，故为多原型。脊数的多少可能和体内生长素的浓度有关。

初生韧皮部位于木质部两脊之间，与初生木质部相间排列，因此其数目与木质部脊数相同，主要由筛管与伴胞组成，亦有少数韧皮薄壁细胞，有些植物中还含有韧皮纤维。初生韧皮部的发育方式与初生木质部一样，也是由外向内渐次成熟，为外始式发育，原生韧皮部在外，后生韧皮部在内，但原生韧皮部与后生韧皮部区别不明显。初生木质部与初生韧皮部之间有一到几层细胞，在双子叶植物和裸子植物中，是原形成层保留的细胞，将来成为形成层的组成部分；而在单子叶植物中两者之间为薄壁细胞。

根的中央部分往往由后生木质部占据，一般无髓，但在大多数单子叶植物和少数双子叶植物的维管柱中央部分不分化形成木质部，而是以薄壁细胞或厚壁细胞构成其中心部分，称为髓，如蚕豆、落花生（*Arachis hypogaca*）和玉米等为具髓的根。

3．侧根的发生

种子植物的侧根，起源于中柱鞘，内皮层可以不同程度参与侧根的形成（图 5-11）。这种起源发生在皮层以内的中柱鞘，故被称为内起源（origin endogenous）。当侧根开始发生时，中柱鞘的某些细胞脱分化，细胞质变浓厚，液泡化程度减小，恢复分裂能力并开始分裂；最初的几次分裂是平周分裂，使细胞的层数增加并向外突起，以后的分裂是各个方向的，从而使突起进一步增大，形成了根冠和根的生长点，出现侧根原基（lateral root primordium），以后生长点的细胞进行分裂、生长和分化，侧根不断向前推进，由于侧根不断生长所产生的机械压力和根冠分泌的物质可以使皮层与表皮细胞溶解，侧根穿过皮层和表皮伸出母根外，进入土壤，其维管组织与母根相连接。侧根原基

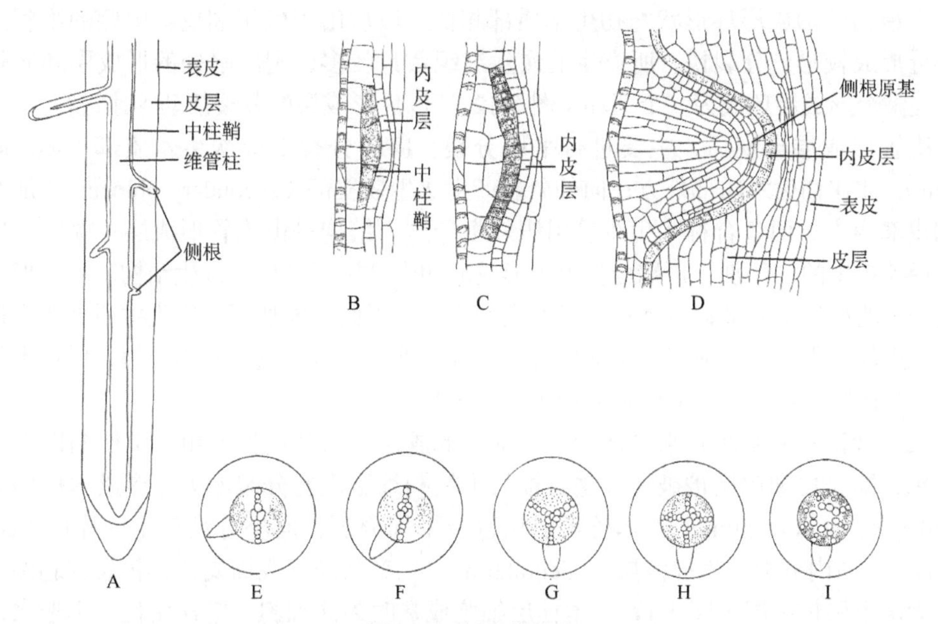

图 5-11 侧根的发生

A. 发生的位置；B～D. 侧根发育的三个阶段（B. 中柱鞘细胞转变为分生细胞；C. 分生细胞进行平周分裂；D. 侧根发生后期）；E～I. 侧根发生的位置与根原型的关系（E，F. 二原型；G. 三原型；H. 四原型；I. 多原型）

在根毛区产生，但穿过皮层和表皮伸出母根外是在根毛区后方，这样不会因侧根的形成而破坏根毛，从而影响根的吸收功能。

侧根在母根中发生的位置，在同一种植物中往往是稳定的，这与中柱鞘细胞有一定的关系，并不是所有中柱鞘细胞都能产生侧根，在二原型根中，侧根由韧皮部与木质部之间的中柱鞘细胞产生，在三原型和四原型根中，侧根发生在木质部脊对着的中柱鞘细胞，而在多原型根中侧根的发生正对着韧皮部的中柱鞘细胞（图 5-11）。

4．根的次生生长与次生结构

一年生双子叶植物和大多数单子叶植物的根，通过初生生长完成了它们的一生，但是，大多数双子叶植物和裸子植物的根，却要经过次生生长（secondary growth），形成次生结构（secondary structure）。根的次生生长是根的次生分生组织活动的结果，次生分生组织一般分为两类：维管形成层和木栓形成层。形成层的细胞保持旺盛的分裂能力（细胞分裂、生长和分化），维管形成层产生次生维管组织，木栓形成层形成周皮，结果使根加粗。

1）根的次生生长

（1）维管形成层的产生与活动　　根维管形成层的产生首先是在根的初生木质部和初生韧皮部之间保留的原形成层的细胞恢复分裂能力，进行平周分裂，因此最初的维管形成层呈条状，其条数与根的类型有关，几原型的根即为几条，如在二原型根中为两条；在四原型根中为四条。由初生木质部的凹陷处向两侧发展，到达中柱鞘，这时位于木质部脊的中柱鞘细胞脱分化，恢复分裂的能力，参与形成层的形成，使条状的维管形成层片段相互连接成一圈，完全包围了中央的木质部，这就是形成层环（cambium ring）。最初的形成层环形状与初生木质部相似，以后由于位于韧皮部内侧的维管形成层部分形成较早，分裂快，所产生的次生组织数量较多，把凹陷处的形成层环向外推移，使整个形成层环成为一个圆环（图 5-12）。以后形成层的分裂活动等速进行。

维管形成层出现后，主要进行平周分裂。向内分裂形成次生木质部（secondary xylem），加在初生木质部外方；向外分裂产生次生韧皮部（secondary phloem），加在初生韧皮部内方，两者合称次生维管组织。由于这一结构是由维管形成层（次生分生组经）活动产生的，区别于顶端分生组织形成的初生结构而被称为次生结构。一般形成层活动产生的次生木质部数量远远多于次生韧皮部，因此在横切面上次生木质部所占比例要比韧皮部大得多。形成层细胞除进行平周分裂外，还有少量的垂周分裂，增加本身细胞数目，使圆周扩大，以适应根的增粗（图 5-12）。

（2）木栓形成层的产生与活动　　维管形成层的活动使根增粗，中柱鞘以外的成熟组织，即表皮和皮层被破坏，这时根的中柱鞘细胞恢复分裂能力，形成木栓形成层（phellogen，cork cambium），木栓形成层进行平周分裂，向外分裂产生木栓层（cork，phellem），向内分裂产生栓内层（phelloderm），三者共同组成周皮，代替表皮起保护作用，为次生保护组织（图 5-12）。木栓层细胞成熟时为死细胞，壁栓质化，不透水，不透气，细胞排列紧密，使外方的组织营养断绝而死亡。

最早形成的木栓形成层起源于中柱鞘细胞，但木栓形成层是有一定寿命的，一年或

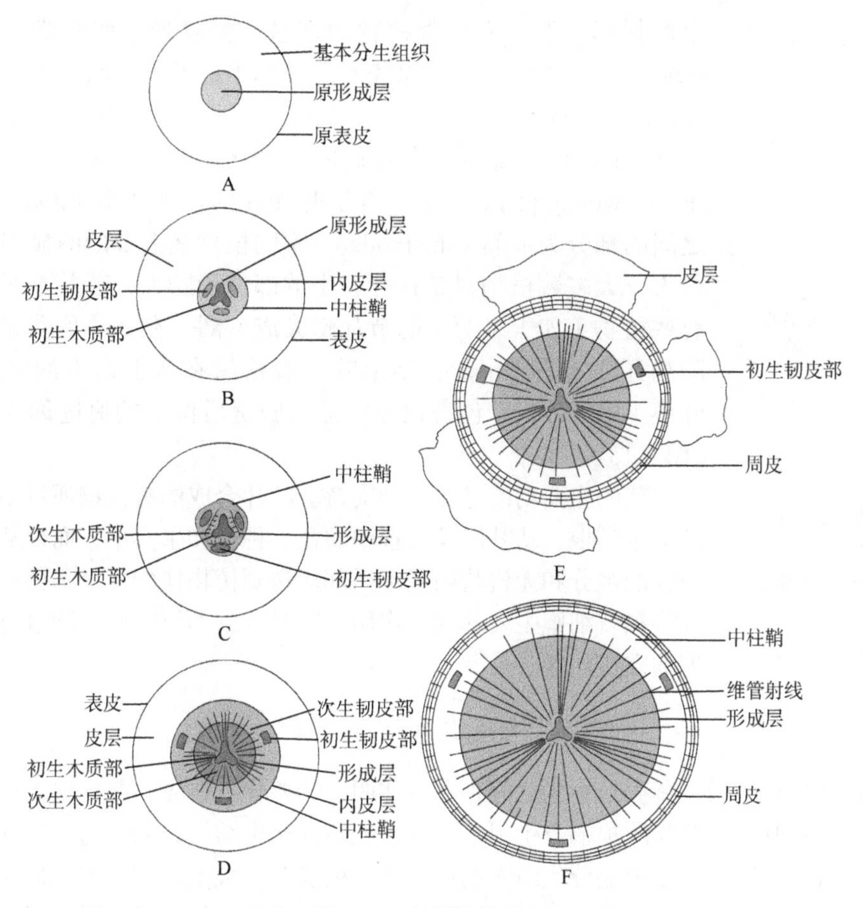

图 5-12 根的发育过程

A. 初生分生组织；B. 初生结构；C. 形成层的发生；
D. 形成层环的形成；E. 周皮形成，中柱鞘以外组织损坏；F. 次生结构

几年后停止活动，新的木栓形成层的发生逐渐向内推移，常由次生韧皮部细胞脱分化，恢复分裂能力形成新木栓形成层。

2）根的次生结构 根的维管形成层与木栓形成层的活动形成了根的次生结构（图 5-12），主要包括周皮、次生韧皮部、次生木质部、维管形成层和维管射线。在根的次生结构中，最外侧是起保护作用的周皮。周皮的木栓层细胞径向排列整齐，木栓形成层之下是栓内层。次生韧皮部呈连续的筒状，其中含有筛管、伴胞、韧皮纤维和韧皮薄壁细胞，较外面的韧皮部只含有纤维和贮藏薄壁细胞，老的筛管分子已被挤毁。次生木质部具有孔径不同的导管，大多为梯纹、网纹和孔纹导管。除导管外，还可见纤维和薄壁细胞。在韧皮部和木质部中横贯有径向排列薄壁细胞组成的维管射线（图 5-12F）。

5.4.2 茎

茎（stem）是植物体地上部分联系根和叶的营养器官，少数植物的茎生于地下。茎上通常着生有叶、花和种子（或果实）。着生叶和芽的茎称为枝或枝条（shoot）。由于多数植物体的茎顶端具有无限生长的特性，因而可以形成庞大的枝系。多数植物的茎

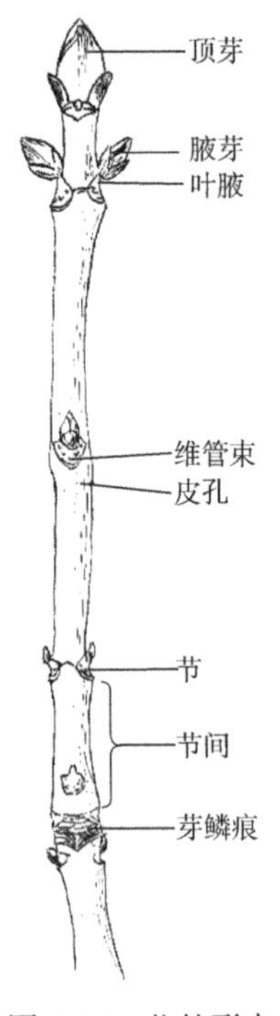

图 5-13 茎的形态

呈圆柱形，但也有少数植物的茎呈三棱柱形［如莎草（*Cyperus rotundus*）］、四棱柱形（如蚕豆）或扁平柱形［如仙人掌（*Opuntia dillenii*）］。从茎的质地上看，茎内含木质成分少的称为草本植物（herb plant），而木质化程度高的植物茎往往长得高大，称为木本植物（woody plant）。茎上着生叶和芽的位置叫节（node），两节之间的部分为节间（internode）。不同植物茎上节的明显程度差异很大，大多数植物只是在叶着生的部位稍膨大，节并不明显，但有些植物（如玉米等）的节却膨大成一圈。在茎的顶端和节上叶腋处还生有芽（bud），茎上叶子脱落后在节上留下的痕迹称为叶痕（leaf scar）。包裹顶芽的芽鳞脱落后留下的痕迹称为芽鳞痕（图 5-13）。

茎的主要功能是输导和支持。叶片合成的有机物通过茎的韧皮部运送到根、幼叶以及发育中的花、种子和果实中，而根从土壤中吸收的水分和无机盐则经木质部运送到植物体的各个部分；茎中的纤维和石细胞主要起支持作用，同时茎中的导管和管胞也有一定程度的支持功能。

1．茎的初生生长和初生结构

从形态结构上看，茎尖与根尖之间存在一些明显的差异。首先，茎尖缺乏根冠那样的帽状结构；其次，茎尖的顶端分生组织不仅形成茎的初生结构，而且与叶原基和芽原基的发生有关，因而，茎顶端分生组织的结构要比根复杂。被子植物茎尖的顶端分生组织中有明显的分层现象，顶端 1～2 层（或 3～4 层）细胞通常只进行垂周分裂，称为原套（tunica）；原套内侧的几层细胞则可以进行平周分裂以及其他各个方向的分裂，这些细胞称为原体（corpus）（图 5-14）。在茎尖的分化过程中，原套的最外层发育出原表皮，原体细胞则发育成原形成层和基本分生组织。具有两层或两层以上原套细胞的茎尖发育时，除表层外，其他原套细胞也形成基本分生组织。原表皮、原形成层和基本分生组织构成了茎尖的初生分生组织，原表皮后来发育成表皮，原形成层发育形成维管束，基本分生组织形成皮层和髓（图 5-14）。绝大多数裸子植物的茎端不显示原套-原体结构，它们的茎顶端分生组织的最外层细胞进行平周和垂周分裂，把细胞加入茎周围和茎内部的组织中去。

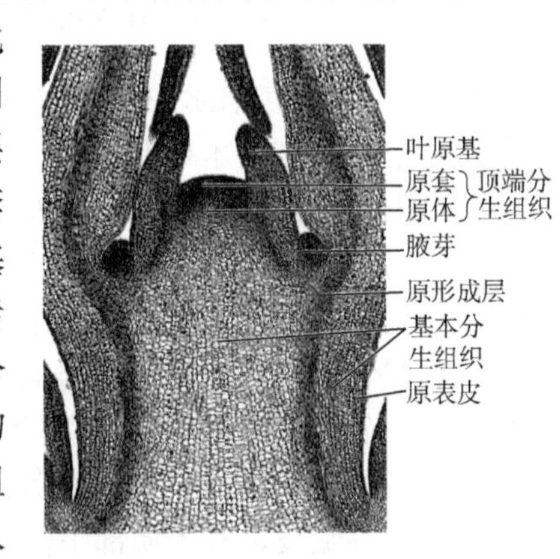

图 5-14 茎顶端分生组织形态

1）双子叶植物茎的初生结构

（1）表皮　茎的表皮通常由一层生活细胞构成，来源于初生分生组织的原表皮，是茎的初生保护组织，表皮细胞呈砖形，长径与茎的长轴平行（图 5-15）。表皮细胞内一般不含叶绿体，但有发达的液泡；它们的外切向壁较厚，并且往往角质化，具有角质层，有时还有蜡质［如蓖麻（*Ricinus communis*）、甘蔗（*Saccharum officinarum*）］，这样既能控制蒸腾作用，也能增强表皮的坚韧性。旱生植物茎表皮通常具有增厚的角质层，而沉水植物茎表皮的角质层很薄或者根本不存在。茎的表皮上具有气孔和表皮毛。气孔由两个肾形保卫细胞构成，它是水汽和气体出入的通道；表皮毛是由表皮细胞分化而成的，表皮毛的形状和结构多种多样，其主要功能是反射强光、降低蒸腾、分泌挥发油、减少动物侵害，甚至具有攀缘作用。

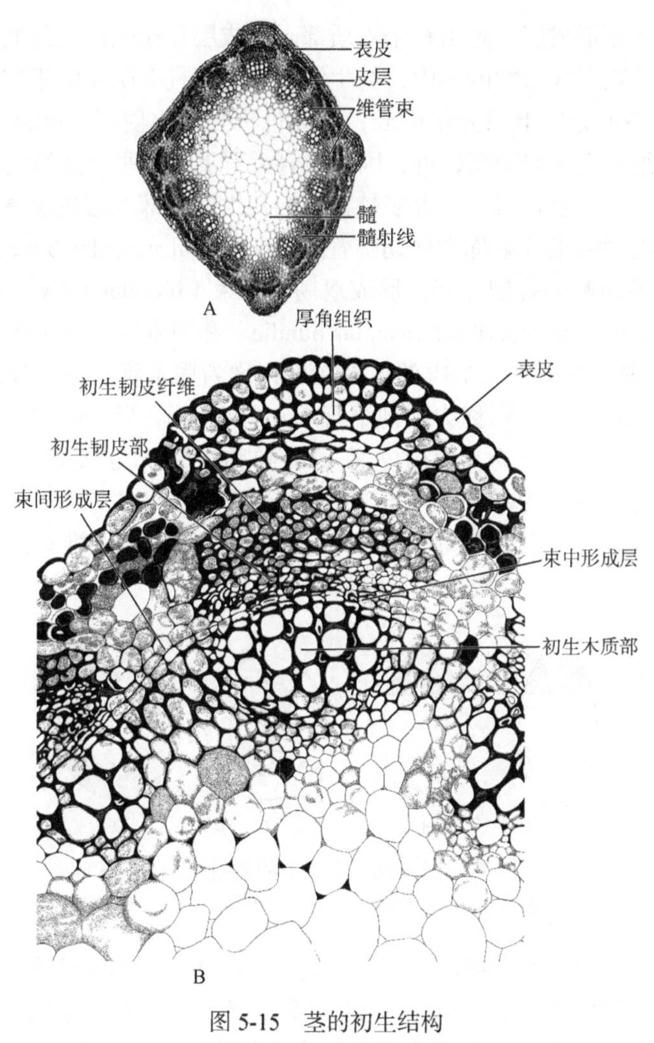

图 5-15 茎的初生结构
A. 茎横切面；B. 一个维管束的放大

（2）*皮层* 茎的皮层由基本分生组织发育而来。通常由多层细胞组成，而且往往包含多种不同类型的细胞，但最主要的是薄壁细胞，它们都是活的细胞，常为多面体、球形、椭圆形或呈纵向延长的圆柱形，细胞之间常有明显的细胞间隙；幼茎中靠近表皮的皮层薄壁细胞还常含有叶绿体，能进行光合作用；此外，在有些植物的皮层中还具有厚角细胞，这些细胞或成束出现，或连成圆筒环绕在表皮内方；除厚角细胞外，有些植物［如南瓜（*Cucurbita moschata*）］茎的皮层中还含有纤维细胞（图 5-15）。在绝大多数植物茎的皮层中没有内皮层的分化，但有些沉水植物［如眼子菜（*Potamogeton distinctus*）］的茎以及少数植物的地下茎中有凯氏带加厚。在一些植物幼小的茎中，皮层最内一层或几层细胞含有丰富的淀粉，因此被称为淀粉鞘。

（3）维管柱　维管柱是皮层以内的部分，通常包括多个维管束（vascular bundle）、髓（pith）和髓射线（pith ray），它们分别由原形成层和基本分生组织衍生而来（图 5-15）。

维管束来源于原形成层，是由初生木质部、形成层和初生韧皮部共同组成的分离的束状结构，在多数双子叶植物的茎中，初生维管束之间具有明显的束间薄壁组织，即髓射线，髓射线由基本分生组织分化形成，因此也称为初生射线（primary ray）；但也有一些植物的茎中维管束之间距离较近，因此维管束看上去几乎是连续的（图 5-15）。

初生维管束是一个复合组织，大多数植物的初生韧皮部在近皮层一方，初生木质部则在内方，这种类型的维管束称为外韧维管束（collateral vascular bundle）；但有些植物初生木质部的内外两侧都有韧皮部，形成双韧维管束（bicollateral vascular bundle）；此外，还有周韧维管束（amphicribral vascular bundle）和周木维管束（amphivasal vascular bundle），如果韧皮部在中央，木质部包围在外，称为周木维管束；反之，如果木质部在中央，韧皮部包在外围，则称为周韧维管束（图 5-16）。当茎端原形成层活动时，外侧的原形成层细胞通常分化为初生韧皮部，而内侧的原形成层细胞分化为初生木质部，然而并非所有的原形成层细胞都分化成初生木质部或初生韧皮部，通常位于初生木质部和初生韧皮部之间的一层细胞仍保留分裂能力，它们构成了维管束中的束中形成层（fascicular cambium），在茎的次生生长中具有重要作用。

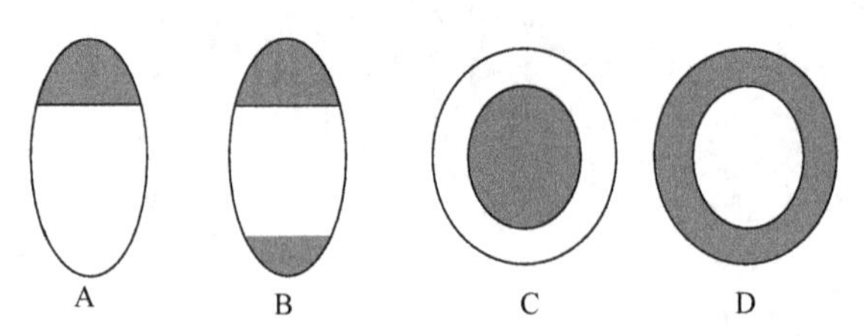

图 5-16　维管束的类型

A. 外韧维管束；B. 双韧维管束；C. 周木维管束；D. 周韧维管束

双子叶植物茎的初生木质部由导管、管胞、木薄壁细胞和木纤维组成；初生韧皮部则由筛管、伴胞、韧皮薄壁组织和韧皮纤维共同组成。茎内初生木质部发育时，最早分化出的原生木质部居内方，而且多为管径较小的环纹或螺纹导管；后生木质部居外方，由管径较大的梯纹导管、网纹导管或孔纹导管组成。这种由内向外渐次成熟的发育方式称为内始式（endarch）。初生韧皮部的发育顺序则与根的发育方式相同，属于外始式，即原生韧皮部在外方，后生韧皮部在内方。

在茎的初生结构中，由基本分生组织分化产生的茎中央的薄壁组织称为髓，一些植物如樟树（*Cinnamomum camphora*）茎的髓中还有石细胞；另一些植物如椴树（*Tilia mongolica*）茎的髓边缘则有由小而壁厚的细胞构成的环髓带（perimedullary region）；伞形科和葫芦科植物茎内髓成熟较早，以后当茎继续生长时，节间部分的髓常被拉坏形成空腔，但节上仍保留着髓。髓射线由维管束间的薄壁组织组成，在横切面上呈放射状排列，内连皮层外接髓（图 5-15），有横向运输的作用，同时也是茎内贮藏营养物质的组织。

2）裸子植物茎的初生结构 裸子植物茎的初生结构与双子叶植物茎相似，也是由表皮、皮层和维管柱三部分组成。不同的是初生木质部和初生韧皮部组成成分上存在差异，裸子植物的初生木质部由管胞组成，其中原生木质部由环纹或螺纹管胞组成，后生木质部由梯纹管胞组成；初生韧皮部由筛胞组成。裸子植物中没有草质茎，只有木质茎。

3）单子叶植物茎的初生结构 单子叶植物的茎在结构上与双子叶植物有许多不同之处，现以禾本科植物为例，说明单子叶植物茎初生结构的特点。

禾本科植物茎的初生结构由表皮、维管束和基本组织组成（图 5-17）。从横切面上看，表皮细胞排列比较整齐；在表皮下有几层由厚壁细胞组成的机械组织，起支持作用；幼茎近表皮的基本组织细胞，常含叶绿体，进行光合作用。茎中维管束通常有两种不同的排列方式：一种是维管束无规律地分散在基本组织中，愈靠近外侧愈多，愈向中心愈少，因而皮层和髓之间没有明显的界线，玉米和甘蔗的茎属于这种类型（图 5-17A）；另一种类型是维管束较规则地排成两轮，茎节间中央为髓腔，如水稻的茎（图 5-17B）。虽然这两种类型茎的维管束排列方式不同，但每个维管束的结构却是相似的，都是外韧维管束，由木质部和韧皮部构成，没有束中形成层。木质部常呈“V”形，主要由 3～4 个导管组成，“V”形尖端部位是原生木质部，由直径较小的环纹和螺纹导管组成，它们分化较早，并在茎伸长时遭到破坏，往往形成一空腔，中间残留着环纹或螺纹的次生加厚的壁；“V”形两侧各有一个直径较大的孔纹导管，它们在茎分化的较后时期形成，因而是后生木质部。韧皮部位于木质部的外侧，且后生韧皮部的细胞排列整齐，在横切面上可以看到许多近似六角形或八角形的筛管细胞以及交叉排列

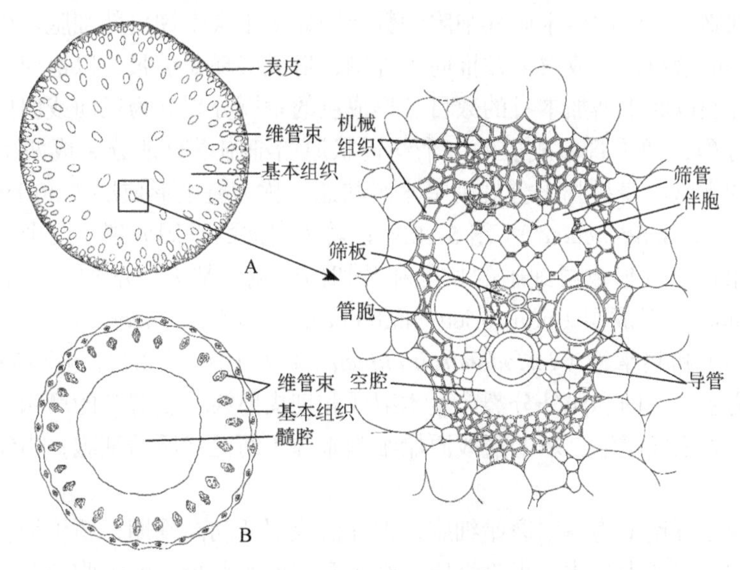

图 5-17 禾本科植物茎的初生结构示意图

A. 玉米茎横切面；B. 水稻茎横切面

的长方形伴胞；在后生韧皮部外侧，可以看到一条不整齐的细胞形状模糊的带状结构，这是最初分化出来的原生韧皮部，由于后生韧皮部的不断生长分化，原生韧皮部被挤压而遭到破坏。在木质部和韧皮部外围通常有一圈由厚壁组织构成的维管束鞘（bundle sheath）。

2．茎的次生生长和次生结构

1）茎的次生生长 双子叶植物和裸子植物茎发育到一定阶段，茎中侧生分生组织便开始分裂、生长和分化，使茎加粗，这一过程称为次生生长，次生生长产生的次生组织组成茎的次生结构。侧生分生组织通常包括维管形成层和木栓形成层。少数单子叶植物的茎也有次生生长，但与双子叶植物和裸子植物的情形有所不同。

（1）维管形成层的来源及活动　初生分生组织的原形成层在分化形成维管束时，并没有全部分化，而是在初生韧皮部和初生木质部之间保留了一层具有分裂潜能的细胞，这层细胞位于维管束中部，称为束中形成层（fascicular cambium）；当束中形成层开始活动后，初生维管束之间与束中形成层部位相当的髓射线薄壁细胞脱分化，恢复分裂的能力，形成次生分生组织束间形成层（interfascicular cambium），并与束中形成层相连接，形成一个连续的维管形成层。维管形成层的细胞由纺锤状原始细胞和射线原始细胞组成（图 5-18）。纺锤状原始细胞为长梭形，两头尖，切向扁平，长度可比宽度大许多倍，细胞质较稀薄，具有大液泡或分散的小液泡，细胞核相对较小，春天时壁上有显著的初生纹孔场，细胞分裂可形成纤维、导管、管胞、筛管和伴胞等，构成茎的轴向系统。射线原始细胞基本上是等径的，细胞小，分裂产生射线细胞，构成茎的径向系统。纺锤状原始细胞分裂时以平周分裂为主，即纺锤状原始细胞分裂一次形成的两个子细胞，一个向外分化出次生韧皮部原始细胞或向内分化出次生木质部原始细胞，另一个则仍保留为纺锤状原始细胞。一般来讲，往往在形成数个次生木质部细胞后才形成一个次生韧皮部细胞，因此次生木质部细胞的数量明显多于次生韧皮部细胞。由于次生木质部数量多，茎部增粗，形成层环被推向了外围，形成层环要扩张，以适应茎的增粗，必须进行垂周分裂以此来增加本身的数目。形成层的垂周分裂分为径向或斜向两种，若为径向的垂周分裂，即维管形成层的一个纺锤状原始细胞垂直地分裂成两个细胞，结果维管形成层的细胞本身排列十分规则呈水平状态，称为叠生形成层（storied cambium），如刺槐（*Robinia pseudoacacia*）（图 5-18A）；若为斜向的垂周分裂，两个子细胞互为侵入生长，结果使维管形成层细胞的长度和弦切向的宽度都大为增加，其细胞排列一般不规则，称非叠生形成层（nonstoried cambium），如杜仲（*Eucommia ulmoides*）、核桃（*Juglans regia*）和鹅掌楸（*Liriodendron chinense*）等（图 5-18B）。射线原始细胞也是以平周分裂为主，向内和向外分裂产生木射线和韧皮射线。随着茎的增粗，射线的数目要增加，以加强横向运输，新的射线原始细胞来源于纺锤状原始细胞，由纺锤状原始细胞横向分裂形成。

维管形成层理论上为一层原始细胞，但在形成层活动高峰期，新生细胞的增加非常迅速，较老的细胞还未分化，很难将原始细胞和它们刚刚衍生的细胞分开，因此形成了一个维管形成层带，包含了几层尚未分化的细胞。在温带和亚热带，形成层的活动受季

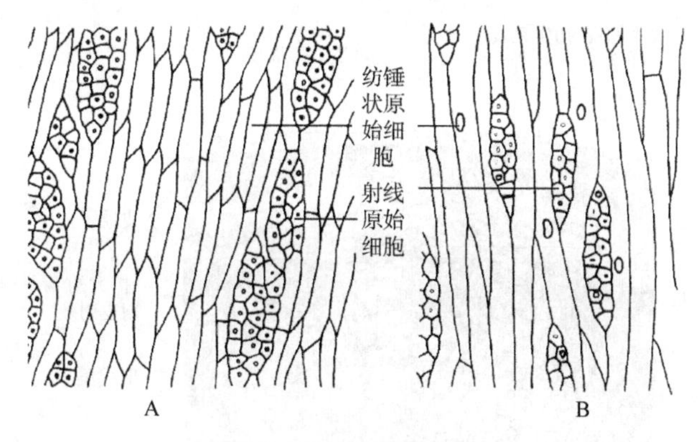

图 5-18 维管形成层
A. 叠生形成层；B. 非叠生形成层

节影响，呈周期性活动规律，一般春季开始活动，且活动逐渐旺盛，到夏末秋初，活动逐渐减弱，到了冬季，则停止活动进入休眠状态。

（2）次生木质部　形成层细胞活动时，产生的次生木质部数量远远多于次生韧皮部，因此木本植物的茎中，次生木质部占了大部分，树木生长的年数越多，次生木质部的比例就越大，初生木质部和髓所占比例越小或被挤压而不易识别。次生木质部构成了茎的主要部分，是木材的主要来源。

双子叶植物次生木质部的组成成分和初生木质部相似，包括导管、管胞、木纤维和木薄壁细胞，细胞均有不同程度的木质化。次生木质部中的导管以孔纹导管最为常见，一般双子叶植物草本茎中次生木质部导管与管胞以网纹和孔纹为主，而在木本茎中全为孔纹导管，导管的数目、孔径大小及分布情况，常因植物种类不同而不一样。次生木质部中，木纤维数量较初生木质部多，是构成次生木质部的主要成分之一，木薄壁细胞分为横向排列和纵向排列两大类（图 5-19）。在多年生木本植物茎的次生木质部中，可以见到许多同心圆环，这就是年轮（annual ring）（图 5-20），年轮的产生是形成层每年季节性活动的结果。在有四季气候变化的温带和亚热带，春季温度逐渐升高，形成层解除休眠恢复分裂能力，这个时期水分充足，形成层活动旺盛，细胞分裂快，生长也快，形成的木质部细胞孔径大而壁薄，纤维的数目少，材质疏松，称为早材（early wood）或春材；由夏季转到冬季，形成层活动逐渐减弱，环境中水分少，细胞分裂慢，生长也慢，所产生的次生木质部细胞体积小，导管孔径小且数目少，而纤维的数目则比较多，材质致密，这个时期形成的木质部称为晚材（late wood）或夏材，早材和晚材共同构成一个生长层（growing layer or ring），即一个年轮，代表着一年或一个生长季中形成的次生木质部，早材和晚材的数量受环境条件和植物种类的影响。同一年的早材与晚材的变化是逐渐过渡的，没有明显的界线，但经过冬季的休眠，前一年的晚材和后一年的早材之间形成了明显的界限，叫年轮线，没有季节性变化的热带地区，不产生年轮。树木的年龄记录在年轮上，每长一岁，年轮便增加一圈，可根据年轮判断植物的年龄，同时年轮的宽窄不尽相同，是因为每年树木的生长受环境因素的影响，也在年轮上留下了痕迹，可用于判断某一地区气候条件的变化，树木年代学已成为研究气候史和考古纪年的工具。科学家已经证实，年轮记录的各种情况，同历史记载的长期干旱和饥荒是一致

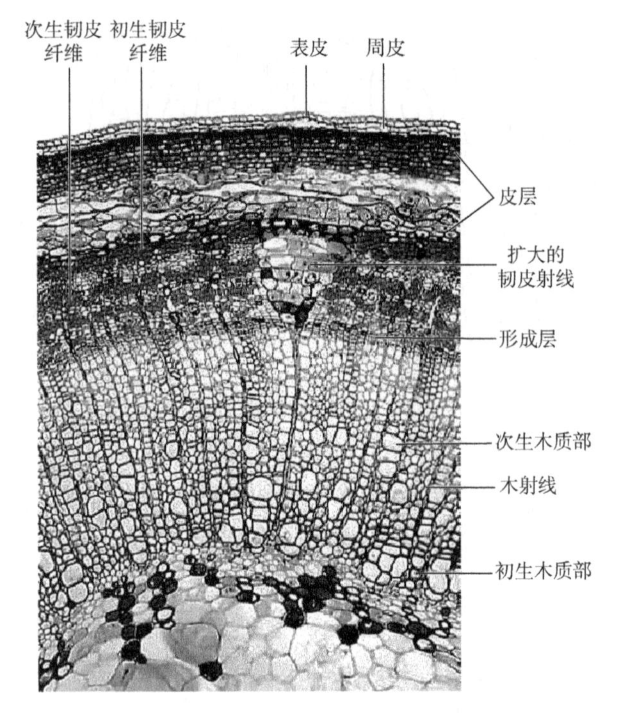

图 5-19　双子叶植物茎的次生生长

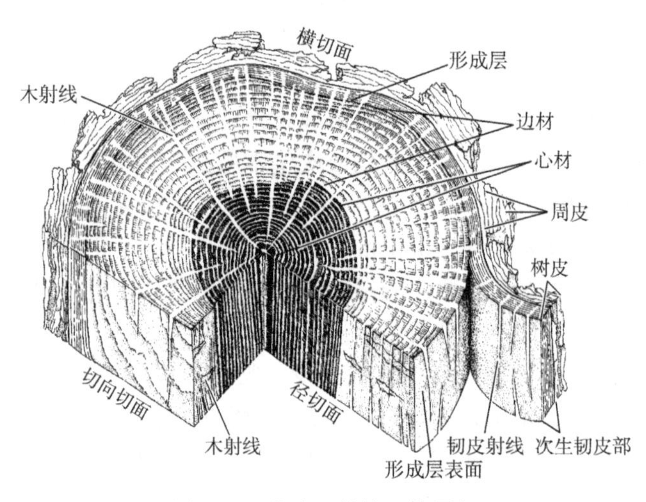

图 5-20　茎次生结构立体图解

的。在正常情况下，年轮每年可形成一轮，但在有些植物中一年内可以形成几个年轮，称假年轮（false annual ring），如柑橘属植物，另外环境条件的不正常如干旱、虫害也会导致假年轮的产生。在多年生木本植物茎的次生木质部中，形成层每年向内形成次生木质部，结果越靠近中心部分的木质部年代越久，因而有了心材（heartwood）和边材（sapwood）之分（图 5-20）。靠近形成层部分的次生木质部颜色浅，为边材，为近几年形成的年轮，含有活的薄壁细胞，导管和管胞具有输导功能，可以逐年向内转变为心材，因此心材可以逐年增加，而边材的厚度却比较稳定；心材是次生木质部的中心部分，颜色深，为早年形成的次生木质部，全部为死细胞，薄壁细胞的原生质体通过纹孔侵入导管，形成侵填体，堵塞导管使其丧失输导功能，心材中木薄壁细胞和木射线细胞成为死细胞。由于侵填体的形成和一些物质，如树脂、树胶、单宁及油类渗入细胞壁或进入细胞腔内，木材坚硬耐磨，并有特殊色泽，如胡桃木呈褐色，乌木呈黑色，更具有工艺上的价值。

由于木材和人类生活的关系密切，有关次生木质部的研究工作已发展成为一门独立的学科，称为木材解剖学。该学科根据导管孔径的大小，导管的分布、长短、壁的厚度，纤维的长短、数目、加厚情况，以及薄壁细胞和导管的排列关系来判断木材的种类、性质、优劣与用途，从而为植物的系统发育、亲缘关系以及植物与环境的关系提供科学依据，同时对木材的选择与合理利用具有指导意义。为了更好地理解次生木质部的结构，必须从木材的三个切面即横切面（cross section）、切向切面（tangential section）和径切面（radial section）上对其进行比较观察（图 5-20），从而建立立体模型。横切面是与茎的纵轴垂直所做的切面，可观察到同心圆环似的年轮，所见到的导管、管胞和木纤维等，都是它们的横切面观，可以观察到它们细胞的孔径、壁厚及分布状况，仅射线为其纵切面观，呈辐射状排列，显示射线的长和宽；切向切面也称弦切面，是垂直于茎的半径所做的纵切面，年轮常呈“U”形，所见到的导管、管胞和木纤维等都是它们的纵切面观，可以看到它们的长度、宽度和细胞两端的形状和特点，但射线是横切面观，其轮廓为纺锤形，可以显示射线的高和宽；径切面是通过茎的中心，即过茎的半径所做的纵切面，所见到的导管、管胞和木纤维等都是纵切面，射线也是纵切面，能显示它的高度和长度，射线细胞排列整齐，像一堵砖墙，并与茎的纵轴相垂直。射线由于在三切面的特征显著，可以作为判断三切面的指标（图 5-20）。

（3）次生韧皮部　次生韧皮部的组成成分与初生韧皮部基本相同，主要有筛管、伴胞和韧皮薄壁细胞，有些植物还有纤维和石细胞，如椴树茎含有韧皮纤维；许多植物在次生韧皮部内还有分泌组织，能产生特殊的次生代谢产物，如橡胶和生漆；韧皮部薄壁细胞中还含有草酸钙结晶和丹宁等贮藏物质。在次生韧皮部形成时，形成层的射线原始细胞向外产生韧皮射线，与木射线通过射线原始细胞相连通，两者合称维管射线（vascular ray）。木本双子叶植物每年产生次生维管组织，同时每年形成的射线横穿在新形成的次生维管组织中，起横向运输的作用，同时还兼有贮藏作用。较老的韧皮射线细胞可以有垂周分裂或径向增大，而使其呈喇叭口状（图 5-19），以此适应茎的增粗。

有功能的次生韧皮部通常只限于一年，筛分子在春天由维管形成层发生以后，往往在秋天就停止输导而死亡，但在有些植物如葡萄属（*Vitis*）中，当年发生的筛分子，冬季休眠，翌年春天又重新恢复活动。

（4）木栓形成层的产生和活动　维管形成层活动的结果使次生维管组织不断增加从而使茎增粗，而表皮作为初生保护组织，一般不能分裂以适应这种增粗，不久便被内部生长产生的压力挤破，失去保护作用，这时外围的皮层或表皮细胞恢复分裂能力，形成木栓形成层，产生新的保护组织以适应内部生长。多数植物茎的木栓形成层是由紧接表皮的皮层细胞恢复分裂能力后分裂形成的（图 5-21），如杨树（*Populus simonii*

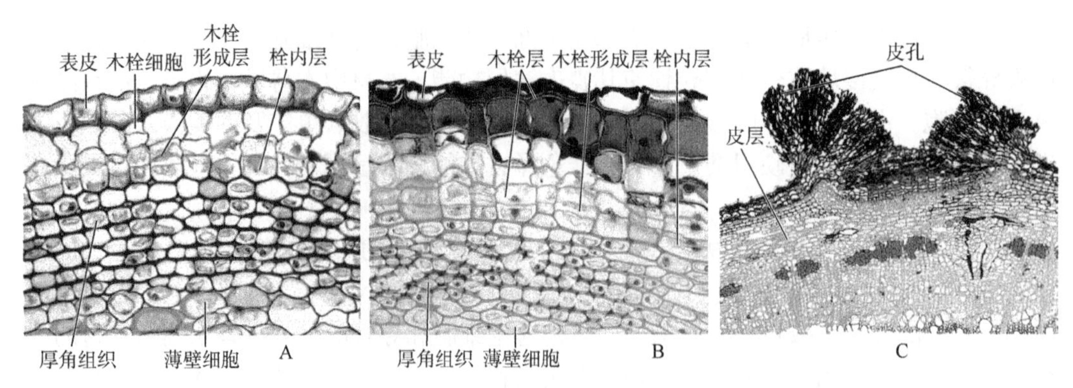

图 5-21 木栓形成层的产生及周皮形成

A. 木栓形成层的产生；B. 周皮的形成；C. 皮孔的形成

var. *przewalskii*）、榆树（*Ulmus pumila*）等，但也有直接从表皮产生的，如柳树、苹果等。

此外，还有起源于初生韧皮部中的薄壁细胞，如葡萄、石榴（*Punica granatum*）等。木栓形成层是由已经成熟的薄壁细胞脱分化形成的，是典型的次生分生组织。木栓形成层只由一类细胞组成，横切面上呈长方形，切向切面及径切面上呈规则的多角形，与维管形成层相比结构简单。木栓形成层主要进行平周分裂，向外分裂形成木栓层，向内形成栓内层。木栓层层数多，其细胞形状与木栓形成层类似，细胞排列紧密，无胞间隙，成熟时为死细胞，壁栓质化，不透水，不透气；栓内层层数少，多为1～3层细胞，有些植物甚至没有栓内层。木栓层、木栓形成层和栓内层，三者合称周皮（图5-21），是茎的次生保护组织。周皮形成后，木栓层细胞会形成皮孔替代气孔进行气体交换。

2）裸子植物茎的次生结构 裸子植物茎的次生结构与木本双子叶植物大致相似，但它们的维管组织组成成分具有明显差异。多数裸子植物的次生木质部主要由管胞和木射线组成，没有导管（买麻藤例外），无典型的木纤维，在结构上较为均匀整齐。管胞兼备运输水分和支持双重功能。次生韧皮部由筛胞、韧皮薄壁细胞和韧皮射线组成，没有伴胞和韧皮纤维（少数松柏类植物有韧皮纤维和石细胞）。有些裸子植物茎的皮层和维管柱中，常分布有树脂道（图5-22）。

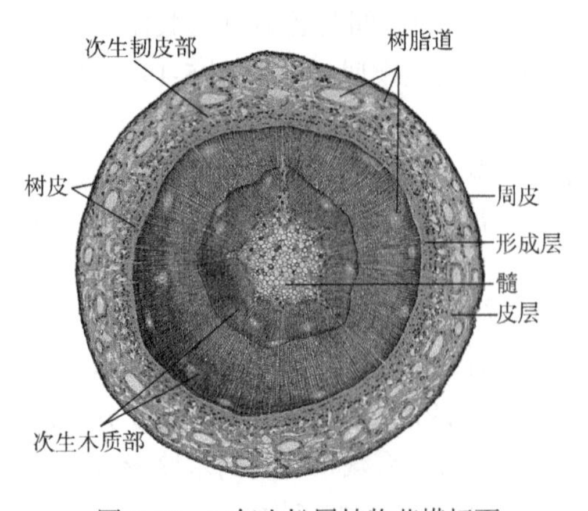

图 5-22 二年生松属植物茎横切面

3）单子叶植物茎的次生结构 大多数单子叶植物是没有次生生长的，因而也就没有次生结构，它们茎的增粗是细胞长大或初生加厚分生组织平周分裂的结果。但少数热带或亚热带的单子叶植物茎，除一般初生结构外，有次生生长和次生结构出现，如龙血树（*Dracaena draco*）、朱蕉（*Cordyline fruticosa*）、丝兰（*Yucca smalliana*）、芦荟（*Aloe vera*）等，它们的维管形成层的发生和活动情况，却不同于双子叶植物，一般是在初生维管组织外产生形成层，形成新的维管组织（次生维管束），因植物不同而有各种排列方式。现以龙血树（图5-23）为例加以说明。

龙血树茎内，在维管束外方的薄壁组织细胞，能转化成形成层，它们进行切向分裂，向外产生少量的薄壁组织细胞，向内产生一圈基本组织，在这一圈组织中，有部分细胞直径较小，细胞较长，并且成束出现，将来能分化成次生维管束。这些次生维管束也是散列的，比初生维管束的更密，在结构上也不同于初生的，因为所含韧皮部的量较少，木质部由管胞组成，并包于韧皮部的外周，形成周木维管束。而初生维管束为外韧维管束，木质部是由导管组成的。

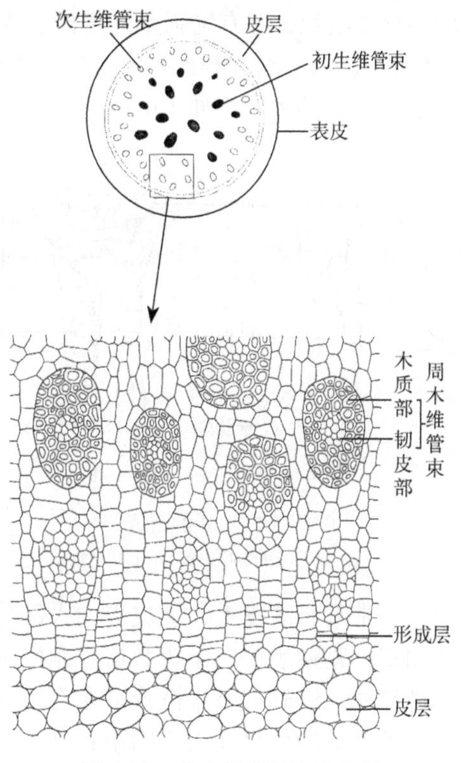

图5-23 龙血树茎的次生生长

5.4.3 叶

叶（leaf）是制造有机物的营养器官，是植物进行光合作用的场所。其主要功能是光合作用、蒸腾作用，还有一定的吸收作用，少数植物的叶还具有繁殖功能。

1．叶的组成

植物的叶一般由叶片（lamina，blade）、叶柄（petiole）和托叶（stipule）三部分组成（图5-24A）。叶片是最重要的组成部分，大多为薄的绿色扁平体，这种形状有利于光能的吸收和气体交换，与叶的功能相适应，不同的植物其叶片形状差异很大。叶柄位于叶的基部，连接叶片和茎，是两者之间的物质交流通道，还能支持叶片并通过本身的长短和扭曲使叶片处于光合作用有利的位置。托叶是叶柄基部的附属物，通常细小，早落，保护发育早期的幼叶。托叶的有无及形状根据不同植物而不同，如豌豆（*Pisum sativum*）的托叶为叶状，比较大；梨的托叶为线状；洋槐的托叶成刺；蓼科植物的托叶形成了托叶鞘等。具有叶片、叶柄和托叶三部分的叶，称完全叶（complete leaf），如梨（*Sycopsis sinensis*）、桃和月季（*Rosa chinensis*）等。仅具其一或其二的叶，为不完全叶（incomplete leaf）。无托叶的不完全叶比较普遍，如丁香（*Syringa oblata*）、白菜（*Brassica pekinensis*）等；也有无叶柄的叶，如莴苣（*Lactuca sativa*）、荠菜（*Capsella bursa-pastoris*）等；缺少叶片的情况极为少见，如台湾相思树（*Acacia confusa*），除幼苗外，植株的所有叶均不具有叶片，而是由叶柄扩展成扁平状，代替叶片的功能，称叶状柄。

此外，禾本科等单子叶植物的叶，从外形上仅能区分为叶片和叶鞘（leaf sheath）两部分，为无柄叶。一般叶片呈带状，扁平，而叶鞘往往包围着茎，保护茎上的幼芽和居间分生组织，并有增强茎的机械支持力的功能。在叶片和叶鞘交界处的内侧常生有很小的膜状突起物，叫叶舌（ligule），能防止雨水和异物进入叶鞘的筒内。在叶舌两侧，有由叶片基部边缘处伸出的两片耳状的小突起，叫叶耳（auricle）。叶耳和叶舌的有无、形状、大小和色泽等，可以作为鉴别禾本科植物的依据（图 5-24B）。

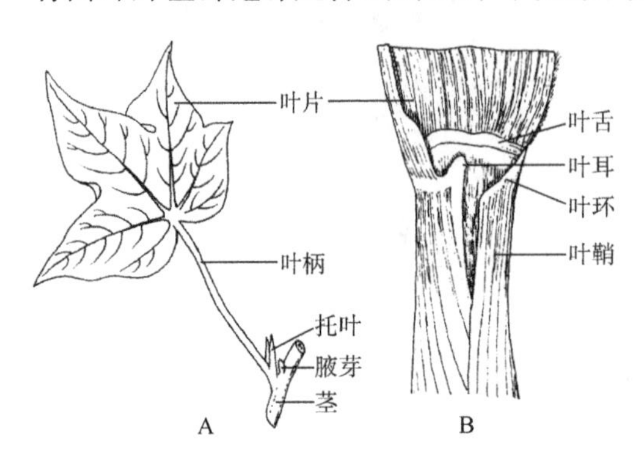

图 5-24 叶的组成

A. 双子叶植物叶；B. 单子叶植物

2．叶的结构

1）叶的一般结构

（1）叶柄的结构　　叶柄的结构与茎类似，通过叶迹与茎的维管组织相连，其基本结构比茎简单，由表皮、基本组织和维管组织三部分组成（图 5-25）。在一般情况下，叶柄在横切面上常呈半月形、三角形或近于圆形。叶柄的最外层为表皮，表皮上有气孔器，并常具有表皮毛，表皮以内大部分是薄壁组织，紧贴表皮之下为数层厚角组织，内含叶绿体。维管束呈半圆形分布在薄壁组织中，维管束的数目和大小因植物种类的不同而有差异，有一束、三束、五束或多束。在叶柄中，进入的维管束数目可以原数不变，一直延伸到叶片中，也可以分裂成更多束，或合并为一束，因此在叶柄的不同位置，维管束的数目常有变化。维管束的结构与幼茎中的维管束相似，木质部在近轴面，韧皮部在远轴面，两者之间有形成层，但活动有限，每一维管束外常有厚壁组织分布。

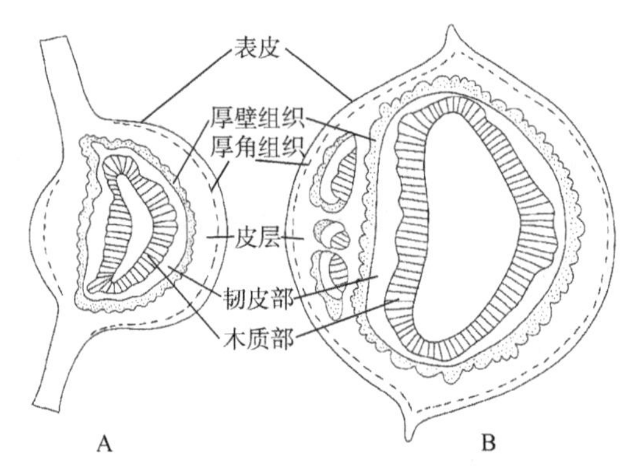

图 5-25 胡桃叶柄和主脉的结构

A. 主脉；B. 叶柄

（2）叶片的结构　　被子植物的叶片为绿色扁平体，呈水平方向伸展，所以上下两面受光不同。一般将向光的一面称为上表皮或近轴面，因其距离茎比较近而得名；相反的一面称为下表面或远轴面。通常被子植物叶片由表皮、叶肉和叶脉三部分构成（图 5-26）。

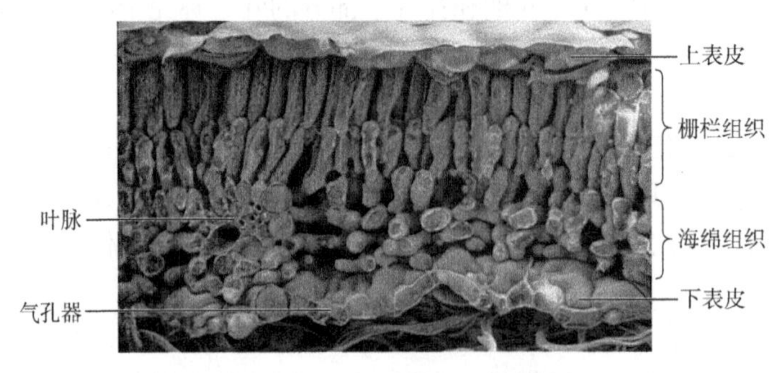

图 5-26 被子植物叶的结构

表皮：表皮覆盖着整个叶片，通常分为上表皮和下表皮。表皮是一层生活的细胞，不含叶绿体，表面观为不规则形，细胞彼此紧密嵌合，没有胞间隙，在横切面上，表皮细胞的形状十分规则，多数呈扁的长方形，外切向壁比较厚，并覆盖有角质膜，角质膜的厚薄因植物种类和环境条件不同而变化。表皮上分布有气孔器（图 5-26）和各种表皮毛，有不同类型的气孔器。一般上表皮气孔器的数量比下表皮的少，有些植物在上表皮上甚至没有气孔器分布。气孔器的类型、数目、分布及表皮毛的多少与形态因植物种类不同而有差别，如苹果叶的气孔器仅在下表皮分布；睡莲（*Nymphaea tetragona*）叶的气孔器仅在上表皮分布；眼子菜（*Potamogeton distinctus*）叶则没有气孔器。表皮毛的变化也很多，如苹果叶的单毛；胡颓子（*Elaeagnus pungens*）叶的鳞片状毛；薄荷（*Mentha canadensis*）叶的腺毛和荨麻（*Urtica fissa*）叶的蜇毛。表皮细胞一般为一层，但少数植物的表皮细胞为多层结构，称为复表皮（multiple epidermis），如夹竹桃（*Nerium oleander*）叶表皮为2～3层，而印度橡皮树（*Ficus elastica*）的叶表皮为3～4层。

叶肉：上下表皮层以内的绿色同化组织是叶肉，其细胞内富含叶绿体，是叶进行光合作用的场所。一般在上表皮之下的叶肉细胞为长柱形，垂直于叶片表面，排列整齐而紧密如栅栏状，称为栅栏组织（palisade tissue），通常1～3层，也有多层；在栅栏组织下方，靠近下表皮的叶肉细胞形状不规则，排列疏松，细胞间隙大而多，称为海绵组织（spongy tissue），海绵组织细胞所含叶绿体比栅栏组织细胞少，又具有胞间隙。所以从叶的外表可以看出其近轴面颜色深，为深绿色，远轴面颜色浅，为浅绿色，这样的叶为异面叶（dorsi-ventral leaf，bifacial leaf），大多数被子植物的叶为异面叶（图 5-26）。有些植物的叶在茎上基本呈直立状态，两面受光情况差异不大，叶肉组织中没有明显的栅栏组织和海绵组织的分化，从外形上也看不出上、下两面的区别，这种叶称等面叶（isobilateral leaf），如小麦、水稻等的叶（图 5-27）。

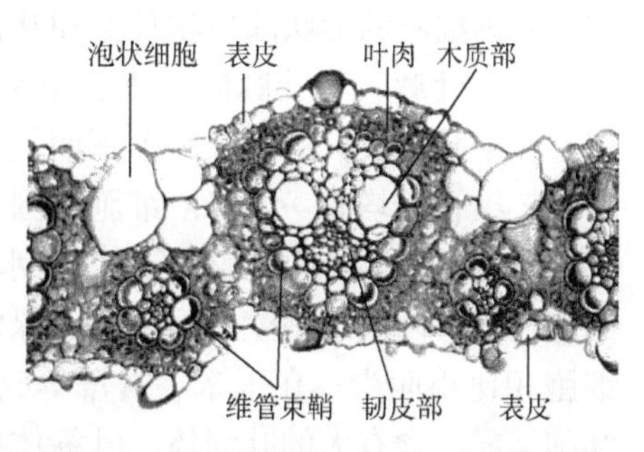

图 5-27 禾本科植物（C4）叶的横切面

叶脉：叶脉是叶片中的维管束，各级叶脉的结构并不相同。主脉和大的侧脉的结构比较复杂，包含有一至数个维管束，包埋在基本组织中，木质部在近轴面，韧皮部在远轴面，两者间常具有形成层，但形成层活动有限，只产生少量的次生结构；在维管束的上、下两侧，常有厚壁组织和厚角组织分布，这些机械组织在叶背面特别发达，突出于叶外，形成肋，大型叶脉不断分支，形成次级侧脉，叶脉越分越细，结构也越来越简单，中小型叶脉一般包埋在叶肉组织中，形成层消失，薄壁组织形成的维管束鞘包围着木质部和韧皮部，并可以一直延伸到叶脉末端，到了末梢，木质部和韧皮部成分逐渐简单，最后木质部只有短的管胞，韧皮部只有短而窄的筛管分子，甚至于韧皮部消失，在叶脉的末梢，常有传递细胞分布。

2）禾本科植物的叶　禾本科植物的叶片和一般叶片的结构一致，由表皮、叶肉和叶脉三部分构成。

（1）表皮　表皮细胞一层，形状比较规则，往往沿着叶片的长轴成行排列，通常有长、短两种类型的细胞构成。长细胞为长方形，长径与叶的长轴方向一致，外壁角质化并含有硅质；短细胞为正方形或稍扁，插在长细胞之间，短细胞可分为硅质细胞和栓质细胞两种类型，两者可成对分布或单独存在，硅质细胞除壁硅质化外，细胞内充满一个硅质块，栓质细胞壁栓质化。长细胞和短细胞的形状、数目和分布情况因植物种类不同而异。在上表皮中还分布有一种大型细胞，称为泡状细胞（bulliform cell），其壁比较薄，有较大的液泡，常几个细胞排列在一起，从横切面上看略呈扇形，通常分布在两个维管束之间的上表皮内，它与叶片的卷曲和开张有关，因此也称为运动细胞（motor cell）（图 5-27）。

禾本科植物叶的上下表皮上有纵行排列的气孔器，与一般被子植物不同，禾本科植物气孔器的保卫细胞呈哑铃形，中部狭窄，壁厚，两端壁薄膨大成球状，含有叶绿体，气孔的开闭是保卫细胞两端球状部分胀缩的结果。每个保卫细胞一侧有一个副卫细胞，因此禾本科的气孔器由两个保卫细胞、两个副卫细胞和气孔构成。气孔器的分布在脉间区域和叶脉相平行。气孔的数目和分布因植物种类不同而异。同一株植物的不同叶片上或同一叶片的不同位置，气孔的数目也有差异，一般上下表皮的气孔数目相近。此外，禾本科植物的叶表皮上，还常生有单细胞或多细胞的表皮毛。

（2）叶肉　叶肉组织由均一的薄壁细胞构成，没有栅栏组织和海绵组织的分化，为等面叶；叶肉细胞排列紧密，胞间隙小，仅在气孔的内方有较大的胞间隙，形成孔下室。叶肉细胞的形状随植物种类和叶在茎上的位置而变化，形态多样。

（3）叶脉　叶脉内的维管束平行排列，中脉明显粗大，与茎内的维管束结构相似。在中脉与较大维管束的上下两侧有发达的厚壁组织与表皮细胞相连，增加了机械支持力。维管束均有一至二层细胞包围，形成维管束鞘，在不同光合途径的植物中，维管束鞘细胞的结构有明显的区别。在水稻、小麦等碳三（C3）植物中，维管束鞘由两层细胞构成，内层细胞壁厚而不含叶绿体，细胞较小，外层细胞壁薄而大，叶绿体与叶肉细胞相比小而少。在玉米、甘蔗等碳四（C4）植物中，维管束鞘仅由一层较大的薄壁细胞组成，含有大的叶绿体，叶绿体中没有或仅有少量基粒，但它积累淀粉的能力远远超过叶肉细胞中的叶绿体，碳四植物维管束鞘与外侧相邻的一圈叶肉细胞组成“花环”状结构（图 5-27），在碳三植物中则没有这种结构存在。碳四植物的光合效率高，也称高光效植物。实验证明碳四植物玉米能够从密闭的容器中用去所有的二氧化碳，而碳三植物则必须在二氧化碳浓度达到 0.04μl/L 以上才能利用，碳四植物可以利用极低浓度的二氧化碳，甚至于气孔关闭后维管束鞘细胞呼吸时产生的二氧化碳都可以利用。碳四植物不仅可以是禾本科植物，也可以是一些双子叶植物和单子叶植物，如苋科、藜科植物，其叶的维管束鞘细胞也具有上述特点。

3）裸子植物的叶　裸子植物的叶对环境条件变化不如被子植物敏感，因此叶子的形态结构也不如被子植物多样。大多数裸子植物是常绿的，只有少数属例外，如银杏属（*Ginkgo*）、落叶松属（*Larix*）和落羽杉属（*Taxodium*）。裸子植物中，种数最多的松柏类叶研究得最多。因此以松属叶为代表来说明裸子植物叶的一般结构（图 5-28）。

松属植物的叶多为针状，称为松针。松针在短枝上发生，有的是单个，多数是两

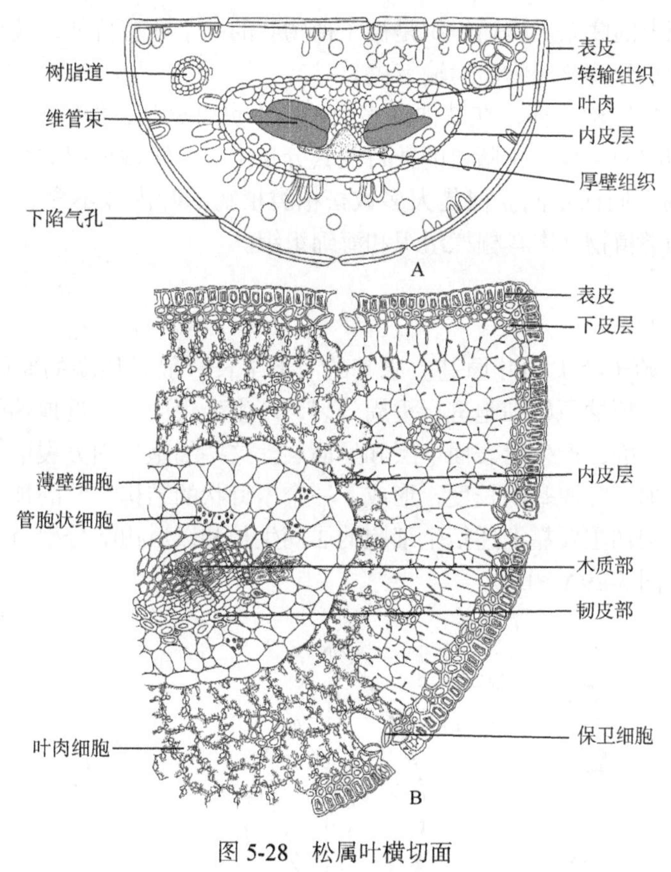

图 5-28 松属叶横切面

A．轮廓图；B．局部放大图

根或几根松针连在一起的。松针依照数目不同，在横切面上的形状也不一样，从近乎卵圆形到三角形。松针表皮细胞具加厚的细胞壁，外面具发达的角质层，表皮细胞腔狭小。气孔纵行排列，保卫细胞下陷到皮层下，其上方有副卫细胞拱盖着，保卫细胞和副卫细胞的壁均有不均匀加厚并木质化。表皮层下面除气孔的地方外，有一至数层木质化的纤维状的厚壁细胞，称为下皮层。叶肉组织排列在下皮层之内，没有海绵组织和栅栏组织的分化，为排列紧密的薄壁组织细胞组成，其细胞壁内陷，形成皱褶，叶绿体多沿皱褶排列，这种排列扩大了叶绿体的分布面积。叶肉组织内有树脂道。树脂道的数目和分布位置是松属植物鉴定的依据之一。叶肉组织内有明显的内皮层，其细胞内含有淀粉粒，细胞壁可增厚并木质化。维管组织位于内皮层之内，常成一个或两个维管束靠在一起，位于针叶的中央。木质部在近轴面，韧皮部在远轴面。木质部由原生木质部和后生木质部组成。后生木质部的细胞是有规则的辐射排列，成行的木薄壁细胞与管胞交替排列。在针叶的初生伸长生长停止以后，可能有少量的次生生长，但是大部分木质部是后生木质部。维管束被转输组织所包围。这种转输组织由管胞和薄壁组织细胞组成（图 5-28）。靠近维管束的管胞是伸长的，远离维管束的管胞的形状与薄壁组织细胞的形状一样（图 5-28）。管胞的壁虽有次生加厚，但是比较薄而且木质化程度低，壁上有具缘纹孔。靠近韧皮部有一些具浓厚细胞质的细胞，称为蛋白质细胞，类似伴胞的功能，但与筛管没有起源上的联系。转输组织是裸子植物叶的一个共有特征，被认为与维管束和叶肉组织之间的水分及营养物质运输有关。

上述松属叶的结构特征，在其他许多松柏类中也可见到，但通常有数量上的差别。例如，下皮层细胞的层数、树脂道的数目及其分布位置、转输组织的数量与排列方式等都可能因种属的不同而不同。但是大多数松柏类植物的叶内并不含有具褶皱的叶肉细胞，也有些松柏类植物叶肉具栅栏组织和海绵组织。

3．叶的发育

叶的发育开始于茎尖的叶原基。原基的向上生长一般是顶端的原始细胞和近顶端原始细胞的分裂。顶端原始细胞进行垂周分裂，产生出表面层；近顶端的原始细胞进行平周分裂和垂周分裂，产生出表面下层和里面层。这些细胞平周分裂增加了叶原基的厚度，垂周分裂增加了叶原基的长度，形成了一个木钉状的结构。叶的顶端生长时期比较短，因此长度的增加主要靠上述衍生细胞的居间生长和以后边缘分生组织、板状分生组织的居间生长（图 5-29A～D）。

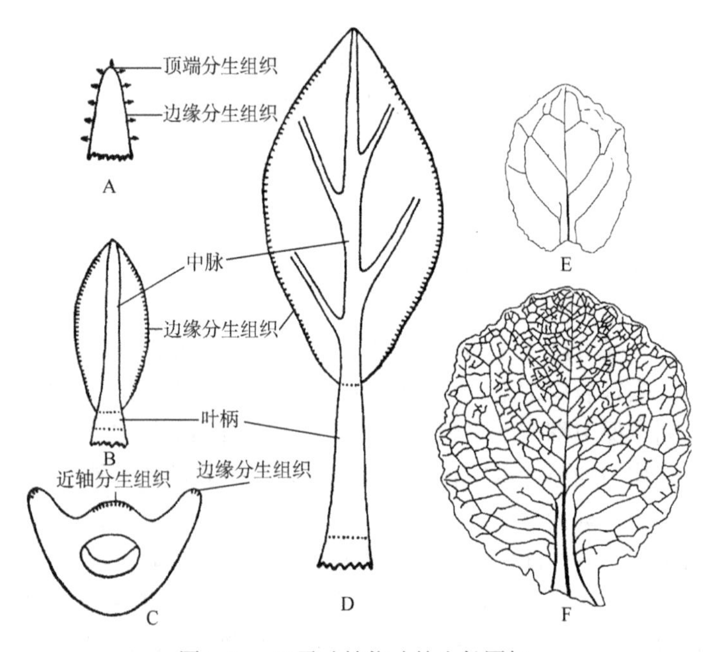

图 5-29 双子叶植物叶的生长图解

A. 未分化的叶原基；B. 边缘分生组织生长期；C. 叶片横切面，示边缘分生组织和近轴分生组织的位置；D. 幼叶基本形成；E、F. 叶脉的发育

在原基伸长的早期，局部的分生组织沿原基的两侧活动，这些两侧的分生组织称为边缘分生组织，包括一行边缘原始细胞和近边缘原始细胞。边缘原始细胞经垂周分裂产生原表皮；近边缘原始细胞平周分裂和垂周分裂交替进行形成了基本分生组织与原形成层，平周分裂决定了叶肉细胞的层数，在一种植物中叶肉的层数基本是恒定的，等到各层都已形成，细胞只进行垂周分裂增加叶面积而细胞层数不变，这种只进行垂周分裂的

平行层细胞称为板状分生组织。在原形成层分化的区域，板状分生组织的活动受到了干扰，细胞进行垂周分裂和平周分裂。在板状分生组织垂周分裂的同时，叶肉细胞开始分化。将来形成栅栏组织的细胞垂周延伸，并伴有垂周分裂；海绵组织的细胞也有垂周分裂，但没有栅栏组织多，形状上依然为等径。当栅栏组织细胞继续分裂时，临近的表皮细胞停止分裂而增大，因此出现几个栅栏细胞附着在一个表皮细胞上的结果。栅栏组织细胞分裂的时间最长，分裂完成以后栅栏细胞沿着垂周壁彼此分离，这种细胞间的部分分离和胞间隙的形成，在海绵组织中要早于栅栏组织，海绵组织细胞的分离伴有细胞的局部生长，常发育出具分支的细胞。

维管组织的发育是从中脉处原形成层的分化开始的，这时叶的发育还处于木钉状，这种原形成层的分化与茎上的叶迹原形成层是连续的（图 5-29）。各级侧脉则从边缘分生组织所衍生的细胞中发生，较大的侧脉的发生比较小的侧脉开始得早些，而且更靠近边缘分生组织，在居间生长的整个过程中，新的维管束可以不断地发生形成，也就是说在较早形成的基本组织中可以较长时期保留产生新的原形成层束的能力。小脉发生时所包含的细胞比大脉要少，最小的脉发生时可能只有一列细胞。原形成层的分化往往是一个连续的过程，因为较晚形成的原形成层束与较早形成的原形成层束是相连续的。韧皮部以相似的方式进行分化，但最初成熟的木质部却是在孤立的区域中，后来由于原形成层的伸入，分化出木质部而连续起来。双子叶植物叶中脉的纵向分化是向顶的，即最初在叶基部，然后向着叶尖的方向，一级侧脉由中脉向边缘发育，在具平行脉的叶中几个同样大小的叶脉的发育是向顶的（图 5-29E，F）。单子叶和双子叶植物的小脉都在大脉间发育，一般由叶尖向叶基发育。叶的发育过程不像根、茎那样还保留有原分生组织组成的生长锥，而是全部发育形成叶的成熟结构，不再保留原分生组织，因此叶的生长有限，达到一定大小后就停止。

4．叶对不同生境的适应

叶的形态和结构对不同生态环境的适应性变化最为明显，如旱生植物和水生植物的叶、阳地植物和阴地植物的叶在形态结构上各自表现出完全不同的适应特征。

旱生植物的叶一般具有保持水分和防止蒸腾的明显特征，通常向着两个不同的方向发展：一类是肉质植物，如马齿苋（*Portulaca oleracea*）、圆头蒿（*Artemisia sphaerocephala*）、景天（*Sedum*）和芦荟等，它们的共同特征是叶肥厚多汁，在叶肉内有发达的薄壁组织（图 5-30A），贮存了大量的水分，其细胞保持水分，以此适应旱生的环境；另一类是对减少蒸腾的适应，形成了小叶植物，其叶片小而硬，通常多裂，表皮细胞外壁增厚，角质层也厚，甚至形成复表皮，气孔下陷或局限在气孔窝内，表皮常密生表皮毛，栅栏组织层次多，甚至于上下两面均有分布，机械组织和输导组织发达，如夹竹桃等的叶（图 5-30B）。

由于水生植物部分或完全生活在水中，环境中水分充足，但气体明显不足。对于挺水植物和浮水植物的叶而言，除胞间隙发达或海绵组织所占比例较大外，与一般中生植物叶结构差不多；但对于沉水植物的叶，环境中除气体不足外，光照强度显然也不够，因此叶的结构和旱生植物不同。沉水叶一般表皮细胞壁薄，角质膜薄或没有角质

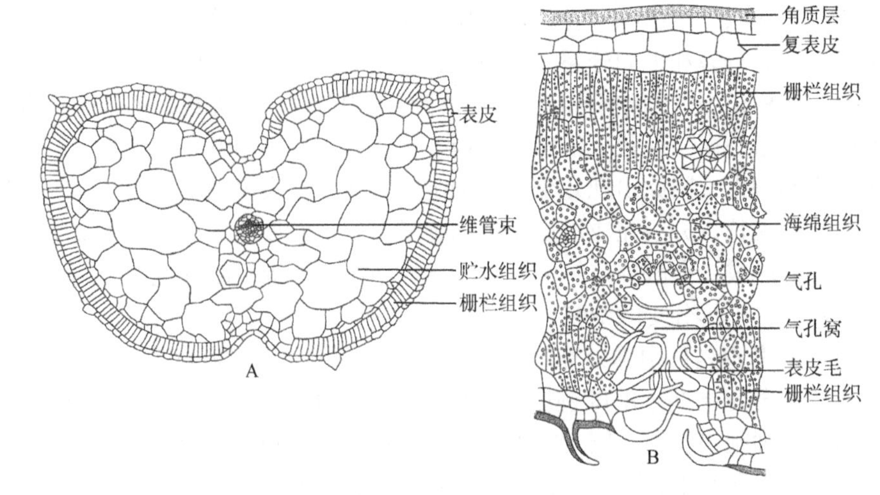

图 5-30　旱生植物叶的结构

A. 圆头蒿叶横切面；B. 夹竹桃叶横切面

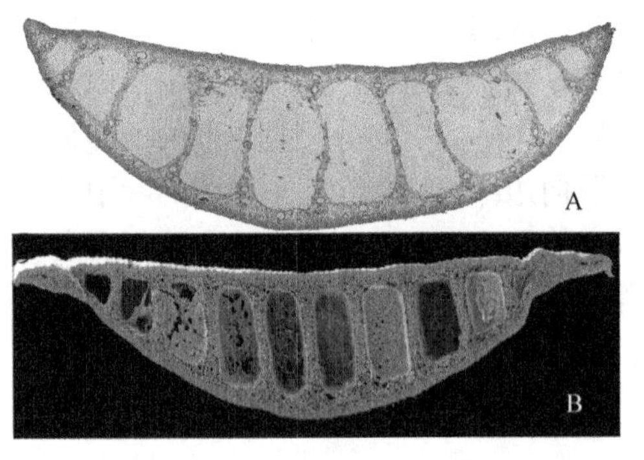

图 5-31　香蒲叶通气组织

A. 叶横切面；B. 叶横切面的扫描电镜照片

膜，也无气孔和表皮毛，但表皮细胞具叶绿体，所以气体交换和光合作用均由表皮细胞进行；叶肉组织不发达，层次少，无栅栏组织和海绵组织的分化；胞间隙特别发达或形成通气组织；导管和机械组织不发达，如香蒲（*Typha latifolia*）等（图 5-31）。

阳地植物长期生活在光线充足的地方，形成了对强光的适应而不能忍受荫蔽，这种植物在阳光直射下，受光受热比较多，周围空气比较干燥，处于蒸腾作用加强的条件下，因此阳地植物的叶倾向于旱生叶的特征。

阴地植物长期生活在遮蔽的地方，在光线较弱的条件下生长良好而不能忍受强光。一般阴地植物叶片构造特征与阳地植物相反，叶片大而薄，角质膜薄，单位面积上气孔数目少；栅栏组织不发达，只有一层；海绵组织发达，占了叶肉的大部分，有发达的胞间隙；细胞中叶绿体大而少，叶绿素含量多，有时表皮细胞也有叶绿体；机械组织不发达，叶脉稀疏，这些特点均有利于光的吸收和利用，因而能适应光线不足的要求。

总之，叶是植物体中容易变化的器官。具有相同的基因型而生长在不同环境下的两株植物，均会对环境条件表现出相应的结构与生理上的适应性。在同一植株中，树冠上面或向阳一侧的叶呈阳生叶特征，而树冠下部或生于阴面的叶因光照较弱呈现阴生叶特点，且叶在树冠上位置越高，表现出越多的旱生特征，这显然与水分的供应有关。

5．落叶与离层

叶有一定的寿命，生活期终结时，叶便枯死脱落。叶生活期的长短在各种植物中是不同的。一般植物的叶，生活期为一个生长季。草本植物，叶随植株死亡，但依然残留在植株上。多年生木本植物，有落叶和常绿之分，落叶树春天新叶展开，秋季脱落死亡。落叶是植物减少蒸腾、应对不良环境的一种适应形式。温带地区冬季干而冷，根吸水困难，叶脱落仅留枝干，以降低蒸腾，热带地区旱季到来，同样需要落叶来减少蒸腾；常绿树四季常青，叶子也脱落，但不是同时进行，不断有新叶产生、老叶脱落。叶的寿命一般较长，可生活多年，衰老的叶脱落，但就全树而言，终年常绿。

随着秋季的来临，气温持续下降，叶子的细胞中首先发生各种生理生化变化，许多物质分解被运回到茎中，叶绿素被破坏而解体，不能重新形成，光合作用停止，而叶黄素和胡萝卜素不易被破坏，同时花青素的形成使叶片由原来的绿色逐渐变为黄色或红色，与此同时靠近叶柄基部的某些细胞有细胞学和组织学上的变化，这个区域的薄壁细胞分裂产生数层小型细胞，构成离区（图 5-32）。离区中的一些细胞胞间层黏液化并解体，细胞间相互分离成游离状态，只有维管束还连在一起，这个区域称为离层。离层细胞的支持力量非常脆弱，这时叶片也已枯萎，稍受外力，叶便从此处断裂而脱落。叶脱落后，离层下面的细胞壁和胞间隙中均有木栓质形成，构成保护层，可以保护叶脱落后所暴露的表面，避免水分的丧失和病虫的伤害。

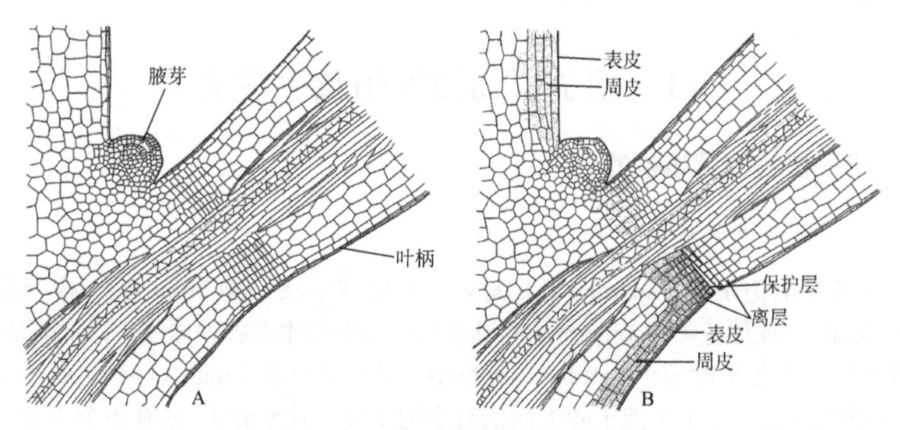

图 5-32 离区的离层和保护层结构示意图

A. 离区的形成；B. 离层和保护层

第6章 裸子植物

现存的种子植物有5个类群，包括苏铁类、银杏类、松柏类、买麻藤类和有花植物（被子植物）。前4个类群因胚珠裸露，产生裸露的种子，被称为裸子植物；与其相对的是被子植物，其胚珠包被于心皮内，产生的种子由果皮包裹。除此以外，裸子植物的孢子体比苔藓植物和蕨类植物更加发达，结构也更复杂；而配子体则进一步简化，并完全寄生在孢子体上；但裸子植物没有真正的花，仍以孢子叶球（strobilus）作为主要的繁殖器官，并保留了颈卵器的构造；此外，裸子植物绝大多数种类的木质部由管胞组成，韧皮部由筛胞组成，尚没有导管、纤维、筛管和伴胞的分化，这些特征都与蕨类植物相似。

6.1 裸子植物的繁殖及生活史

6.1.1 裸子植物的繁殖器官

1．孢子叶聚生成孢子叶球

裸子植物的孢子叶（sporophyll）大多聚生成球果状（strobiliform），称为孢子叶球（strobilus），或球花（cone）。孢子叶球单生或多个聚生成各种球序，通常都是单性，同株或异株。小孢子叶球（staminate strobilus）又称雄球花（male cone），由小孢子叶（雄蕊）聚生而成，每个小孢子叶下面生有小孢子囊（花粉囊），内有多个小孢子母细胞（花粉母细胞），经减数分裂产生小孢子（单核期的花粉粒），再由小孢子发育成雄配子体（花粉粒）。大孢子叶球（ovulate strobilus）又称雌球花（female cone），由大孢子叶（心皮）丛生或聚生而成。大孢子叶变态为珠鳞（ovuliferous scale）（松柏类）、珠领（collar）（银杏）、珠托（红豆杉）、套被（罗汉松）和羽状大孢子叶（苏铁）。大孢子叶的腹面（近轴面）生有一至多个裸露的胚珠。

2．具裸露胚珠

裸子植物的胚珠是由珠心和珠被组成的，珠心相当于大孢子囊，珠被包被珠心，在裸子植物中珠被通常为单层。裸子植物的胚珠裸露，不为大孢子叶所形成的心皮所包被。胚珠成熟后形成种子，种子由胚、胚乳和种皮组成，但种子的外围没有果皮包被。

3．配子体进一步退化，寄生在孢子体上

雄配子体由小孢子发育而来，在多数种类中仅由4个细胞组成，包括2个退化的原叶细胞、1个生殖细胞和1个管细胞（图6-1）。雌配子体由大孢子发育而来，除百岁兰属（*Welwitschia*）、买麻藤属（*Gnetum*）外，雌配子体的近珠孔端均产生二至多个颈卵器，但结构简单，埋藏于胚囊中，仅有2～4个颈细胞露在外面。颈卵器内有1个卵细胞和1个腹沟细胞，无颈沟细胞，比蕨类植物的颈卵器更加退化（图6-2，图6-3）。雌、雄配子体均无独立生活的能力，完全寄生在孢子体上。

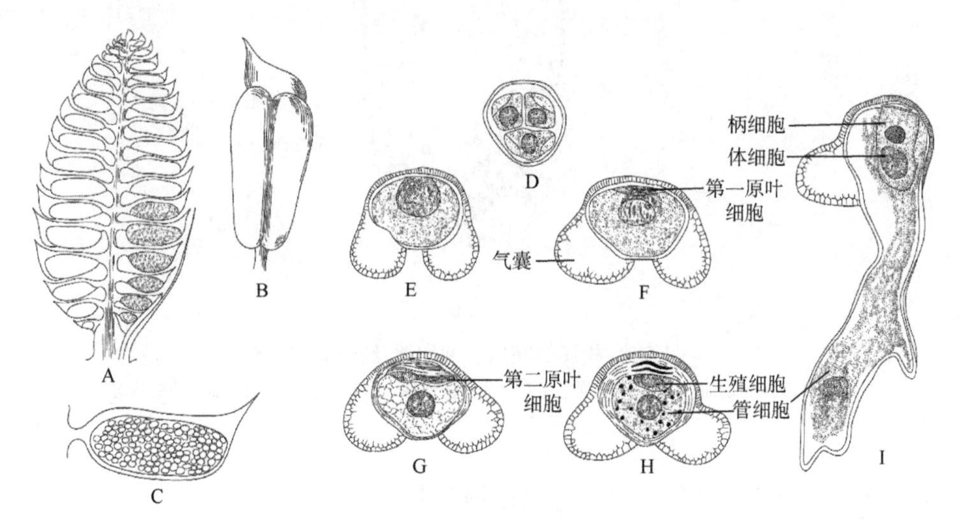

图6-1　松属的小孢子叶球及雄配子体的发育

A. 雄球花纵切面；B. 小孢子叶；C. 小孢子叶切面；D. 四分体；
E. 小孢子；F、G. 小孢子萌发形成早期的雄配子体；H. 雄配子体；I. 花粉管

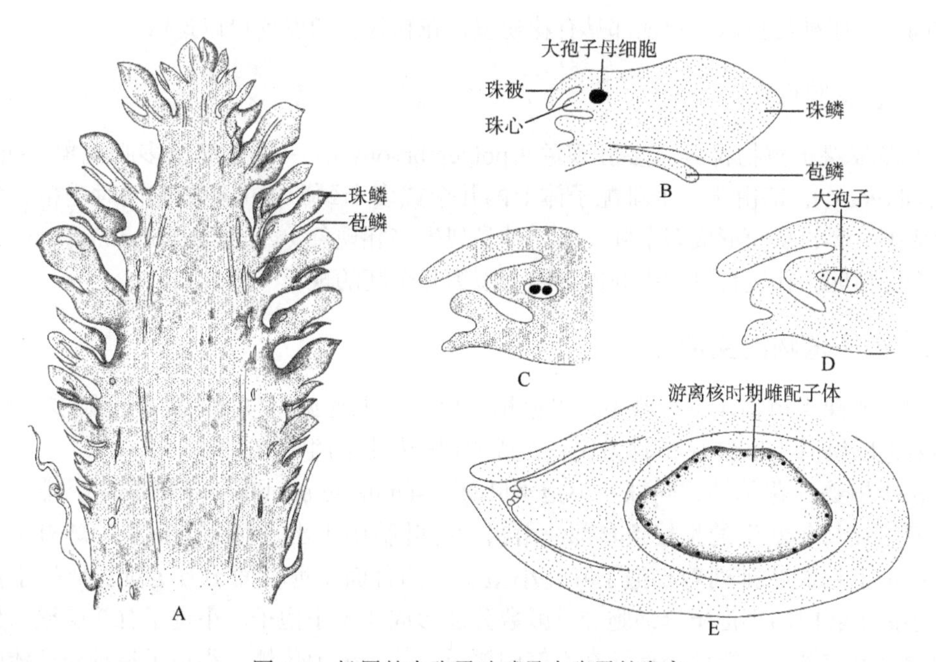

图6-2　松属的大孢子叶球及大孢子的发育

A. 雌球花纵切面；B～D. 大孢子叶纵切面，示大孢子母细胞和大孢子的产生；E. 雌配子体游离核时期

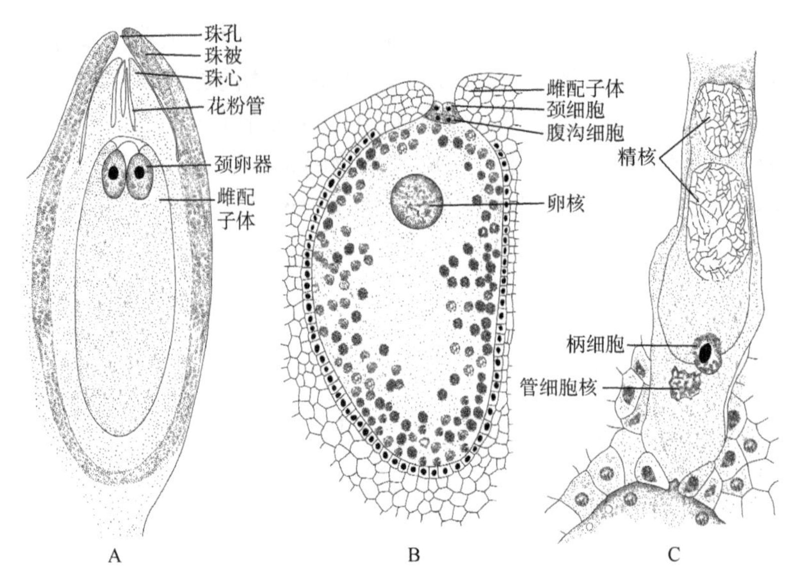

图 6-3 松属的胚珠、颈卵器及花粉管顶端

A. 胚珠纵切面；B. 颈卵器放大；C. 花粉管顶端，示花粉管进入颈卵器之前的状态

4. 形成花粉管，受精作用不再受水的限制

裸子植物的花粉粒，由风力传播，经珠孔直接进到胚珠，在珠心上方萌发，形成花粉管，进入胚囊，将由生殖细胞所产生的 2 个精子直接送到颈卵器内，其中 1 个具功能的精子和卵细胞结合，完成受精作用。从授粉到受精这个过程，裸子植物要经过相当长的时间。有些种类在珠心的顶部具有花粉室，花粉粒在萌发前可以逗留。

5. 具多胚现象

大多数裸子植物都具有多胚现象（polyembryony），一种是简单多胚现象（simple polyembryony），即由于 1 个雌配子体上的几个或多个颈卵器的卵细胞同时受精，各自发育成 1 个胚，从而形成多个胚；另一种是裂生多胚现象（cleavage polyembryony），即有 1 个受精卵，在发育过程中胚原细胞分裂为几个胚的现象（图 6-4）。

6.1.2 裸子植物的生活史

现存的裸子植物 4 个类群中，以松柏类植物最为常见，包含的种类也最多。因此，我们着重以松属（*Pinus*）植物为代表，说明裸子植物的生活史。

松属植物球花单性，同株。小孢子叶球（staminate strobilus）（雄球花）排列如穗状，着生在每年新生的长枝条基部，由鳞片叶叶腋中生出。每个小孢子叶球有 1 个纵轴，纵轴上螺旋状排列着小孢子叶，小孢子叶的背面（远轴面）有 1 对长形的小孢子囊，小孢子囊内的小孢子母细胞经过减数分裂形成 4 个小孢子。小孢子有 2 层壁，外壁向两侧突出成气囊，能使小孢子在空气中飘浮，便于风力传播。小孢子是雄配子体的第

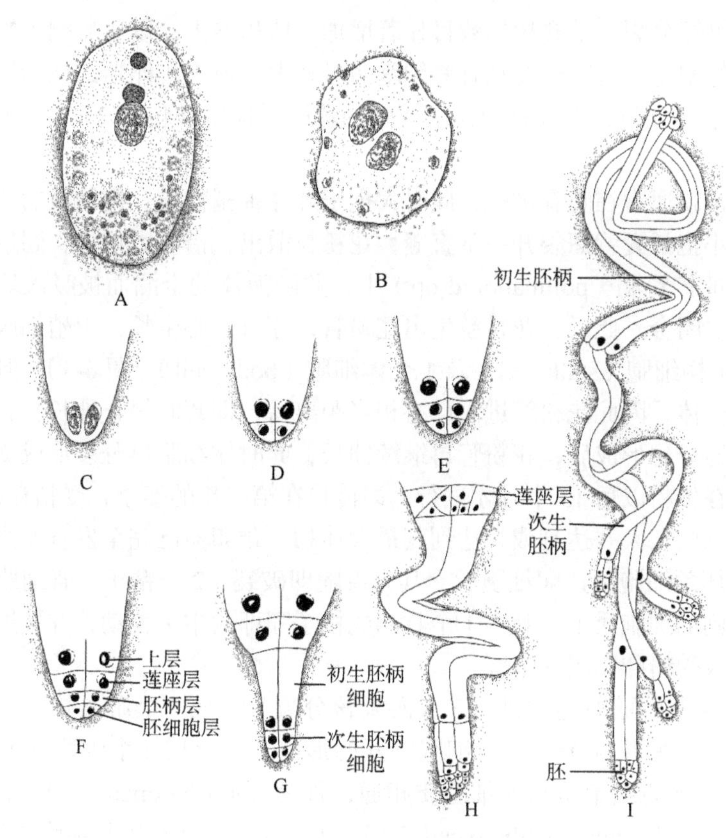

图 6-4 松属的胚胎发育

A. 正在受精的卵细胞；B. 受精卵一分为二；C. 4 细胞原胚；D. 8 细胞原胚；E. 12 细胞原胚；F. 16 细胞原胚；G. 初生胚柄细胞伸长及次生胚柄细胞形成；H. 原胚下端开始分裂（裂生多胚）；I. 裂生后所形成的 4 竞争胚系列

一个细胞，小孢子在小孢子囊内萌发，细胞分裂为 2，其中较小的 1 个是第一个原叶细胞（prothallial cell）（营养细胞），另 1 个大的为胚性细胞（embryonal cell）。胚性细胞再分裂为 2，即第二原叶细胞和精子器原始细胞（antheridial initial）。精子器原始细胞进一步分裂为 2，形成管细胞（tube cell）和生殖细胞（generative cell）。

大孢子叶球［雌球花（female cone）］一个或数个着生于每年新枝的近顶部，初生时呈红色或紫色，以后变绿，成熟时为褐色。大孢子叶球是由大孢子叶构成的，大孢子叶也是螺旋状排列在纵轴上的，大孢子叶由两部分组成：下面较小的薄片称为苞鳞（bract scale）；上面较大而顶部肥厚的部分称为珠鳞（ovuliferous scale），也称果鳞或种鳞（图 6-2）。一般认为珠鳞是大孢子叶，苞鳞是失去生殖能力的大孢子叶。松科各属植物苞鳞和珠鳞是完全分离的，在每 1 珠鳞的基部近轴面着生 2 个胚珠，胚珠由 1 层珠被和珠心组成，珠心中有 1 个细胞发育成大孢子母细胞，经过减数分裂形成 4 个大孢子，排成 1 列，通常只有合点端的 1 个大孢子发育成雌配子体，其余 3 个退化。大孢子进行核分裂，形成 16～32 个游离核，不形成细胞壁。游离核多少均匀分布于细胞质中，当冬季到来时，雌配子体即进入休眠期（图 6-2）。翌年春天，雌配子体重新开始活跃起来，游离核继续分裂，游离核的数目显著增加，体积增大；以后雌配子体内的游离核周围开始形成细胞壁，这时珠孔端有些细胞明显膨大，成为颈卵器的原始细胞。这些原始细胞经过一系列分裂，形成颈卵器，成熟的雌配子体中常包含 2～7 个颈卵器和大量的胚乳。

松属植物传粉通常在晚春进行，此时大孢子叶球轴稍伸长，使幼嫩的苞鳞及球鳞略张开；同时，小孢子囊背面裂开一条直缝，花粉粒散出，借风力传播，到达胚珠，飘落在由珠孔溢出的传粉滴（pollination drop）中，并随液体的干涸而被吸入珠孔，大孢子叶球的珠鳞随之闭合。此后，花粉粒生出花粉管，穿过珠心生长；生殖细胞在管中分裂为 2，形成 1 个柄细胞（stalk cell）及 1 个体细胞（body cell）（图 6-3）。但这时大孢子尚未形成雌配子体，因此花粉管进入珠心相当距离后，即暂时停止伸长，直到第二年春季或夏季颈卵器分化形成后，花粉管再继续伸长，此时体细胞再分裂形成 2 个精子。受精作用通常是在传粉以后 13 个月才进行，即传粉在第一年的春季，受精在第二年夏季，这时大孢子叶球已长大并达到或将达到其最大体积，颈卵器已完全发育。当花粉管生长至颈卵器、破坏颈细胞到达卵细胞后，其先端随即破裂，2 个精子、管细胞及柄细胞都一起流入卵细胞的细胞质中，其中 1 个具功能精子随即向中央移动，并接近卵核，最后与卵核结合形成受精卵（图 6-3C）。

受精卵形成以后随即连续进行 3 次游离核分裂，形成 8 个游离核，这 8 个游离核排成上、下两层，每层 4 个，随后细胞壁开始形成，但上层 4 个细胞的上部不形成细胞壁，使这些细胞的细胞质与卵细胞质相通，称为开放层（open tier），下层 4 个细胞称为初生胚细胞层（primary embryo cell tier）。接着开放层和初生胚细胞层各自再分裂 1 次，形成 4 层，分别称为上层、莲座层（rosette tier）、胚柄层（suspensor tier）（初生胚柄层）和胚细胞层，组成原胚（proembryo）（图 6-4）。上层细胞初期有吸收作用，但不久即解体；莲座层细胞分裂数次之后消失；胚柄层细胞不再分裂，但伸长，形成初生胚柄（primary suspensor）；第四层胚细胞层的胚细胞，在胚柄细胞延长的同时，紧接着胚柄层的胚细胞进行分裂并伸长，形成次生胚柄（secondary suspensor），由于初生胚柄和次生胚柄迅速伸长，形成多回卷曲的胚柄系统；而胚细胞层的最前端的细胞发育成胚体本身，但它们可能并不是形成 1 个胚，而是在纵面彼此分离，单独发育成胚，造成裂生多胚现象。在胚胎发育过程中，通过胚胎选择，通常只有 1 个（很少有 2 个或更多）幼胚正常分化、发育，成为种子中成熟的胚。成熟的胚包括胚根、胚轴、胚芽和子叶（通常 7～10 枚）几部分。在胚发育的同时，珠被也发育成种皮，种皮分为 3 层：外层肉质（不发达）、中层石质和内层纸质。

裸子植物的种子是由 3 个世代的产物组成的，胚是新的孢子体世代（$2n$），胚乳是雌配子体世代（n），种皮是老的孢子体（$2n$）。受精后，大孢子叶球继续发育，珠鳞木质化而成为种鳞，同时珠鳞的部分表皮分离出来形成种子的附属物即翅，以利风力传播。种子萌发时，主根先经珠孔伸出种皮，并很快产生侧根，初时子叶留在种子内，从胚乳中吸取养料，随着胚轴和子叶的不断发展，种皮破裂，子叶露出，而后随着茎顶端的生长，产生新的植物体。松属植物生活史图解见图 6-5。

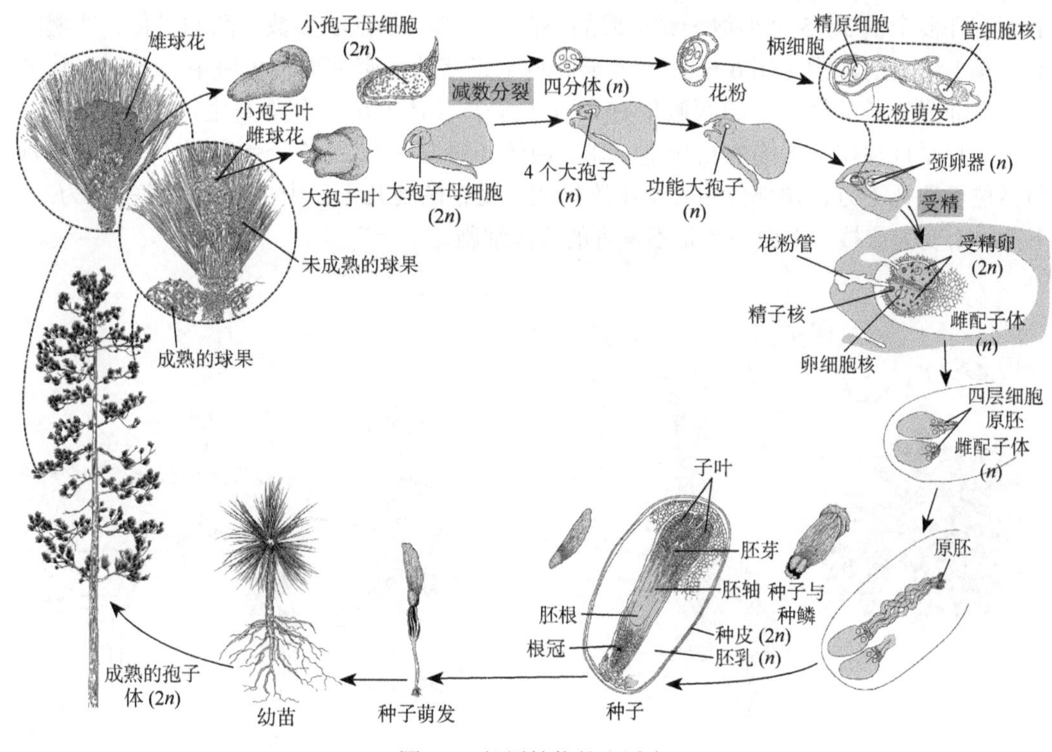

图 6-5 松属植物的生活史

6.2 裸子植物的多样性

裸子植物现存约800种，分属苏铁类（cycad）、银杏类（ginkgo）、松柏类（conifer）和买麻藤类（gnetopsida）等不同种群。

6.2.1 苏铁类

苏铁类植物是一类古老的类群，仍保留了明显的原始特征，如可移动的精子。苏铁类植物起源于约2.8亿年前的石炭纪或早二叠纪，在中生代达到丰富度和多样性的巅峰。如今苏铁类植物大部分为南半球的孑遗植物，大约只有130种，很多种是濒危物种。我国有苏铁属（*Cycas*）1属约15种。

苏铁类为常绿木本，具有短而粗的不分枝的树干，大型羽状复叶生于枝顶，类似蕨类或棕榈的复叶，具可寄生固氮细菌的珊瑚状根（coralloid root）。雌雄异株，大、小孢子叶球大型，有时具有亮丽的色彩，活动精子具有多数鞭毛。种子大，具有肉质而色彩鲜亮的种皮。

苏铁属植物在我国最常见的是苏铁（*C. revoluta*），主干柱状，通常不分枝，顶端簇生大型的羽状复叶（图6-6）。茎中有发达的髓部和厚的皮层。网状中柱，内始式木质部，形成层的活动期较短，后为由皮层相继发生的异常形成层环所代替。叶为一回羽状深裂，革质坚硬，幼时拳卷，脱落后茎上残留有叶迹。雌雄异株。小孢子叶扁平、肉质，具短柄，紧密地呈螺旋状排列成圆柱形的小孢子叶球，单生于茎顶。每个小孢子叶下面有许多个由3～5个小孢子囊组成的小孢子囊群。小孢子多数，两侧对称，宽椭圆形，具1纵长的深沟（图6-6）。大孢子叶丛生于茎顶，密被褐黄色绒毛，上部羽状分裂，下部成狭长的柄，柄的两侧生有2～6枚胚珠（图6-6）。胚珠直生，较大，珠被1层，珠心厚且顶端有内陷的花粉室，珠心内的胚囊发育有2～5个颈卵器（图6-7）。颈卵器位于珠孔下方，颈部仅由2个细胞构成，受精的前几天，中央细胞的核一分为二，下面一个变为卵核，上面一个是不发育的腹沟细胞。

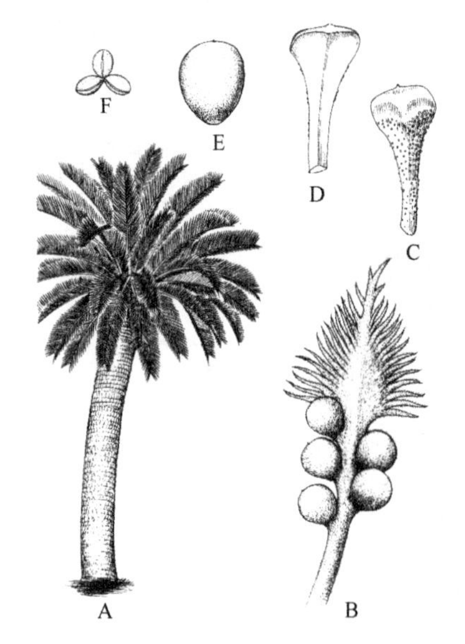

图 6-6　苏铁

A. 植株外形；B. 大孢子叶；C、D. 小孢子叶；E. 种子；F. 聚生的小孢子囊

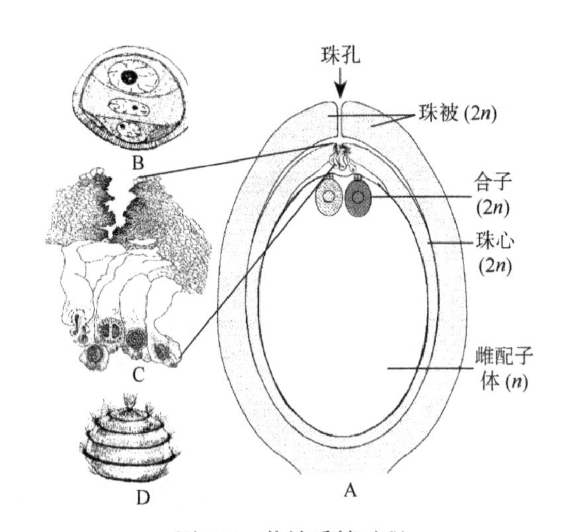

图 6-7　苏铁受精过程

A. 胚珠；B. 花粉粒；C. 花粉管；D. 精子

小孢子萌发，形成具有3个核的雄配子体（图6-7B），即基部1个原叶体细胞（营养细胞），此细胞不再分裂；上面的1个细胞再分裂一次成为1个管细胞（吸器细胞）及1个生殖细胞，并以3个细胞状态从小孢子囊中散出，随风传播到珠孔上。由珠孔溢出的传粉滴吸附，并随着液滴的干涸而被吸入花粉室。随后生殖细胞分裂为两个，大的称体细胞，小的称柄细胞。体细胞又分裂为2个精细胞，成熟的精子为陀螺形，具纤毛能游动，长可达0.3mm，是生物界中最大的精子。管细胞的主要功用不是输送精子，而是取养料，当先端生长，伸至颈卵器旁时即炸裂，2个游动精子进入颈卵器，1个与卵结合，形成合子，另1个消失（图6-7）。

合子进行游离核分裂多次，形成分化的原胚。原胚经过缓慢分化，基部一些细胞伸长形成胚柄，原胚的末端分化发育成胚。种子成熟时，胚发育成具有2片子叶和稍指向珠孔的胚根的大型圆柱体，并深入充满营养物质的雌配子体中，此时的雌配子体称为胚乳。珠被发育形成种皮。成熟的种子为橘红色，珠被分化为三层种皮：外层肉质较厚、中层为石细胞所组成的硬壳、内层为薄纸质。种子无休眠期，萌发时，根由珠孔穿出，子叶则留在种子中吸取营养。

苏铁树形优美，为我国常见的观赏树种，北方盆栽。茎内髓部富含淀粉，可供食用。种子含油和淀粉，微毒，可供食用和药用。

6.2.2　银杏类

银杏类植物具有多种多样的化石记录，但现存仅银杏（*Ginkgo biloba* L.）一种。野生的银杏仅在浙江天目山上发现过，但国内外广泛栽培。落叶乔木，有营养性长枝和生殖性短枝之分。叶扇形，先端2裂或波状缺刻，具分叉的脉序，在长枝上螺旋状散生，在短枝上簇生。球花单性，雌雄异株，精子具多鞭毛，种子核果状（图6-8）。

图6-8　银杏

A．长枝、短枝及种子；B．生大孢子叶球的短枝；C．大孢子叶球；D．生小孢子叶球的短枝；E．小孢子叶；F．胚珠和珠领纵切面；G．种子纵切面

银杏属银杏科（Ginkgoaceae）为落叶乔木，树干高大，枝分顶生营养性长枝和侧生生殖性短枝。茎的髓部不明显，次生木质部发达，年轮明显。单叶扇形，先端2裂或波状缺刻，具二叉状分枝的叶脉，在长枝上互生，在短枝上簇生。各种器官中都有分泌腔。银杏雌雄异株。小孢子叶球着生于短枝顶端的鳞片叶叶腋内，呈柔荑花序状，小孢

子叶有短柄，柄端生 1 对长形的小孢子囊。大孢子叶球通常有 1 个长柄，柄端有 2 个环形的大孢子叶，称为珠领（collar），上面各生 1 个直生胚珠，但通常只有 1 个成熟。种子近球形，熟时黄色，外被白粉，种皮 3 层：外种皮厚，肉质，并含有油脂及芳香物质；中种皮白色骨质，具 2～3 纵脊；内种皮红色，纸质。胚乳肉质。胚具 2 片子叶，有后熟现象，种子萌发时子叶不出土。

最早的银杏出现于 2 亿年前的晚三叠纪，在侏罗纪早期，银杏类植物种类丰富，分布广泛。其生殖器官的结构在 1.2 亿年间几乎没有变化，现存银杏仍保留了具有吸器的雄配子体和游动的精子，类似苏铁类植物。

银杏是著名的孑遗植物，为我国特产。银杏树形优美，春夏季叶色嫩绿，秋季变成黄色，颇为美观，可作庭院树及行道树。银杏是速生珍贵的用材树种，优良木材，供建筑、家具、室内装饰、雕刻、绘图板等用。种子供食用（多食易中毒）及药用。叶可作药用和制杀虫剂，亦可作肥料。种子的肉质外种皮含白果酸、白果醇及白果酚，有毒。树皮含单宁。

6.2.3 松柏类（球果类）

松柏类，也称为松柏纲（Coniferopsida），是一个古老的陆地植物类群，古生代末期成为陆地植物的优势类群。虽然现在大部分松柏类植物被被子植物替代，但是全球的针叶林仍然由松柏类植物构成。

松柏类茎多分枝，常有长短枝之分；茎的髓部小，次生木质部发达，由管胞组成，无导管，具树脂道（resin duct）。叶单生或成束，针形、钻形、刺形或鳞形，稀为条形或披针形，以具针叶的植物为多，故也称为针叶树（conifer）或针叶植物。松柏类植物因叶子可生存多年，冬季不落叶，常被称为“常绿植物”。由于其木材全部由管胞分子构成，相比被子植物树木的木材更软而均匀，因此其又被称为“软木植物”。

该类群全部为单性，同株或异株。小孢子叶球单生或组成花序，由多数小孢子叶组成，每个小孢子叶通常具 2～9 个小孢子囊，精子无鞭毛。大孢子叶球由三至多数珠鳞组成，胚珠生于珠鳞的近轴面，或 1～2 枚胚珠生于盘状或漏斗状的珠托上，或由囊状或杯状的套被所包围。大孢子叶球成熟时形成球果或种子核果状，球果保护了胚珠和种子，也有利于其传粉和扩散。胚具子叶 2～18 枚，胚乳丰富。

松柏类有 7 科 60～65 属 600 多种。我国有 6 科 23 属约 150 种。

1．松科（Pinaceae）

常绿或落叶乔木，稀为灌木。仅长枝，或兼有长、短枝。叶条形或针形，基部不下延生长；条形叶扁平，稀呈四棱形；针形叶 2～5 针（稀 1 针或多至 81 针）成一束，着生于极度退化的短枝顶端，基部包有叶鞘。雌雄同株；球花单性；雄球花腋生或单生枝顶，或多数集生于短枝顶端；雌球花球果直立或下垂；种鳞宿存或成熟后脱落；苞鳞与种鳞离生（仅基部合生）；种鳞的腹面基部有 2 粒种子。种子常上端具一膜质翅。花粉粒 2 个气囊或无气囊。染色体 $2n=24$，44。

松科有 11 属 225 种，北半球广布。我国有 11 属 102 种，其中引种栽培 24 种，全国各地广布。本科也是松柏类植物中种类最多，最具经济价值的一科，且很多是特有属和孑遗植物。

代表植物：松属（*Pinus*），常绿乔木，叶针形，通常2、3、5针一束，生于短枝的顶端，基部有叶鞘包被。球果翌年成熟，种鳞宿存。100多种，我国约有20种，分布于全国各地。油松（*Pinus tabulaeformis* Carr.）（图6-9），小枝无毛，微被白粉，针叶2针一束，叶鞘宿存，球果种鳞的鳞盾肥厚，鳞脐突起具尖刺，主产于华北。马尾松（*P. massoniana* Lamb.），针叶2针一束，细长柔软，鳞脐微凹无刺，产于中部及长江以南各地。华山松（*P. armandi* Franch.），小枝无毛，针叶5针一束，稀6～7针一束。为我国特有种，分布于山西、陕西等地。白皮松（*P. bungeana* Zucc. ex Endl.），幼树树皮光滑，灰绿色，老树皮呈不规则的薄片块状脱落，小枝无毛，针叶3针一束，叶鞘早落，为我国特有树种，分布于山西、河南、陕西、甘肃、四川及内蒙古等地。

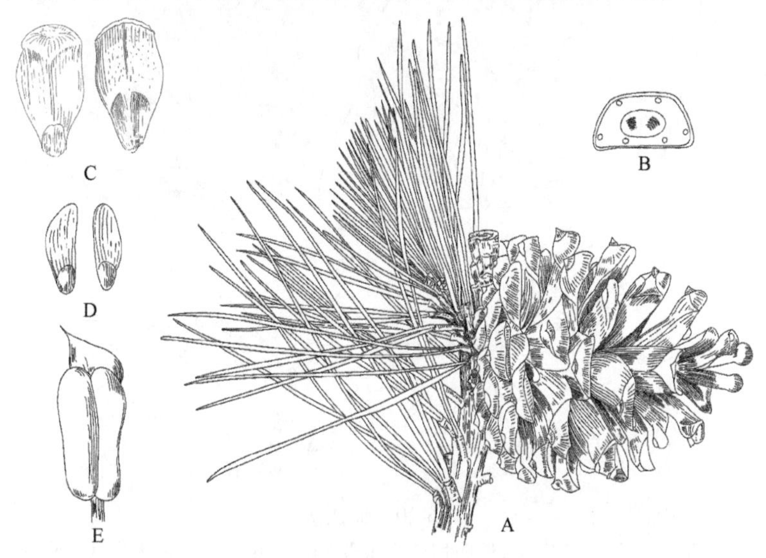

图6-9 油松

A. 球果枝；B. 叶横切；C. 种鳞背、腹面观；D. 种子；E. 小孢子叶

著名的植物还有银杉（*Cathaya argyrophylla* Chun et Kuang），是活化石植物，常绿乔木，特产于我国广西龙胜和四川南部，为我国的一级保护植物。金钱松［*Pseudolarix amabilis*（Nelson）Rehd.］（图6-10），落叶乔木，产于我国中部和东南部地区，叶入秋后变为金黄色，为美丽的庭园观赏树种。太白红杉（*Larix chinensis* Beissn.），落叶乔木，雌球花和幼果淡紫色，特产于秦岭太白山等海拔2600～3500m地带，是秦岭地区分布海拔最高的乔木。雪松［*Cedrus deodara*（Roxb.）G. Don］，常绿乔木，材质坚硬，具香气，我国广泛栽培，为世界三大庭院树种之一。

重要特征：常绿乔木。叶针形或条形，在长枝上螺旋状排列，短枝上簇生。雄蕊具2个花药室，花粉有气囊。珠鳞和苞鳞分离，种鳞具2粒种子，种子常具单翅。

2．柏科（Cupressaceae）

柏科多为乔木，稀灌木，常绿或落叶。树皮常为红棕色，脱落时为竖条形。叶螺旋

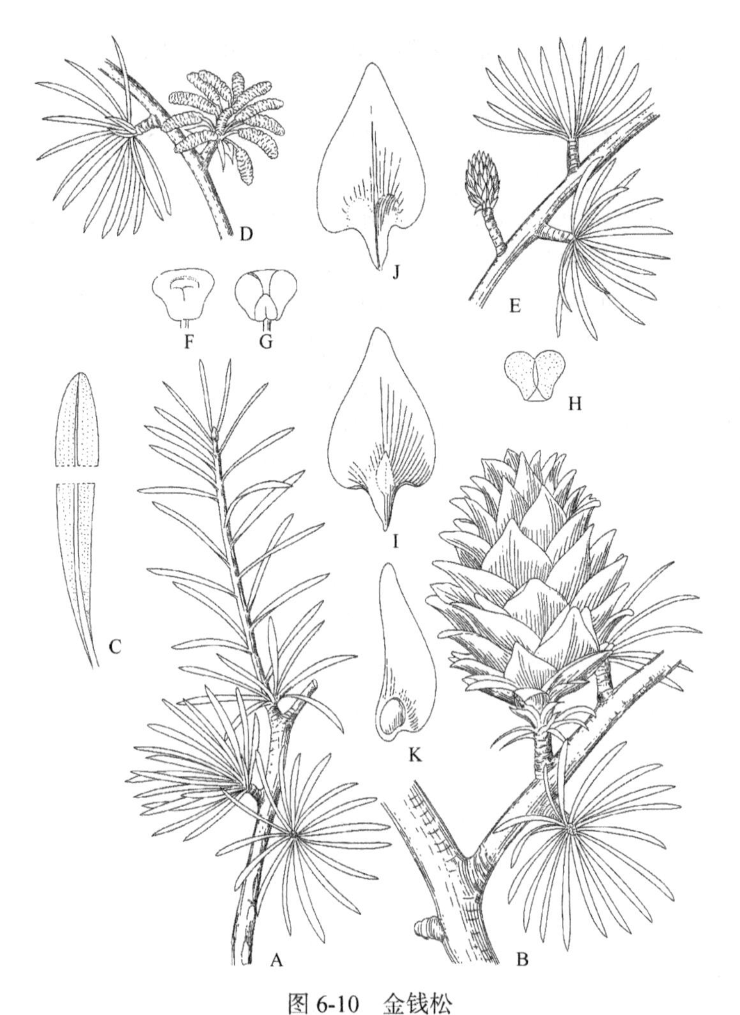

图 6-10 金钱松

A. 分枝的一段，示长枝上螺旋状排列的叶及短枝上簇生的叶；B. 短枝上的球果；C. 叶的背面；D. 雄球花；E. 雌球花；F～H. 雄蕊；I. 种鳞的背面及苞鳞；J. 种鳞的腹面；K. 种子

状排列。雌雄同株，稀异株；球花的小孢子叶及具胚珠的种鳞复合体螺旋状着生或交互对生，偶三个轮生；雄球花的小孢子叶具 2～6 个小孢子囊；雌球花种鳞常具有一至多枚胚珠，苞鳞和种鳞结合；雌球果卵形或圆球形；果实干燥开裂，或为浆果；种鳞木质扁平或盾形，可育种鳞具一至多粒种子。花粉粒无气囊。

柏科有 30 属 130 种，世界广布。我国产 17 属 49 种，广泛分布。

传统分类学中，依据叶的差异，将该科分为狭义的柏科和杉科（Taxodiaceae）。分子系统学和细胞学等多项证据表明，除金松属（*Sciadopitys*）独立成科外，将杉科与柏科合并构成广义的柏科（Cupressaceae）。

代表植物：杉木属（*Cunninghamia*），常绿乔木，叶条状披针形或条状披针形，螺旋状着生。基部下延，边缘有细锯齿，上下两面均具气孔线。雌雄同株；雄球花多数簇生枝顶；雌球果单生或 2～3 枚簇生枝顶，种鳞复合体螺旋状排列；苞鳞革质；种鳞小，着生于苞鳞的腹面中下部与苞鳞合生，上部分离，3 裂，种鳞腹面着生 3 粒种子。种子

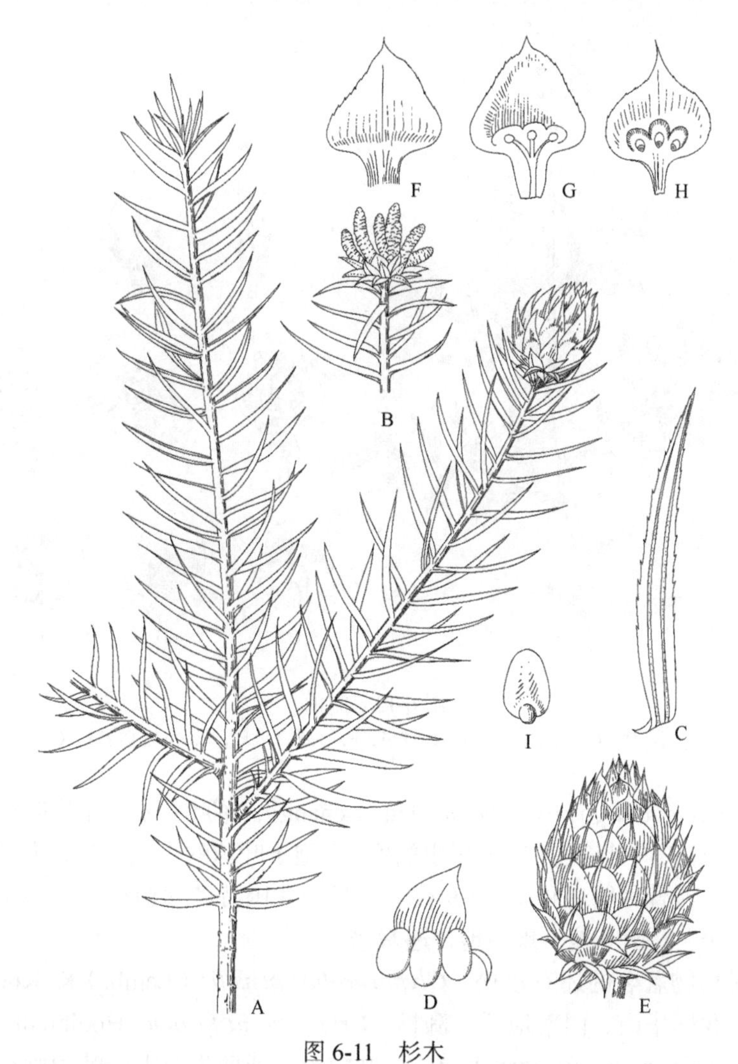

图 6-11 杉木

A. 分枝的一部分，示叶和雌球花；B. 分枝的一部分，示叶和雄球花；C. 叶；D. 雄蕊；
E. 球果；F. 苞鳞背面；G. 苞鳞的腹面及种鳞；H. 苞鳞的腹面、种鳞和胚珠；I. 种子

两侧具翅。杉木［*C. lanceolata*（Lambert）W. J. Hooker］（图 6-11），重要用材树种，可供建筑、桥梁、造船、枕木、电杆、板材、家具及木纤维原料等用材，树皮可提栲胶。其生长速度快，是我国长江以南重要的造林树种，也是春秋至汉朝的很多古墓中的棺木原材料。

侧柏属（*Platycladus*），常绿乔木。生鳞叶的小枝直展或斜展，排成一平面，扁平，两面同型。叶鳞形，二型，交叉对生，排成 4 列，背面具腺点。雌雄同株；球花单生于小枝顶端；雄球花具 6 对交叉对生的小孢子叶，小孢子囊 2～4 个；雌球花具 4 对交叉对生的珠鳞，仅中间 2 对珠鳞各生 1～2 枚直立胚珠；球果当年成熟，成熟时开裂；种鳞 4 对，种子无翅。侧柏［*P. orientalis*（Linnaeus）Franco］（图 6-12），可供建筑、器具等用材和作庭园树种，种子与生鳞叶的小枝可入药。

图 6-12 侧柏

A. 球果枝；B. 鳞叶枝；C. 种子；D. 开裂的球果；E. 大孢子叶球；F. 小孢子叶球；G～I. 小孢子叶

水杉（*Metasequoia glyptostroboides* Hu et cheng），落叶乔木，条形叶交互对生，基部扭转排成 2 列，冬季与侧生小枝一同脱落。小孢子叶球的小孢子叶和大孢子叶球的珠鳞均交互对生，能育种鳞有种子 5～9 枚。水杉为我国特产的稀有珍贵的孑遗植物，分布于四川、湖北、湖南等地，现各地普遍栽培。

我国杉科植物著名的还有水松［*Glyptostrobus pensilis*（Lamb.）K. Koch］，为孑遗植物，分布于我国华南、西南地区。柳杉（*Cryptomeria fortunei* Hooibrenk），也是我国特有种。柏木（*Cupressus funebris* Endl.），叶鳞形，或萌生枝上的叶为刺形，我国特有树种，分布于华东、中南、西南、西北等地区。圆柏［*Juniperus chinensis*］，叶兼有鳞形和刺形，球果成熟时种鳞愈合，肉质浆果状，分布于我国华北、东北、西南及西北等地区，常用来装饰庭园。刺柏（*Juniperus formosana* Hayata），叶全为刺形，3 叶轮生，我国特产，可供庭园栽培。

重要特征：常绿或落叶。叶螺旋状排列。雌雄同株；球花的小孢子叶及具胚珠的种鳞复合体螺旋状着生或交互对生，偶 3 个轮生；雌球花种鳞常具有一至多枚胚珠，苞鳞和种鳞结合。

3．红豆杉科（Taxaceae）

常绿乔木或灌木。木材无树脂道。单叶，宿存多年，条形或披针形，螺旋状排列或交叉对生，常扭转呈 2 列，下面沿中脉两侧各有 1 条气孔带。球花单性，雌雄异株，稀同株；雄球花具 6～14 枚小孢子叶；每个小孢子叶具 2～9 个小孢子囊，围绕小孢子叶辐射排列或仅分布于远轴面；胚珠单生，无球果。种子核果状，具坚硬的外被，与肉质、色彩鲜艳的假种皮合生；胚乳丰富；子叶2枚。花粉粒无气囊。

该科有6属28种，主要分布于北温带，从欧亚大陆到亚洲马来西亚、北非、南太平洋法属新喀里多尼亚、北美洲均有分布。我国有5属21种，除新疆、宁夏和青海外，各地均产。

传统的分类系统中，红豆杉科和三尖杉科（Cephalotaxaceae）被处理为独立的科。分子系统学研究表明，广义的红豆杉科包括穗花杉属（*Amentotaxus*）、南紫杉属（*Austrotaxus*）、三尖杉属（*Cephalotaxus*）、白豆杉属（*Pseudotaxus*）、红豆杉属（*Taxus*）和榧树属（*Torreya*）单系类群，并得到了形态学证据的支持。

代表植物：红豆杉属（*Taxus*），叶条形，螺旋状着生，基部扭转排成2列，上面中脉隆起，下面有2条气孔。雌雄异株；球花单生叶腋；雄球孢子圆球形，具梗，基部具覆瓦状排列的苞片；雌球花几无梗，基部具多数覆瓦状排列的苞片，胚珠直立，基部托以圆盘状的珠托，受精后珠托发育成肉质、杯状、红色的假种皮。种子坚果状，当年成熟，生于杯状、肉质的假种皮内；子叶2枚。该属植物是重要的观赏及优良的木材植物；其茎和种子中含有紫杉醇，紫杉醇因具抗细胞分裂活性而成为一种抗肿瘤化学治疗药物。红豆杉（*T. wallichiana* var. *chinensis*）（图6-13）是我国特有树种。

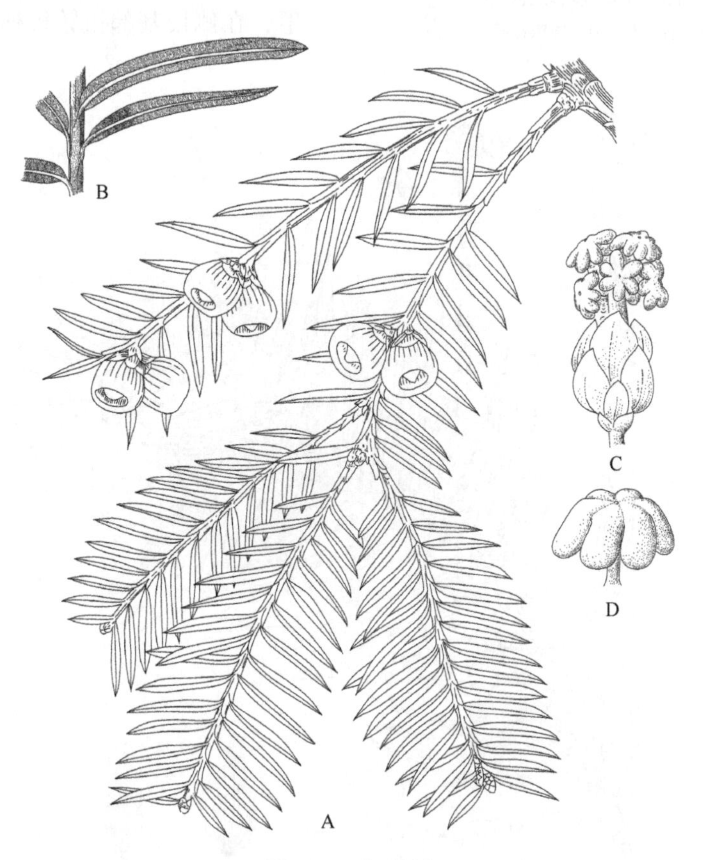

图6-13　红豆杉

A. 种子枝；B. 叶远轴面；C. 花粉释放时的雄球花；D. 小孢子叶

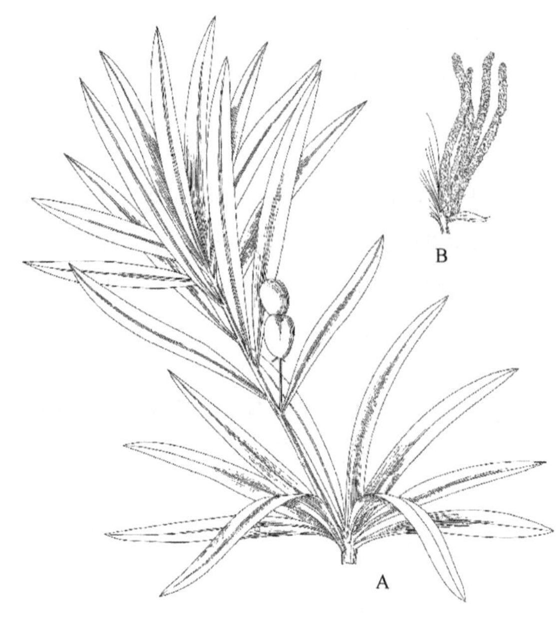

图 6-14　罗汉松
A. 种子枝；B. 雄球花枝

罗汉松［*Podocarpus macrophyllus* (Thunb.) D. Don］(图 6-14)，叶条状披针形，中脉显著隆起。孢子叶球单性异株。小孢子叶球穗状，小孢子叶具 2 个小孢子囊，小孢子具气囊；大孢子叶球单生，基部有数枚苞片，通常在最上部的苞腋内生有 1 枚胚珠，外包由珠鳞发育成的套被 (epimatium)。种子卵圆形，成熟时紫色，颇似一秃顶的头，而其下的肉质种托膨大成紫红色，仿佛罗汉袈裟，故名罗汉松，为园林绿化和观赏树种。

三尖杉 (*Cephalotaxus fortunei* Hook. f.) (图 6-15)，叶线状披针形，叶长且先端渐尖成长剑头，交互对生或近对生，在侧枝基部扭转排列在两侧。雌雄

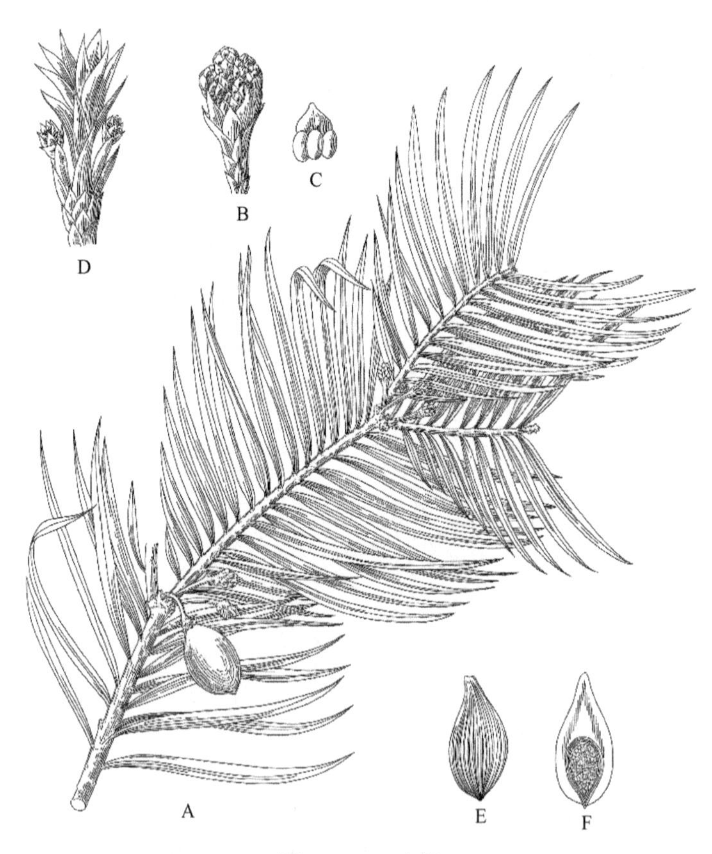

图 6-15　三尖杉
A. 种子枝；B. 雄球花序；C. 雄蕊；D. 幼枝和雌球花序；E. 种子；F. 种子纵切面

异株，小孢子叶球聚生成头状，有明显的总梗，长6～8mm。小孢子叶6～16枚，各具3个小孢子囊，小孢子无气囊，大孢子叶球生于小枝基部苞片的腋部，每个苞片的腋部有两枚直立的胚珠，胚珠生于囊状的珠托上。种子核果状，全部包于由珠托发育成的肉质假种皮中。木材富弹性，可供建筑、桥梁、家具等用材。叶、枝、种子可提取三尖杉酯碱等多种植物碱，供制药物。种子也可榨油，供制漆、肥皂、润滑油等用。

红豆杉科种子单生，不与珠鳞相连，在球果类中是非常独特的。其球果被认为是在演化中丢失了，具假种皮的单生种子是衍生的特征。

6.2.4 买麻藤类

买麻藤类常为灌木、亚灌木或木质藤本，稀乔木。茎次生木质部有导管，无树脂道。叶对生或轮生，鳞片状或阔叶。孢子叶球单性，有类似于花被的盖被，也称假花被，盖被膜质、革质或肉质。胚珠1枚，具1～2层珠被，上端（2层者仅内珠被）延长成珠孔管（micropylar tube）。精子无鞭毛，除麻黄目外，雌配子体无颈卵器。种子包于由盖被发育的假种皮中，子叶2枚，胚乳丰富。

该类群有3科3属约80种。我国有2科2属19种，几乎遍布全国。买麻藤类植物茎内次生木质部具导管，孢子叶球具盖被，胚珠包于盖被内，类似花的结构，许多种类有多核胚囊而无颈卵器，存在双受精现象，曾经被认为与被子植物的亲缘关系更近，但分子系统学的证据支持将该类群置于球果类植物中。

麻黄科（Ephedraceae）为小乔木、灌木、亚灌木、藤本或草本。二歧分枝，具节和节间，节部常膨大；小枝节间具细纵条纹。叶交互对生或轮生，条形，离生至基部合生为鞘状，具2条平行脉。雌雄异株，稀同株；雄球花生枝顶或具短梗至无梗，在节上对生或簇生，具多对（轮）苞片；雌性生殖单位单生或组成复轴型雌球花，生枝顶或具短梗至无梗而生于节；复轴型的雌球果2或3基数，一至多轮。种子具1层外盖被和1层珠被，珠被先端延伸形成珠孔管。花粉粒无萌发孔，具5～18条纵肋（图6-16）。

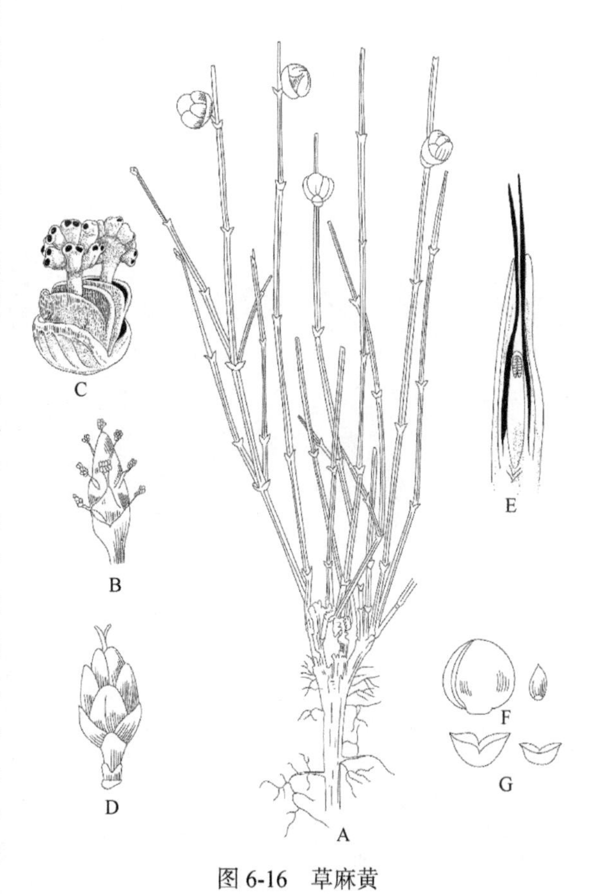

图6-16 草麻黄

A. 具大孢子叶球的植株；B. 雄球花；C. 小孢子囊；D. 雌球花；E. 胚珠纵切；F. 种子；G. 苞片

本科仅麻黄属（*Ephedra*）1 属 55 种，分布于欧洲、非洲北部、温带亚洲、北美洲和南美洲。我国产 16 种，分布于西北、华北和西南地区。

代表植物：草麻黄（*E. sinica* Stapf）（图 6-16）和木贼麻黄（*E. equisetina* Bunge）。二者的主要区别在于前者无直立的木质茎，草本状，具 2 枚种子；后者植株具有直立的木质茎，灌木状，常具 1 枚种子。麻黄属中的多数种类含有生物碱，主产于西北地区，为重要的药用植物，可提取麻黄素，入药有发汗、平喘、利尿的功效。

第7章 被子植物概述及其繁殖

被子植物具有真正的花，并出现果实和双受精现象，称为有花植物（flowering plant）。花器官的产生进一步提高了被子植物的适应性和繁殖效率，使它们成为目前地球上最繁盛的类群，植物体结构也最为复杂。与裸子植物相比，被子植物的体型和习性具有明显的多样性，它们可能是乔木、灌木或者草本，也可能是木质或草质藤本；可能是常绿的，也可能是落叶的；可能是多年生的，也可能是一年生或二年生的。

7.1 被子植物概述

被子植物的花通常由花柄、花托、花被（花萼、花冠）、雄蕊群和雌蕊群等部分组成。花被的出现，一方面加强了保护作用，另一方面增强了传粉效率，以达到异花传粉的目的。雄蕊由花丝和花药两部分组成。雌蕊由子房、花柱、柱头三部分组成，组成雌蕊的单位称为心皮。原始的类群，雌蕊由单心皮组成，花柱和柱头的分化并不明显，心皮腹缝线缝合的上部形成柱头面，但绝大多数被子植物的心皮已经完全闭合，胚珠包裹在子房内。与裸子植物的套被、盖被不同的是，被子植物雌蕊形成了子房、花柱、柱头（图7-1）。买麻藤纲的珠被管是由外珠被延伸而成的，是胚珠的一部分，而花柱、柱头是由心皮组成的雌蕊的一部分，来源是不同的。被子植物的花粉粒是在柱头上萌发的，而裸子植物的花粉粒是在胚珠上萌发的。

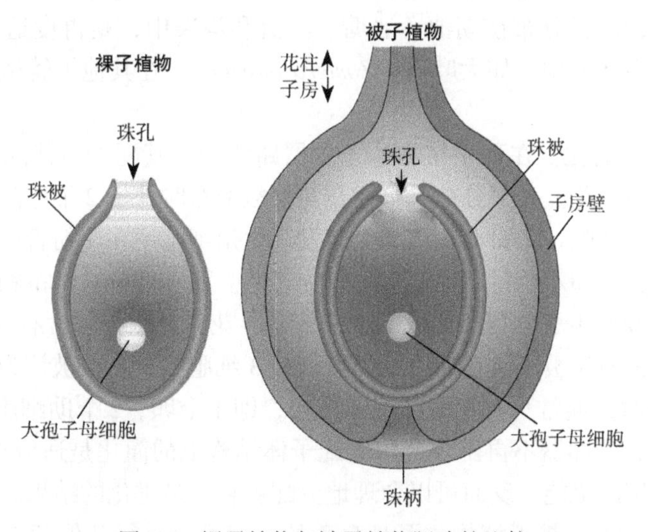

图7-1　裸子植物与被子植物胚珠的比较

被子植物具有果实。被子植物开花后，经传粉受精，胚珠发育成种子，子房也跟着长大，发育成果实，有时花萼、花托甚至花序轴也一起发育成果实。只有被子植物才具有真正的果实。果实出现具有双重意义：在种子成熟前起保护作用；种子成熟后，则以各种方式帮助种子散布，或是继续对种子加以保护。

被子植物具有双受精作用。双受精作用最显著的结果是产生了经过受精的三倍体的胚乳，这和裸子植物的胚乳（单倍体的未经受精的雌配子体发育形成）是完全不同的。被子植物的胚是在新型的胚乳供给营养的条件下萌发的，这无疑对增强新植物体生命力和适应环境的能力都具有重要意义。双受精作用是在被子植物中才出现的，买麻藤植物的两个精子均与雌核结合，并不是双受精。最重要的是，被子植物的胚乳只有受精后才能发育形成，符合经济原则，和裸子植物预先由大孢子经过大量游离核分裂形成的胚乳形成鲜明的对照，所以裸子植物中发现无胚的“种子”实际上是胚珠未经受精的结果。被子植物的双受精是推动其种类的繁衍，并最终取代裸子植物的真正原因。

被子植物孢子体高度发展和分化。在形态结构上，被子植物组织分化细致，生理机能效率高。组织分工细，如输导组织的木质部中，一般都具有导管、薄壁组织和纤维，导管和纤维都是由管胞演化而来，这种机能上的分工需要促进了专司输导水分的导管和专司支持作用的纤维等的产生。在裸子植物中，管胞兼具水分输导与支持的功能。韧皮部有筛管和伴胞，输导组织的完善使体内物质运输效率大大提高。被子植物可以支持和适应总面积更大的叶，增强了光合作用的能力，并在这个基础上产生大量的花、果实、种子来繁荣它们的种族。被子植物的体态与裸子植物相比具有很明显的多样性。木本植物，包括乔木、灌木、藤本是多年生的，有常绿，也有落叶的；草本植物有一年生或二年生的，也有多年生的。体型小的如无根草（*Cassytha filiformis*），植物体无根也无叶，呈卵球形，长仅 1～2mm，是世界上最小的被子植物，但它的体内仍然具有维管束，而且能够开花、结果，形成种子；体型大的如杏仁桉（*Eucalyptus amygdalina*），高 150 余米。被子植物适应性强，可以生活于各种不同的环境中。它们主要是陆生的，在平原、高山、沙漠、盐碱地等都可以生长。也有不少种类是水生的，常见的如金鱼藻属（*Ceratophyllum*），广泛分布在湖泊、池塘、河流和沟渠中，是再度适应水生生活的种类，少数种类生活在海中，如大叶藻（*Zostera marina*），在其他维管植物中还没有发现生活在海水中的。

配子体进一步简化。在种子植物这条发展路线中，其配子体伴随着孢子体的不断发展和分化而趋向简化。大部分被子植物在花粉粒散布时处于 2 细胞阶段，即含 1 个营养细胞和 1 个生殖细胞，花粉粒在柱头上萌发，生殖细胞便在花粉管中分裂形成 2 个精子，这在多心皮类群如木兰目、毛茛目中较为普遍。而一部分被子植物，在花粉粒散布前，生殖细胞已经发生了分裂，形成了 2 个精子，花粉粒散布时含有 3 个细胞。2 细胞型花粉粒被认为是属于被子植物的原始类型，而 3 细胞型花粉粒被认为是衍生类型。雌配子体发育成熟时，通常只有 7 个细胞 8 个核，即 1 个卵、2 个助细胞、1 个中央细胞和 3 个反足细胞，颈卵器不再出现，雌雄配子体结构上的简化是适应寄生生活的象征，丝毫未减弱其生殖的机能，反而可以合理地分配养料，是进化的结果。

在营养方式方面，被子植物主要是自养的。但是也有行其他营养方式的，常见的有寄生，如菟丝子属（*Cuscuta*）和列当属（*Orobanche*）；或半寄生的，如桑寄生属（*Loranthus*）和槲寄生属（*Viscum*）等。捕虫植物除有正常的光合作用外，还利用特化的结构捕捉各种小昆虫并进行消化，吸收有机质作为它们补充的养料，如猪笼草属（*Nepenthes*）、茅膏菜属（*Drosera*）等；有的被子植物是腐生的，如列当（*Orobanche coerulescens*）等。还有的被子植物与细菌或真菌形成共生关系，如豆科和兰科植物等。

传粉方式的多样化，是促成被子植物种类多样性的一个重要原因。和裸子植物主要由风媒传粉不同，被子植物具有多种传粉方式，包括风媒、虫媒、鸟媒、兽媒和水媒等。为了吸引动物传粉者，被子植物发展出了艳丽的花朵、强烈的气味（芬芳的或者是不愉快的）、蜜腺和花盘等，动物在花间寻找和获取花蜜时，会无意间将沾到体上的花粉从一朵花带到另一朵花的柱头上，帮助了植物的繁殖。动物传粉者与植物之间，在它们传粉的时候演化出许多专性的亲缘关系。例如，无花果属（*Ficus*）的隐头花序，其中有不育的雌花——瘿花，花柱短，柱头略呈喇叭状，瘿蜂由隐头花序的口部通过总苞，进入内部，寻找瘿花产卵，这样便把位于上部的雄花花粉带到位于底部的雌花或其花序上，作了传粉使者。风媒传粉的花多数，小而不起眼，产生大量的花粉，包括许多单子叶植物，如禾本科、莎草科等，以及双子叶植物，如具柔荑花序的类群。水媒传粉，如苦草属（*Vallisneria*）和黑藻草属（*Hydrilla*），可能存在，但也只是半水媒、半风媒的，它们的雌花有长花柄，伸出水面开花；雄花则生于水底，成熟时脱离母体升至水面，花被仍不张开，使雄花浮在水面，随水流动或被风吹动，接触到雌花，即行传粉。

被子植物具有上述特征，表明它比其他各类群的植物所拥有的器官和功能要完善得多，代表了植物界最高的演化水平，它的内部结构与外部形态高度地适应地球上极悬殊的气候环境，因而中生代的中期以来，被子植物便逐步发展，无论在种数和构成植被的重要性方面，都超过了裸子植物和蕨类植物，成为植物界最繁盛和最庞大的类群。

7.2　被子植物的繁殖

被子植物的繁殖包括三种类型：营养繁殖（vegetative reproduction）、无性生殖（asexual reproduction）和有性生殖（sexual reproduction）。被子植物的营养繁殖非常普遍。多数被子植物的营养繁殖能力很强，植株上的营养器官或脱离母体的营养器官具有再生能力，能生出不定根、不定芽，发育成新的植株，还有些植物的块根、块茎、鳞茎及根状茎有很强的营养繁殖能力，所产生的新植株在母体周围繁衍，形成大群的植物个体。无性生殖在被子植物中主要以无配子生殖（apogamy）方式进行，即没有受精过程而产生种子的生殖。有些物种中，虽然没有发生受精过程，但种子的形成需要授粉。它们的胚是由减数分裂异常的雌配子发育形成，如二倍体卵细胞发育成胚的孤雌生殖（parthenogenesis），或者由周围组织如珠心组织、珠被组织发育形成不定胚（adventitious embryo）。被子植物的有性生殖，是在花的结构里集中体现的。被子植物营养生长至一定阶段，在光照、温度因素达到一定要求时，就能转入生殖生长阶段，一部分或全部茎的顶端分生组织不再形成叶原基和芽原基，转而形成花原基或花序原基。这时的芽就称为花芽，花芽形成花的各个部分，在花的生长发育过程中产生大、小孢子，并分别发育形成雌、雄配子体，产生雌、雄配子，经有性生殖过程，产生果实与种子，被子植物的有性与无性过程均发生在花中。从营养生长转为生殖生长是植物个体发育中的重大转变，包含着一系列复杂的生理生化变化。

7.2.1 花与花序

1. 花的结构

花是被子植物的主要繁殖器官，一朵完整的花可以分成5个部分：花柄（花梗）（pedicel）、花托（receptacle）、花被（perianth）、雄蕊群（androecium）和雌蕊群（gynoecium）（图 7-2）。

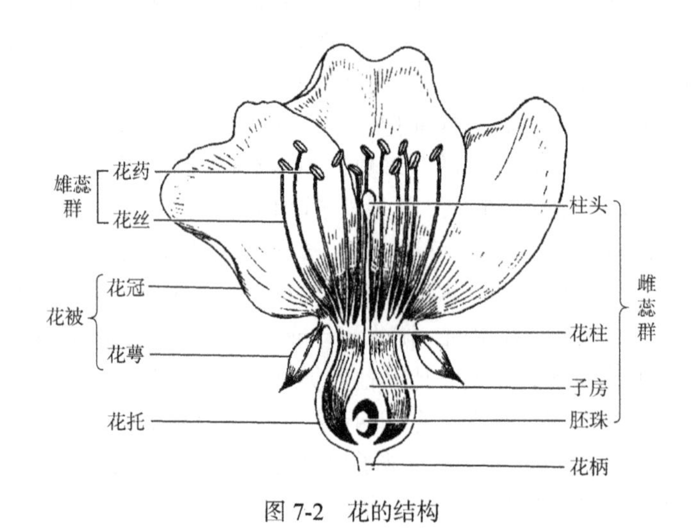

图 7-2 花的结构

1）花柄 花柄也称花梗，是着生花的小枝，也是花与茎联系的桥梁。花柄的长短因植物种类而异，有的甚至没有花柄。

2）花托 花托是花柄的顶端部分，是花被、雄蕊群、雌蕊群着生的位置。不同植物花托的形态变化很大。玉兰（*Magnolia denudata*）的花托为柱状，花的各部分螺旋排列其上。某些种类中花托凹陷呈杯状甚至呈筒状。在多数种类中，花托略膨大（图 7-3）。

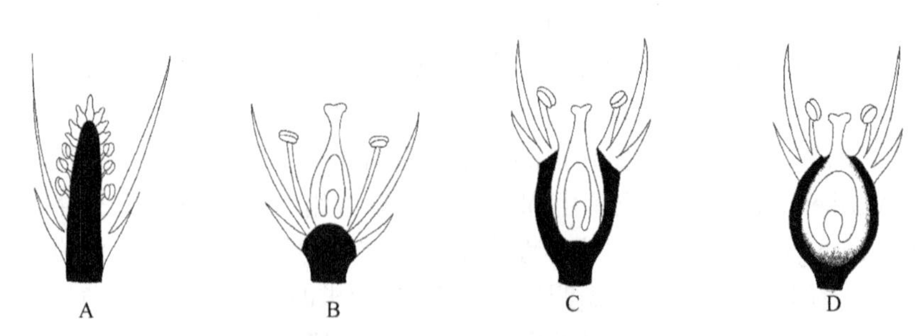

图 7-3 花托的形状（黑色部分）

A. 柱状；B. 圆顶状；C. 杯状；D. 杯状花托与子房愈合

3）花被 花被是着生于花托边缘或外围的扁平状瓣片。花被因其形态和作用的不同，分为内外两轮，外轮称为花萼（calyx），内轮称为花冠（corolla）。

花萼由若干萼片（sepal）组成，一般为绿色叶状，花萼通常一轮，少数二轮，若为二轮，外轮称为副萼（epicalyx）。组成花萼的萼片可能是各自分离的，也可能部分或全部合生在一起。开花后，花萼通常脱落，但有些植物花萼宿存，如茄科植物。此外，有些植物的花萼大且色泽鲜艳，或变成冠毛等其他结构，以利于传粉或散布果实。

花冠位于花萼的上方或内侧，由花瓣（petal）组成，一轮或多轮。花瓣细胞内往往含有花青素或有色体而使花瓣呈现出多种颜色；花瓣中还常具有分泌组织，分泌蜜汁或挥发油类，有利于吸引昆虫进行传粉。组成花冠的花瓣亦有联合和分离之分，由于花瓣的形态和排列方式多种多样，因而形成了不同形态的花冠，如十字形、蝶形、漏斗状、钟状、筒状或舌状花冠等（图 7-4）。

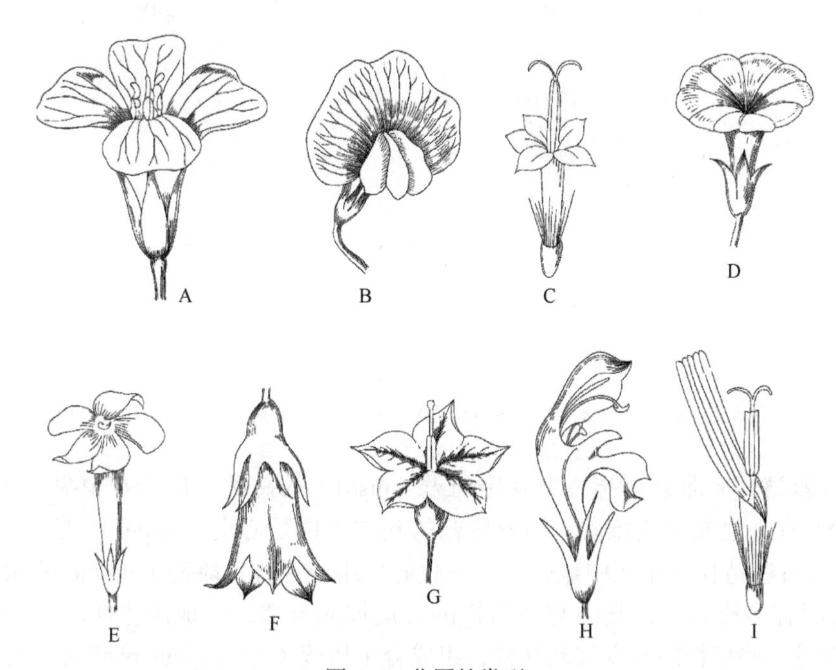

图 7-4 花冠的类型

A. 十字形；B. 蝶形；C. 管状；D. 漏斗状；E. 高脚碟状；F. 钟状；G. 辐状；H. 唇形；I. 舌状

4）雄蕊群 雄蕊群是一朵花中雄蕊（stamen）的总称，由多数或一定数目的雄蕊组成。多数植物的雄蕊可分化成花药（anther）与花丝（filament）两部分，花丝上着生花药，花药在花丝上着生的方式可有多种。花药即花粉囊，其内产生花粉，花药相当于裸子植物的小孢子囊，花粉成熟时花药开裂，花粉散出。不同植物花药开裂方式也有所不同。

雄蕊也有分离与联合的变化，有的植物花丝有不同程度的联合，形成单体雄蕊（monadelphous）、二体雄蕊（diadelphous stamen）或多体雄蕊（polyadelphous stamen）；有些植物花药联合而花丝分离形成聚药雄蕊（synantherous stamen）。一般情况下，一朵花雄蕊的长短相等，但也有的同一花中雄蕊长短不等，如十字花科植物的雄蕊共 6 枚，其中外轮 2 枚较短，内轮 4 枚较长，称为四强雄蕊（tetradynamous stamen）；唇形科、玄参科植物的花中，具 4 枚雄蕊，2 枚较长，2 枚较短，称为二强雄蕊（didynamous stamen）（图 7-5）。

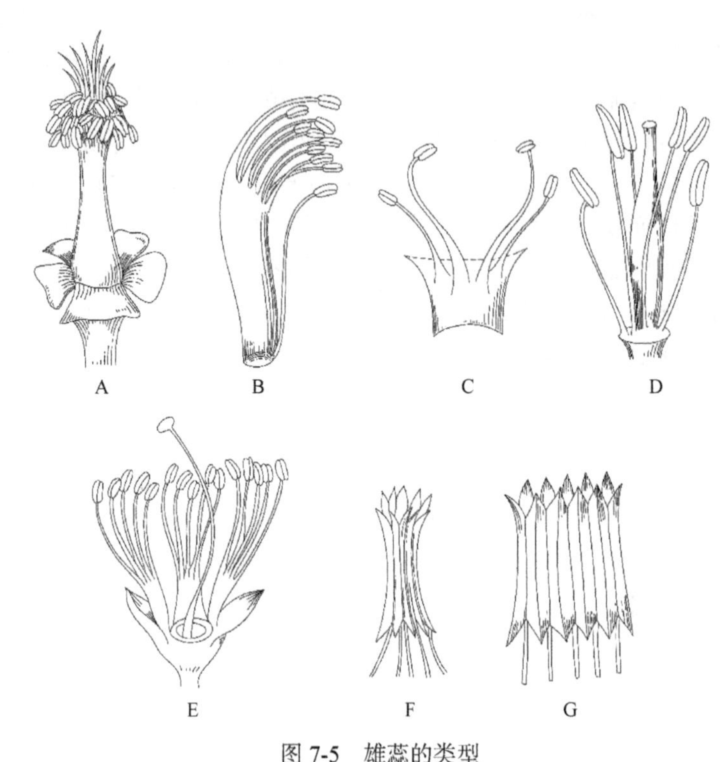

图 7-5 雄蕊的类型

A. 单体雄蕊；B. 二体雄蕊；C. 二强雄蕊；D. 四强雄蕊；E. 多体雄蕊；F、G. 聚药雄蕊

5）雌蕊群 雌蕊群指一朵花中雌蕊（pistil）的总称，位于花中央或顶部。一朵花中，可有一枚或多枚雌蕊。构成雌蕊的基本单位是心皮（carpel），是具生殖作用的变态叶。有些植物一朵花中雌蕊仅由一枚心皮组成，称单雌蕊（simple pistil）；多数植物的雌蕊有多枚心皮，其中有些植物的心皮彼此分离，形成离生雌蕊（apocarpous pistil），而另一些植物的心皮彼此联合，组成合生雌蕊（syncarpous pistil），也称复雌蕊（compound pistil）。合生雌蕊心皮的联合程度不同。在离生雌蕊中，每一心皮两侧的边缘愈合，而在合生雌蕊中，不同心皮的两侧边缘愈合。心皮边缘愈合之处的缝线称为腹缝线，心皮中肋处称为背缝线（图 7-6）。

雌蕊一般可分为柱头（stigma）、花柱（style）和子房（ovary）三部分。柱头位于雌蕊的顶端，多有一定程度的膨大或扩展，是接受花粉的部位。柱头表皮细胞呈乳突状、毛状或其他形状，柱头有湿型和干型两类。湿型柱头在传粉时表面有柱头分泌液，含有水分、糖类、脂类、酚类、激素和酶等，可黏附花粉，并为花粉萌发提供水分和其他物质，如棉属（*Gossypium*）、烟草（*Nicotiana tabacum*）等植物的柱头。干型柱头表面无分泌液，其表面亲水的蛋白质表膜能从膜下的角质层的不连续处吸取水分，如小麦（*Triticum aestivum*）、水稻（*Oryza sativa*）等植物的柱头。花柱是连接柱头与子房的部分，也是花粉管进入子房的通道，花柱多细长，偶有短而不明显的，

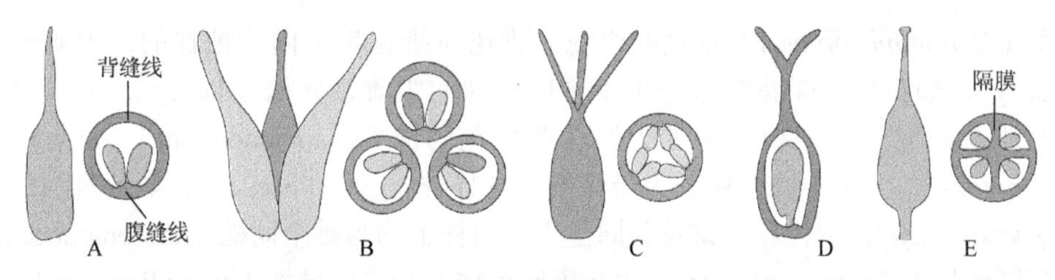

图 7-6　雌蕊的类型

A．单心皮雌蕊；B．3 心皮离生雌蕊；C．3 心皮复雌蕊，1 室；D．2 心皮复雌蕊，1 室（纵切）；E．4 心皮复雌蕊，4 室

花柱中央可为中空的花柱道，也可为特殊引导组织（transmitting tissue）或薄壁细胞填充。子房是雌蕊基部膨大的部分，着生于花托上，由子房壁（ovary wall）、胎座（placenta）和胚珠（ovule）三部分组成，这是雌蕊最主要的部分，它的形态和大小因植物种类而异。子房内中空部分称子房室，不同植物子房室的数目有所不同，离生雌蕊的子房仅一室（locule），合生雌蕊的子房可有一室或多室。每个心皮有一条较粗的中央维管束沿心皮背缝线（dorsal suture）分布，另有两条侧生维管束分布在心皮的边缘，即腹缝线（ventral suture）处；子房中的胚珠通过胎座着生在腹缝线上。胎座是子房中着生胚珠的肉质突起。胎座因心皮的数目和心皮连接的方式而有不同类型。离生雌蕊中子房的胎座是边缘胎座（marginal placenta）（图 7-7）；合生雌蕊类型中，多室子房的是中轴胎座（axile placenta）；心皮边缘愈合形成 1 室子房的为侧膜胎座（parietal placenta）；多室子房纵隔消失，胚珠生于中央轴上的是特立中央胎座（free-central placenta）（图 7-7）；此外还有顶生胎座（apical placenta）与基底胎座（basal placenta）。

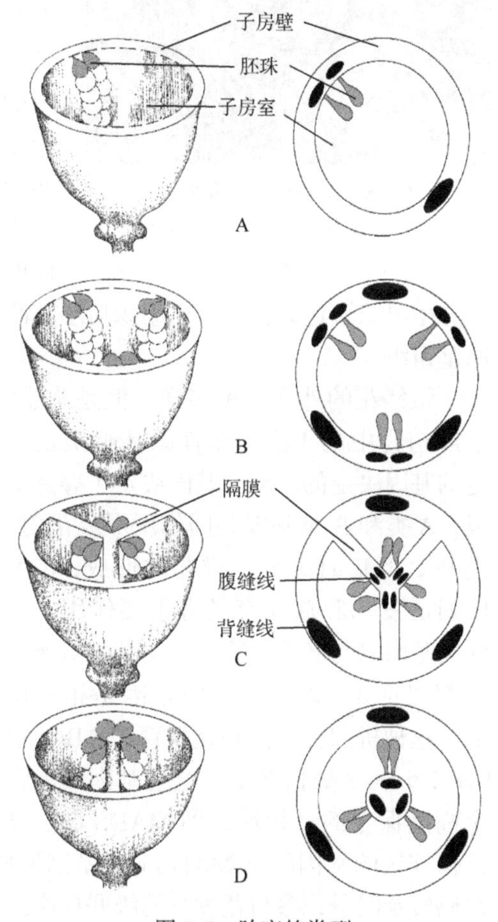

图 7-7　胎座的类型

A．边缘胎座；B．侧膜胎座

C．中轴胎座；D．特立中央胎座

一朵具备以上各结构的花是完全花，如桃（*Prunus persica*）；缺其中一或两部分的为不完全花。例如，杨属（*Populus*）的花是无被花，花萼、花冠皆无；铁线莲（*Clematis florida*）仅有花萼，缺少花冠，为单被花。一朵花中雌蕊和雄蕊都有的为两性花（hermaphrodite）；缺少一种花蕊的为单性花，其中仅有雄蕊的为雄花，仅具雌蕊的为雌花，如黄瓜（*Cucumis sativa*）。有花被而无花蕊的为无性花或中性花，如

向日葵（*Helianthus annuus*）花盘的边花。雌花与雄花生于同一植株的，为雌雄同株（monoecy），如黄瓜；雌花与雄花生于不同植株的为雌雄异株（dioecy），如杨属。两性花与雌花共同生于一植株上的为雌花两性花同株（gynomonoecism），如菊科马兰（*Aster indicus*），生于不同植株的为雌花两性花异株（gynodioecism），如菊科蚂蚱腿子（*Myripnois dioica*）；两性花与雄花共同生于一植株上的为雄全同株（andromonoecism），如藜芦科藜芦（*Veratrum nigrum*），生于不同植株的为雄全异株（androdioecism），如瘿椒树科瘿椒树（*Tapiscia sinensis*）。

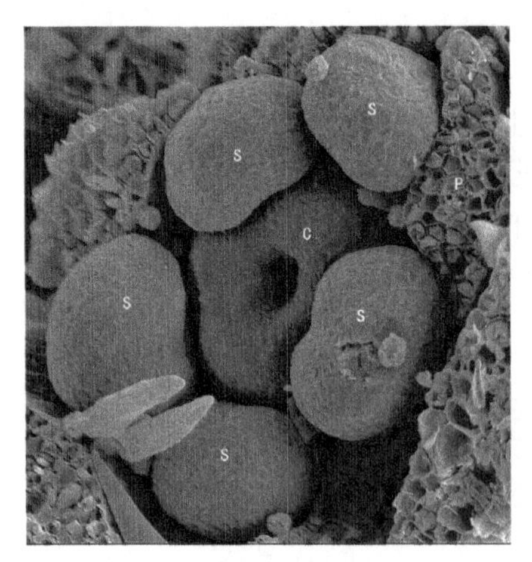

图 7-8　瘿椒树两性花原基
P．花瓣原基（部分去除）；S．雄蕊原基；
C．雌蕊原基

2．花的发育及其演化

花的发生是植物从营养生长转变为生殖生长的过程。转变时，植物体要先通过一系列生长发育准备阶段，并在光照、温度等外界条件作用下，先形成花序分生组织，由花序分生组织逐渐形成花分生组织，再产生花器官原基，形成雌蕊、雄蕊等器官（图 7-8）。

当植物在形成花或花序的时候，茎端分生组织的原始细胞转向分布于生长锥的表面，原始细胞不再向下补充新的衍生细胞，分化活动被局限在生长锥外边组织罩的区域；生长锥逐渐由尖锐状向周围膨大成圆形的花原基。花原基顶端周围同时向上生长，形成一圈状结构。即早期茎端营养分生组织转化为花序分生组织后于其两侧产生花分生组织，然后依次产生 4 轮花器官原基组织。

虽然花的外观多种多样，但是花器官的发育却受到一套高度保守的基因控制。双子叶植物中的 4 轮花器官原基组织是由特定的基因决定的。A 类基因决定了萼片的形成，A 类和 B 类基因共同作用形成花瓣，B 类和 C 类基因决定了雄蕊的形成；C 类基因对心皮和胚珠发育具有重要作用，一组 D 类基因参与胚珠发育，E 类基因对所有基因都很重要。A 类和 C 类基因是相互排斥的。这种机制称为控制花发育的 ABCs 模型（图 7-9）。多数情况下，这些基因均包含一个高度保守的结构域，即 MADS 域。具有该保守区的基因属于 MADS box 基因家族，编码转录因子，参与花发育的级联反应。

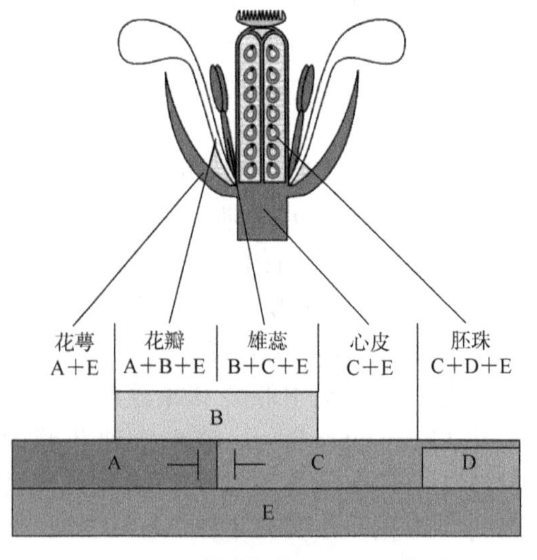

图 7-9　控制花发育的 ABCs 模型

尽管所有被子植物的花均有相似的基本结构，但花的各部分在形态、数目、联合与排列方式上仍表现出丰富的多样性，而这种多样性则是伴随着被子植物漫长的演化历程逐渐形成的，虽然在每一种植物中，花的形态是相对固定的。但在被子植物的不同类群中，花的形态有较大的变异，因而花部特征可作为被子植物分类的重要依据。从各类被子植物花的各部分形态结构特点中，可看到存在着以下演化趋势。

1）花部数目的变化　花部数目的变化是从多而无定数到少而有定数。较原始的被子植物，雄蕊和雌蕊多而无定数；在大多数被子植物中，花被、雄蕊、雌蕊数目减少，稳定在 3 数（多为单子叶植物）、4 数和 5 数（多为双子叶植物），或为 3、4、5 的倍数。花被相对稳定的数目称为花基数。花部的数目在演化中趋向于退化减少，如紫丁香（*Syring oblata*）为 4 数花，仅有 2 枚雄蕊，另 2 枚在演化中退化消失。

2）排列方式的变化　在较原始的被子植物中花部呈螺旋状排列，如玉兰，其花部螺旋排列于柱状花托上；在多数植物中花部呈轮状排列，花托多呈平顶状，如白菜（*Brassica pekinensis*）。

3）对称性的变化　花部在花托上排列，会形成一定的对称面。通过花的中心能作出多个对称面的，为辐射对称，这种花也称为整齐花，如桃、石竹（*Dianthus chinensis*）。如果通过中心只能作出一个对称面，为两侧对称，这种花也称为不整齐花，如兰科植物的花。

4）子房位置的变化　原始类型的花托为柱状，在演化中渐成为圆顶状或平顶状，子房着生在花托上，仅底部与花托相连，这种情况称为子房上位。有些植物的花托在演化中，中央进一步凹陷，呈凹顶状，这种凹陷的程度在不同植物中是有所不同的，在月季（*Rosa chinensis*）等蔷薇科植物中，花托凹陷虽很深，子房着生在花托底部，仅子房底部与花托相连，但子房壁与花托并不愈合，仍属子房上位。如果凹陷的花托包围子房壁并与之愈合，仅留花柱和柱头露在花托外，这种情况称为子房下位，如苹果（*Malus pumila*）、向日葵等。子房壁下半部与花托愈合，而上半部分分离，花萼、花冠及雄蕊生于子房上半部的周围，为子房半下位，如虎耳草（*Saxifraga stolonifera*）等。由于下陷花托与子房壁的愈合，下位及半下位子房较好地受到保护（图 7-10）。

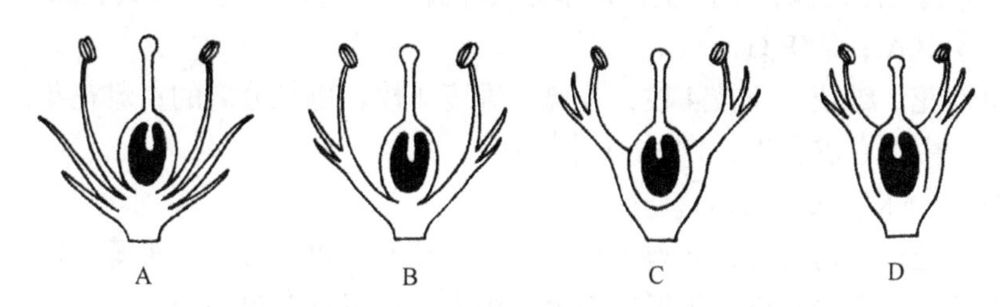

图 7-10　子房的位置和花的位置

A. 子房上位，下位花；B. 子房上位，周位花；C. 子房半下位，周位花；D. 子房下位，上位花

相对于子房位置，花也有上位花、下位花和周位花等之分（图 7-10）。花各部分的演化是多方面的。在一种植物中，花的演化趋势并不是同步的，如苹果，其花萼、花冠离生，雄蕊多数，是原始的表现，而其子房下位又是进步的特征。此外在栽培植物中花各部分的相互转变也很常见，很多重瓣花的雄蕊减少，花瓣增多，在芍药（*Paeonia lactiflora*）中可观察到有些花瓣上有残存的花药。

3．花的表示方法

用字母、数字、符号写成固定的程式表示花的性别、对称性及花被、雄蕊群、雌蕊群的情况称为花程式。用图案表示则称花图式。

1）花程式 花程式（flower formula）的优点是简单而易于掌握，书写方便，能较全面地体现花的整体特征；缺点是缺少直观性，不能表现各部的形态、大小或排列关系。基本书写原则如下。

- 以“⚥”代表两性花，“♂”代表雄花，“♀”代表雌花。
- 以“*”代表整齐花（辐射对称），以“↑”代表不整齐花（左右对称）。
- 以每一轮花部拉丁名词的第一个大写字母代表花的各部：“K”代表花萼（calyx，为避免与花冠重复，故采用其字源希腊语 kalus 的第一个字母），“C”代表花冠（corolla），如果花被不分化为花萼和花冠，可用“P”代表花被（perianth），“A”代表雄蕊群（androecium），“G”代表雌蕊群（gynoecium）。
- 以字母下角数字代表各部的数目，“∞”代表多数，“0”代表缺失，数字外加括号代表联合。
- 子房位置用 G 加横线表示，子房上位在 G 下面画横线，子房下位在 G 上面画横线，子房半下位在 G 上下各画一条横线。G 后面有 3 个数用“：”隔开，第 1 个数为 1 朵花中的心皮总数，第 2 个数为每个雌蕊的子房室数，第 3 个数为每个子房室中的胚珠数。
- 若某一部分不止一轮，可在各轮数目间用“+”相连；若某一部分的数目有多种情况，可在各数目间用“，”分隔。

举例说明如下。

豌豆花：⚥ ↑ $K_{(5)}C_5A_{(9)+1}\underline{G}_{(1:1:\infty)}$

表示两性花；左右对称；花萼 5 枚，合生；花瓣 5 枚，分离；雄蕊 10 枚，9 枚合生，1 枚分离成二体雄蕊；子房上位，单心皮雌蕊，一室，每室有多数胚珠。

桑花：♂$*P_4A_4$；♀$*P_4\underline{G}_{(2:1:1)}$

表示单性花，雄花；花被 4 枚，分离；雄蕊 4 枚，也是分离的；雌花花被 4 枚；雌蕊子房上位，由 2 心皮合生，1 室，1 个胚珠。

桔梗花：⚥ $*K_{(5)}C_{(5)}A_5\overline{G}_{(5:5:\infty)}$

表示两性花；辐射对称；花萼 5 枚，合生；花瓣 5 枚，合生；雄蕊 5 枚，分离；雌蕊子房半下位，由 5 枚心皮合生形成 5 个子房室，每室有多数胚珠。

百合花：⚥ $*P_{3+3}A_{3+3}\underline{G}_{(3:3:\infty)}$

表示两性花；辐射对称；花被两轮，每轮有 3 枚花被片，分离；雄蕊两轮，每轮 3 枚，分离，雌蕊子房上位，由 3 枚心皮合生，3 个子房室，每室有多数胚珠。

2）花图式 花图式（flower diagram）是以花的横切面为依据的图解式，可表示花各部分的数目、形态及其在花托上的排列方式等。上方的小圆圈表示花序轴位置。在花序轴相对一方黑色带棱的弧线表示苞片，其内侧由斜线组成的带棱新月形符号表示萼片，空白的或黑的新月形符号表示花瓣，雄蕊和雌蕊分别用花药和子房横切面表示（图7-11）。

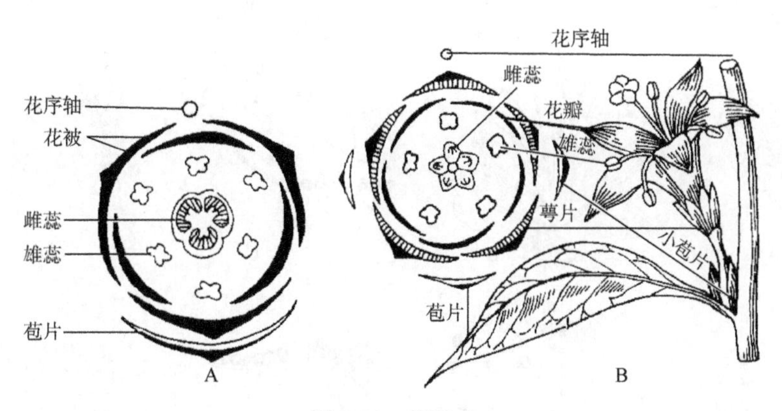

图7-11　花图式

A. 单子叶植物；B. 双子叶植物

4．花序

当单独一朵花生于枝的顶端或叶腋时，称单生花，如牡丹（*Paeonia suffruticosa*）、杏（*Armeniaca vulgaris*）等。当多数花密集成簇，生于茎的节部时，称为簇生花，如紫荆（*Cercis chinensis*）。大多数植物的花密集或稀疏地按一定顺序排列，着生在特殊的总花轴上，称为花序（inflorescence）。花序的总花轴称为花序轴（rachis）或花轴，花序轴可以分枝或不分枝。花序上的花称小花，小花的梗称小花梗。无叶的总花梗，称花葶（scape）。花序的形式变化多样，根据花在花轴上排列的方式及开放顺序可归纳为两大类：无限花序和有限花序。

1）无限花序　无限花序（indefinite inflorescence）也称总状花序类，在开花期内，花序轴顶端继续向上生长，产生新的花蕾，开放顺序是花序轴基部的花先开，然后向顶端依次开放，或由边缘向中心开放。无限花序又可以分成以下几种类型（图7-12）。

（1）总状花序（raceme）　花序轴细长，上面着生许多花柄近等长的小花，如紫藤（*Wisteria sinensis*）、芥菜（*Brassica juncea*）（图7-12A）。

（2）穗状花序（spike）　似总状花序，但小花具短柄或无柄，如车前（*Plantago asiatica*）、知母（*Anemarrhena asphodeloides*）（图7-12B）。

（3）伞房花序（corymb）　似总状花序，但花柄不等长，下部的长，向上逐渐缩短，整个花序的小花几乎排在同一平面上，如苹果、山楂（*Crataegus pinnatifida*）（图7-12C）。

（4）柔荑花序（catkin）　似穗状花序，但花序轴下垂，其上着生许多无柄的单性小花，花开放后整个花序脱落，如杨属（*Populus*）、柳属（*Salix*）、胡桃（*Juglans regia*）（图7-12D）。

（5）肉穗花序（spadix）　似穗状花序，但花序轴肉质肥大呈棒状，其上密生许多无柄的单性小花，在花序外面常具一大型苞片，称佛焰苞（spathe），故又称佛

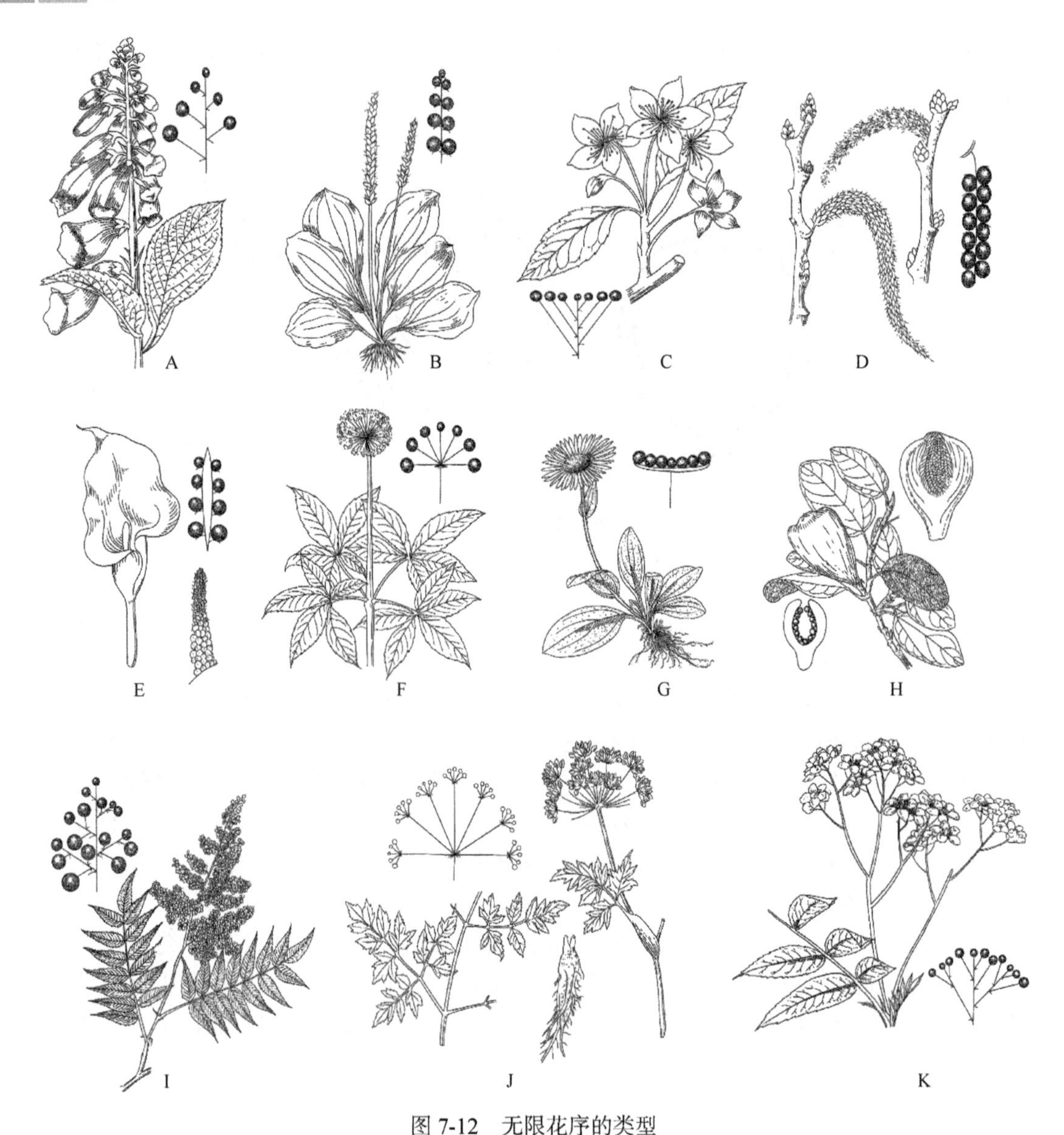

图 7-12 无限花序的类型

A. 总状花序；B. 穗状花序；C. 伞房花序；D. 柔荑花序；E. 肉穗花序；F. 伞形花序；
G. 头状花序；H. 隐头花序；I. 复总状花序；J. 复伞形花序；K. 复伞房花序

焰花序，是天南星科植物的主要特征，如半夏（*Pinellia ternate*）、天南星（*Arisaema heterophyllum*）、马蹄莲（*Zantedeschia aethiopica*）等（图 7-12E）。

（6）伞形花序（umbel） 花序轴缩短，在总花梗顶端着生许多花柄近等长的小花，排列成张开的伞状，如刺五加（*Eleutherococcus senticosus*）、人参（*Panax ginseng*）、石蒜（*Lycoris radiata*）等（图 7-12F）。

（7）头状花序（capitulum） 花序轴极度缩短，呈盘状或头状的花序托，其上密生许多无柄小花，下面有由苞片组成的总苞，如菊花（*Chrysanthemum morifolium*）、紫菀（*Aster tataricus*）、向日葵（*Helianthus annuus*）、红花（*Carthamus tinctorius*）等

（图 7-12G）。

（8）隐头花序（hypanthodium）　花序轴肉质膨大而下凹，凹陷的内壁上着生许多无柄的单性小花，仅留一小孔与外界相通，为昆虫进出腔内传播花粉的通道，如薜荔（*Ficus pumila*）、无花果（*Ficus carica*）、榕树（*Ficus microcarpa*）等（图 7-12H）。

以上各种花序的花序轴均不分枝。但也有一些无限花序的花轴具分枝，常见的有复总状花序（compound raceme）或圆锥花序（panicle），在长的花序轴上分生许多小枝，每小枝各形成 1 总状花序，如女贞（*Ligustrum lucidum*）、南天竹（*Nandina domestica*）（图 7-12I）。复穗状花序（compound spike）花序轴有一二次分枝，每小枝各成 1 个穗状花序，如小麦、玉米、莎草（*Cyperus rotundus*）等。复伞形花序（compound umbel）花序轴顶端丛生若干长短相等的分枝，各分枝又形成 1 个伞形花序，如柴胡（*Bupleurum chinense*）、胡萝卜（*Daucus carota* var. *sativa*）、小茴香（*Foeniculum vulgare*）等（图 7-12J）。复伞房花序（compound corymb）花序轴上的分枝成伞房状排列，每分枝各成 1 个伞房花序，如花楸属（*Sorbus*）植物的花序（图 7-12K）。复头状花序（compound capitulum）是由许多小头状花序组成的头状花序，如蓝刺头（*Echinops sphaerocephalus*）。

2）有限花序（聚伞花序类）　和无限花序相反，有限花序（definite inflorescence）花序轴的顶端由于顶花先开放不能继续生长，只能在顶花下面产生侧轴，各花由内向外或由上而下陆续开放。根据花序轴上端分枝情况又可分为以下几种（图 7-13）。

图 7-13　有限花序的类型

A. 螺状聚伞花序；B. 蝎尾状聚伞花序；C. 二歧聚伞花序；D. 多歧聚伞花序；E. 轮伞花序

（1）单歧聚伞花序（monochasium） 花序轴顶端生1朵花，先开放，而后在其下方产生1侧轴，同样顶端生1朵花，这样连续分枝便形成了单歧聚伞花序。若花序轴下分枝均向同一侧生出而呈螺旋状，称为螺状聚伞花序（helicoid cyme），如紫草（*Lithospermum erythrorhizon*）、附地菜（*Trigonotis peduncularis*）（图 7-13A）。若分枝呈左、右交替生出，且分枝与花不在同一平面上，称为蝎尾状聚伞花序（scorpioid cyme），如唐菖蒲（*Gladiolus gandavensis*）、射干（*Belamcanda chinensis*）（图 7-13B）。

（2）二歧聚伞花序（dichasium） 花序轴顶花先开，在其下方两侧各生出1等长的分枝，每分枝以同样方式继续开花和分枝，称为二歧聚伞花序，如卫矛（*Euonymus alatus*）、大叶黄杨（*Buxus megistophylla*）、石竹（*Dianthus chinensis*）（图 7-13C）。

（3）多歧聚伞花序（pleiochasium） 花序轴顶花先开，顶花下同时产生数个侧轴，侧轴比主轴长，各侧轴又形成小的聚伞花序，称为多歧聚伞花序。若花轴下生有杯状总苞，则称为杯状聚伞花序（大戟花序），是大戟科大戟属特有的花序类型，如京大戟（*Euphorbia pekinensis*）、泽漆（*Euphorbia helioscopia*）、甘遂（*Euphorbia kansui*）等（图 7-13D）。

（4）轮伞花序（verticillaster） 由2个二歧聚伞花序生于对生叶的叶腋并成轮状排列的花序称为轮伞花序，如益母草（*Leonurus heterophyllus*）、薄荷等唇形科植物（图 7-13E）。

此外，有的植物在花序轴上生有两种不同类型的花序称为混合花序，如紫丁香（*Syringa oblata*），葡萄的聚伞花序为圆锥状，楤木（*Aralia chinensis*）的伞形花序为圆锥状。

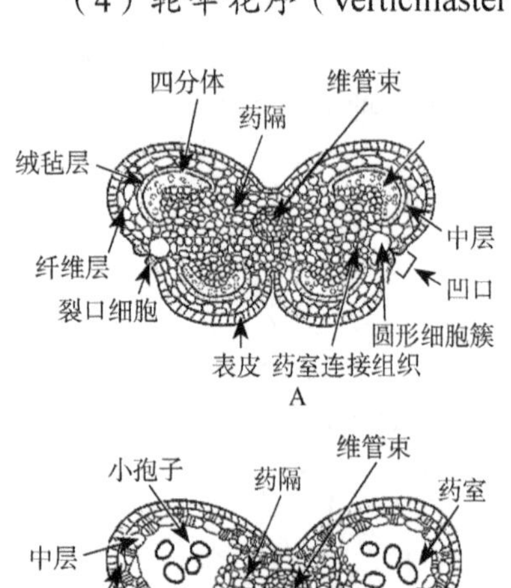

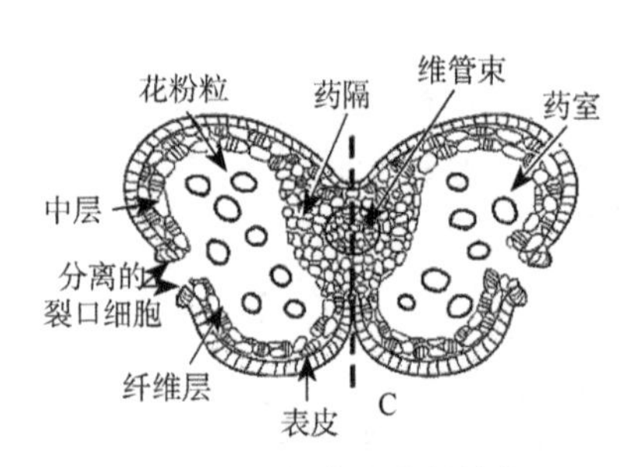

图 7-14 烟草花药的结构

A. 四分体时期的花粉囊；B. 小孢子时期的花粉囊；C. 成熟的花粉囊

7.2.2 雄性生殖器官的结构与功能

雄蕊是被子植物的雄性生殖器官，由花药和花丝两部分组成。花丝一般细长，由一层角质化的表皮细胞包围着花丝的薄壁组织构成，其中央是维管束。花丝的功能是支持花药，使花药在空间伸展，有利于花药的传粉，并向花药转运营养物质。花药又称小孢子囊，小孢子囊是雄蕊产生花粉的结构。一般被子植物的花药有4个花粉囊，花粉囊由花粉囊壁包围，内部含有大量花粉；左右两侧花粉囊之间是由薄壁细胞构成的药隔，药隔中的维管束与花丝维管束相连。当花粉成熟时，药隔每侧的两个花粉囊相互连通（图 7-14）。

1．花药的发育

在花器官发生过程中，雄蕊原基自花托上产生，最初的雄蕊原基由外面的表皮包裹一群分裂活跃的细胞组成，后来，在花药原基四个角隅处的表皮以内形成 4 组孢原细胞（archesporial cell）。这些细胞核较大，细胞质浓。孢原细胞进行平周分裂，形成两层细胞，外层为初生周缘细胞［或称为初生壁细胞（primary wall cell）］，此层细胞继续进行平周分裂和垂周分裂，产生 3～5 层细胞，并连同最外面的表皮构成花药壁。内层的初生造孢细胞（sporogenous cell）直接或进行少数几次分裂后发育成花粉母细胞。花药原基中部的细胞将发育形成药隔和维管束。

1）花粉囊壁的发育　花粉囊壁形成过程中，由初生周缘细胞进行数次平周分裂，形成三层或多层细胞，连同表皮共同组成花药壁。当花药壁分化完全时，从外向内依次有表皮、药室内壁（纤维层）、中层和绒毡层 4 个部分（图 7-14）。

2）花粉囊壁的结构与功能

（1）*表皮*　表皮为一层细胞，由花药原基的表皮进行垂周分裂并切向引长而形成，行使保护的功能。其外切向壁外有薄的角质层，有些植物花粉囊壁的表皮上有绒毛或气孔。

（2）*药室内壁*　药室内壁（endothecium）通常为一层细胞，常贮有淀粉粒，或含有脂体。当花药接近成熟时，药室内壁细胞的垂周壁和内切向发生不均匀的条纹加厚，并且木质化或栓质化，以利于花粉囊的开裂，药室内壁也称为纤维层（fibrous layer）（图 7-14）。在邻近的两个花粉囊之间的交界处，有几个不加厚的细胞，称为裂口细胞，药室内壁与花药开裂有关。开花时，花药表皮和纤维层的细胞失水，由于加厚条纹的存在，细胞会沿切向发生收缩，这种张力作用于未加厚的裂口细胞，使其破裂，花粉散出。在一些闭花受精的植物或顶孔开裂的植物中，药室内壁不发育出加厚带（图 7-14）。

（3）*中层*　通常由 1～3 层细胞组成，一般含有淀粉粒或其他贮藏物。在花药发育过程中，中层细胞逐渐解体，成熟的花药中一般已不存在中层。少数植物的部分中层细胞也会发生纤维状的加厚（图 7-14）。

（4）*绒毡层*　花粉囊壁最内层的一层细胞。该细胞较大，细胞质浓厚，含有丰富的 RNA 和蛋白质，还富含油脂和类胡萝卜素等。在花药发育的早期，绒毡层细胞是单核的，在减数分裂前后，绒毡层细胞核分裂常不伴随新细胞壁形成，成为 2 核或多核的细胞。绒毡层具有分泌细胞的特点，在小孢子形成前后绒毡层细胞分泌功能旺盛。绒毡层向发育中的花粉提供营养物质，对花粉发育有重要作用。绒毡层能分泌胼胝质酶溶解四分体的胼胝质壁，使小孢子从四分体中释放出来；绒毡层还有合成孢粉素的功能，对花粉外壁发育有一定作用；在一些植物中绒毡层还合成花粉外壁蛋白，这些蛋白质与花粉和柱头的识别作用有关。绒毡层在四分体时期或小孢子时期出现退化的迹象，在花粉发育末期，绒毡层细胞经历程序性死亡，释放蛋白质和其他物质（如黄酮醇），并融合进发育的花粉外壁中（图 7-14，图 7-15）。

2．小孢子的产生

花药中的造孢细胞呈多角形，在多数植物中，造孢细胞进行几次有丝分裂，产生更多的造孢细胞，在最后一次有丝分裂后，发育形成了小孢子母细胞（microspore mother

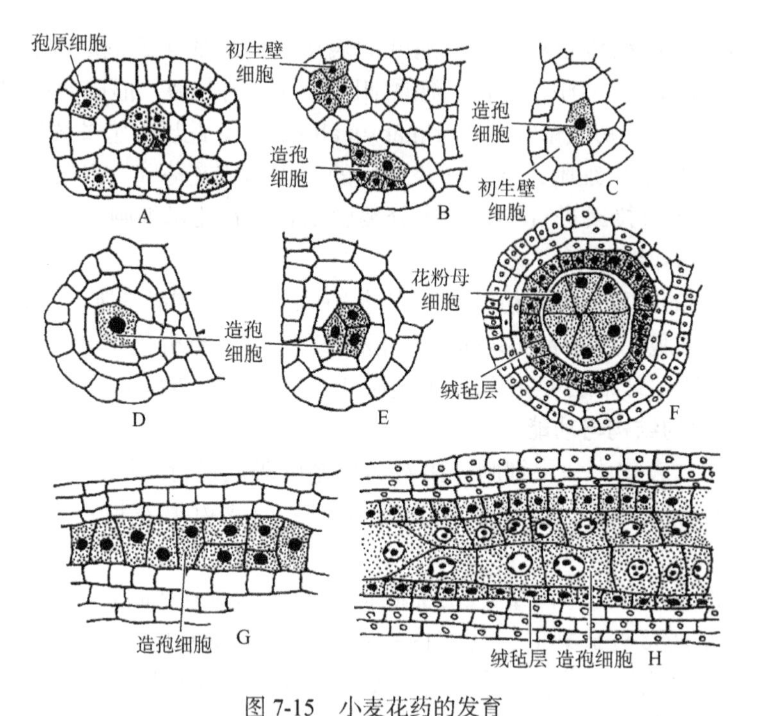

图 7-15 小麦花药的发育

A．花药发育早期的横切面，示表皮下的孢原细胞；B．孢原细胞分裂成初生壁细胞和造孢细胞；C～F．花药壁的发育与花粉母细胞的形成；G～H．花药纵切面

cell），也称花粉母细胞（pollen mother cell）（图 7-15）。小孢子母细胞体积较大，核大，细胞质浓厚，渐渐形成胼胝质壁，并开始进行减数分裂。在减数分裂开始前，小孢子母细胞核中的DNA已复制，由原来的2C变为4C，经过两次连续的细胞分裂，染色体数目减半，形成4个单倍体的细胞，DNA含量为1C，即小孢子（microspore）。最初形成的4个小孢子集合在一起，称四分体（tetrad）。以后，四分体的胼胝质壁溶解，小孢子彼此分离。

被子植物中，小孢子母细胞减数分裂过程所发生的胞质分裂有两种类型：连续型（successive type）和同时型（simultaneous type）。连续型胞质分裂是指第一次和第二次分裂后均出现细胞壁，这种小孢子经常出现在单子叶植物中。同时型胞质分裂是指减数分裂第一次分裂后并不形成细胞壁，也就没有二分体时期。第二次分裂中，两个核同时进行分裂，分裂完成后，在4个核之间产生细胞壁，同时分隔形成4个细胞。

从四分体中释放出的小孢子体积较小，无明显的液泡，细胞核位于中央，有薄的孢粉素外壁，以后逐渐形成液泡，细胞核偏向小孢子的一边，使小孢子具有了极性。有些植物的小孢子要经过几天、数周或数月的静止期后再进一步发育。北方有些木本植物如连翘（*Forsythia suspensa*）在初秋就已形成小孢子，发育停滞处于休眠状态，到冬季结束时才继续发育。

3．雄配子体的形成

启动发育的小孢子体积逐渐增大，细胞质液泡化而形成中央大液泡，随后进行一次不对称的有丝分裂，形成 2 细胞花粉。花粉中大细胞称为营养细胞，小细胞为生殖细胞。最初形成的生殖细胞贴着花粉壁呈凸透镜状，随着雄配子体的发育，生殖细胞逐渐从花粉的内壁交界处向内推移，细胞变为向心突出的圆形，最后整个生殖细胞脱离花粉壁，游离在营养细胞的细胞质中，细胞壁也逐渐消失，形状也由圆形变为纺锤形或长椭圆形（图 7-16）。

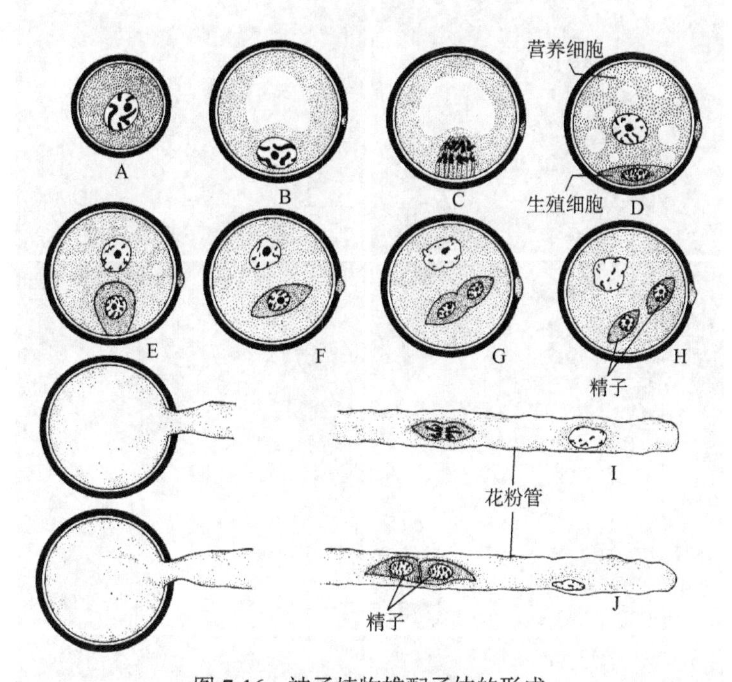

图 7-16　被子植物雄配子体的形成

A．早期的小孢子；B．液泡期的小孢子；C、D．小孢子经有丝分裂形成 2 细胞花粉；E、F．2 细胞花粉的发育；G、H．花粉粒中的生殖细胞分裂形成 2 个精子，成为 3 细胞花粉；I、J．2 细胞花粉萌发后，生殖细胞进入花粉管中分裂形成 2 个精子

被子植物约有 1/3 的科，在花粉成熟之前，生殖细胞要进行一次分裂，形成两个精子，此类花粉称为三细胞花粉。另有 1/3 的种，成熟花粉为 2 细胞，这类花粉的生殖细胞在花粉管中分裂形成 2 个精子。还有一些被子植物兼有 2 细胞和 3 细胞的花粉（图 7-16）。

4．成熟花粉的结构与功能

花粉是被子植物的雄配子体，其功能是产生精子并运载雄配子进入雌蕊的胚囊中，以实现双受精。

1）花粉粒的形态　被子植物的花粉粒直径为 15～50μm。水稻为 42～43μm，棉花为 125～138μm，南瓜属花粉的直径可达 200μm 以上。花粉粒的形状也有多种。花粉表面薄弱的区域形成萌发孔（aperture），与花粉的萌发有关，长的称为沟（colpus），短的称为孔（pore）。在不同植物中萌发孔的数目、形状、在花粉粒上着生的位置等都有很大差异。花粉表面形态也有多种变化，有光滑的、具疣的、具刺的、具条纹的、具网的等。花粉粒的形状大小与萌发孔的数目、位置、形态，以及花粉壁的雕纹等都有较强的种属特异性，这些特征被用来研究植物的系统分类、演化、地理分布等，并由此发展成一门学科，称为孢粉学（palynology）（图 7-17）。

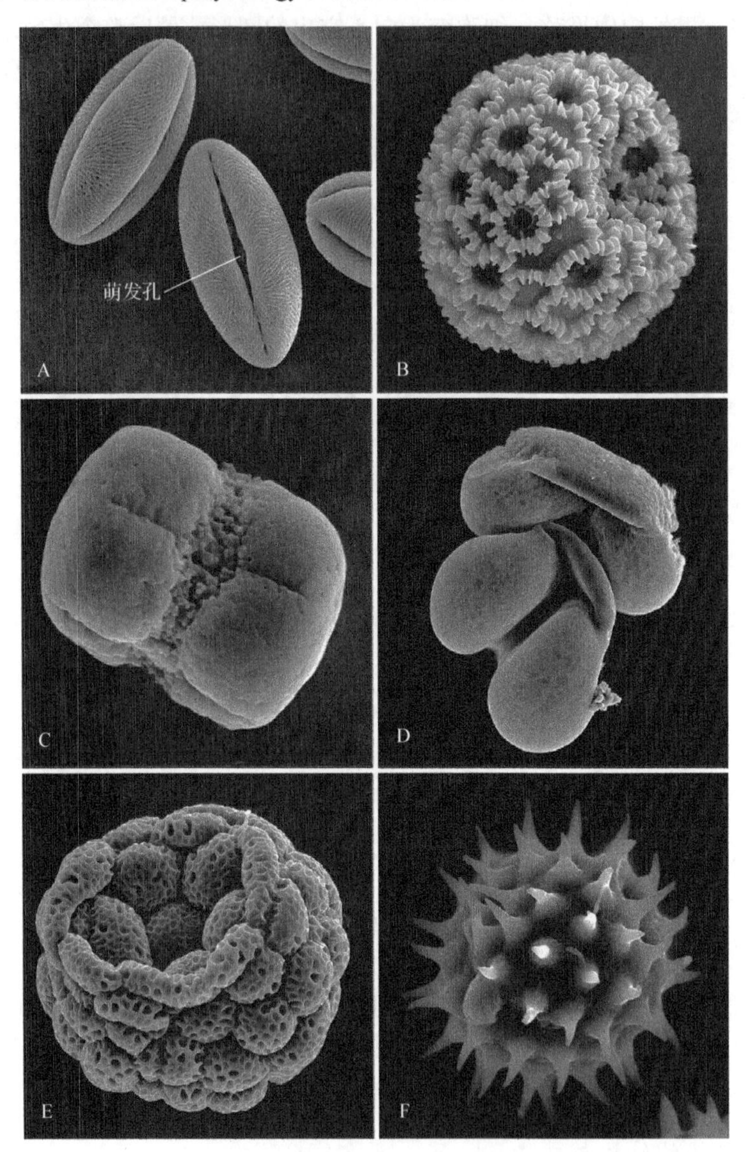

图 7-17　花粉粒的扫描电镜照片

A．七叶树（*Aesculus chinensis*）；B．顶花板凳果（*Pachysandra axillaris*）；C．心叶牛舌草（*Brunnera macrophylla*）；D．松属（*Pinus*）；E．黄金树（*Catalpa speciosa*）；F．淡紫松果菊（*Echinacea purpurea*）

2）花粉粒的结构

（1）花粉壁　　成熟花粉壁可明显区分两层，外壁（exine）和内壁（intine）。外壁较厚，又可分为外壁外层和外壁内层，外壁外层由鼓槌状的基柱组成（图 7-18）。构成外壁的主要成分为孢粉素，具有抗酸和抗生物分解的特性。因此可在地层中找到古代植物遗留的花粉。外壁的大部分孢粉素物质来自绒毡层，外壁的腔中还有由绒毡层合成的蛋白质、脂类和酶，其中一些蛋白质与花粉和柱头间的识别反应、人对花粉的过敏反应

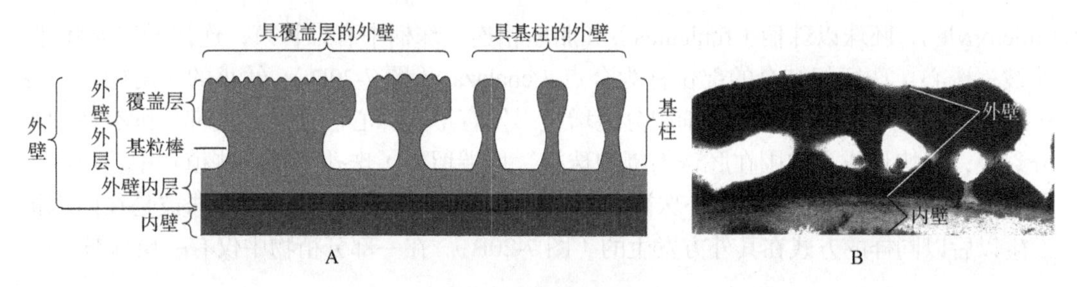

图 7-18　花粉壁的结构

A. 花粉壁横切面模式图；B. 花粉壁的电镜照片

有关。花粉内壁的主要成分是果胶和纤维素，与体细胞的初生壁相似。内壁也含有蛋白质，其中一些蛋白质是水解酶类，与花粉萌发及花粉管穿入柱头有关，也有一些蛋白质在受精的识别中具一定作用。

（2）营养细胞　营养细胞与生殖细胞虽然都来自同一细胞，但它接受了小孢子的大量细胞质及细胞器，含有丰富的核糖体、具发达内嵴的线粒体、活跃地产生小泡的高尔基体、扩展的内质网，并贮藏了大量的淀粉、脂肪等，还含有酶、维生素、植物激素、无机盐等（图 7-19）。

（3）生殖细胞　2 细胞的成熟花粉粒中生殖细胞多为纺锤形的裸细胞。细胞核较大，染色质凝集，具 1～2 个核仁。细胞质很少，其中有线粒体、高尔基体、内质网、核糖体和微管等细胞器。在多数植物中生殖细胞内无质体，生殖细胞中的微管与细胞的长轴平行，微管与维持生殖细胞的形状有关（图 7-19A）。

（4）精子　在 3 细胞成熟花粉粒中，生殖细胞经有丝分裂形成了一对精子。精子也是裸细胞，有纺锤形、球形、椭圆形、蠕虫形、带状等不同形状。精子的细胞质稀少，有线粒体、高尔基体、内质网、核糖体等细胞器，有成群的微管，但无质体（图 7-19B）。

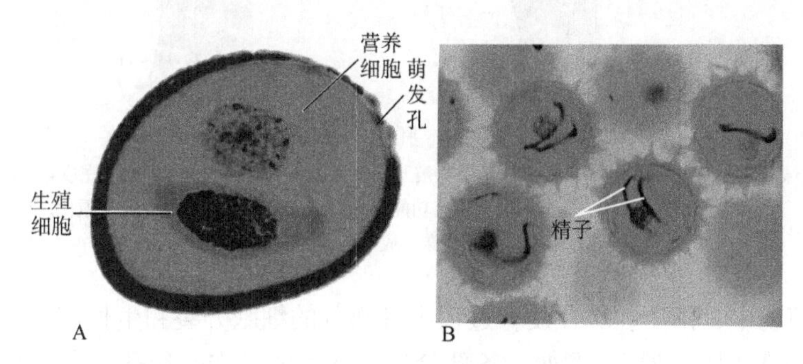

图 7-19　花粉粒

A. 2 细胞花粉粒；B. 3 细胞花粉粒

7.2.3　雌性生殖器官的结构与功能

1. 胚珠

胚珠（ovule）包被在被子植物雌蕊的子房中，一般沿心皮的腹缝线着生，胚珠中由一层或二层珠被（integument）包围珠心（nucellus），在胚珠顶端形成一开口，称为珠孔

(micropyle)，胚珠以珠柄(funiculus)和胎座相连，珠柄中有维管束，连接子房与胚珠。珠被、珠心、珠柄相结合的部位称为合点(chalaza)(图 7-20D)。幼小的子房中，心皮腹缝线处产生一团细胞，这些细胞分裂增生，发育形成珠心。在珠心基部外围有些细胞分裂快，很快形成了包围在胚珠周围的珠被，顶端留下了珠孔。在一些植物中，可产生内珠被(inner integument)和外珠被(outer integument)，如百合，其外珠被是在内珠被发生以后以同样的方式在其外方发生的(图 7-20B)。在一部分植物中仅有一层珠被。

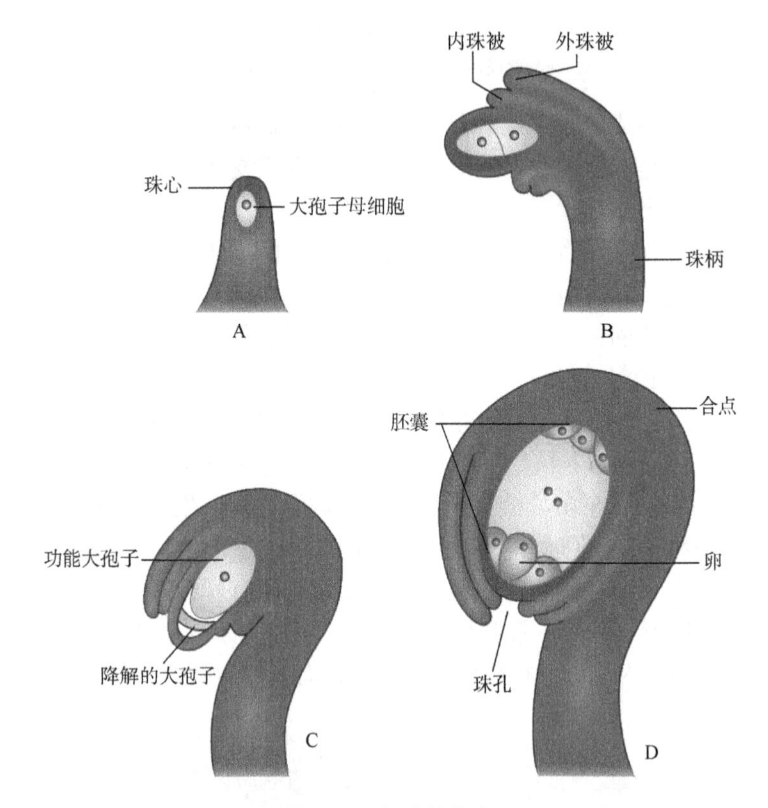

图 7-20 胚珠的发育

A. 幼小的胚珠，具有单个大孢子母细胞；B. 两层珠被开始发育的胚珠，大孢子母细胞已完成第一次减数分裂；C. 减数分裂完成后的胚珠，合点端有功能的大孢子扩张，无功能的大孢子退化；D. 具有雌配子体的胚珠，成熟胚囊具有 7 细胞 8 核

在多种植物中，由于胚珠在发育过程中各部分的细胞分裂和生长速率不同，形成了不同类型的胚珠(图 7-21)。例如，各部分生长均匀的胚珠，珠孔、合点与珠柄连成一条直线，称为直生胚珠(orthotropous ovule)，大黄(*Rheum palmatum*)的胚珠属此类；胚珠呈 180° 倒转，珠孔位于珠柄基部的胚珠称作倒生胚珠(anatropous ovule)，这种胚珠的珠柄多与外珠被愈合，形成向外突起的珠脊(raphe)，大部分被子植物的胚珠是倒生胚珠；还有一些植物的胚珠介于以上二类之间。

2. 胚囊(雌配子体)的结构与发育

珠心相当于被子植物的大孢子囊，在珠心中产生大孢子母细胞(megaspore mother

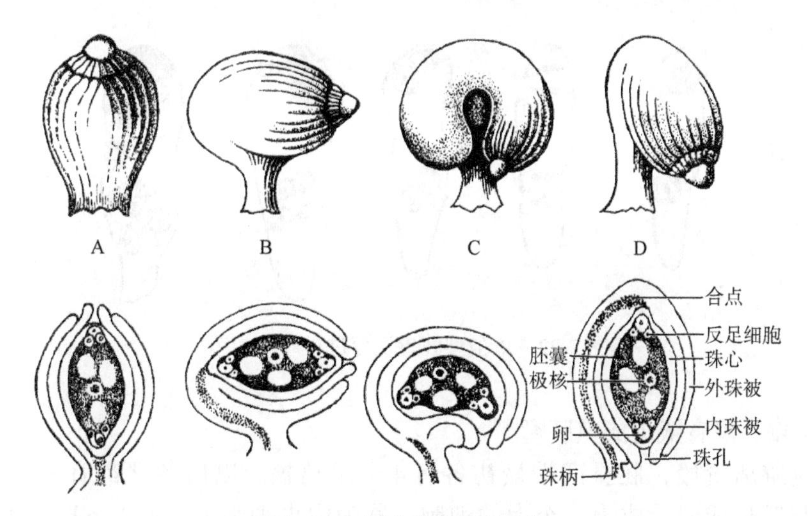

图 7-21　胚珠的类型及结构

A. 直生胚珠；B. 横生胚珠；C. 弯生胚珠；D. 倒生胚珠

cell），并经减数分裂产生大孢子（megaspore），由大孢子发育形成胚囊，胚囊是被子植物的雌配子体，其内产生雌配子——卵。

1）大孢子的发生　胚珠的珠心是由一团薄壁组织细胞组成的，在早期的珠心中产生孢原细胞，其体积较大，细胞质浓厚，细胞核明显。在一些植物中孢原细胞经一次平周分裂，形成一个大孢子母细胞和一个周缘细胞，周缘细胞可进行有丝分裂形成多层珠心细胞。有些植物的孢原细胞直接发育形成大孢子母细胞。大孢子母细胞经减数分裂后开始进入配子体世代。

被子植物大孢子母细胞减数分裂产生大孢子或大孢子核的方式有 3 种。大孢子母细胞经连续两次减数分裂后形成 4 个单倍体的大孢子，大孢子呈直线排列，这 4 个大孢子中仅有一个参加胚囊的发育，其余 3 个都退化了。这种方式产生的胚囊称为单孢型胚囊，蓼科植物中常见。

大孢子母细胞在减数分裂的连续两次分裂中，只发生细胞核的分裂，不进行细胞质的分裂，形成 4 个单倍体的大孢子核，这 4 个大孢子核都参与胚囊的发育。这类植物产生的胚囊称为四孢型胚囊，百合属（*Lilium*）植物属于这一类型。

大孢子母细胞在减数分裂的第一次分裂后就发生细胞质分裂，形成 2 个单倍体的细胞，其中一个（多为珠孔端的）退化，另一个细胞的单倍体细胞核发生有丝分裂（相当于减数分裂的第二次分裂），形成 2 个单倍体的大孢子核，这 2 个大孢子核参加胚囊的发育，这类植物产生的胚囊属双孢型胚囊，如葱（*Allium fistulosum*）。

2）胚囊（雌配子体）的发育　70% 被子植物的胚囊是由 1 个大孢子发育而成的单孢型胚囊，由于在许多蓼科植物中发现了这种类型的胚囊，因而也称蓼型胚囊，小麦、水稻、油菜等植物均为蓼型胚囊，其发育过程如图 7-22 所示。

大孢子母细胞减数分裂后形成 4 个大孢子，成直线排列，其中合点端的一个细胞发育，体积增大，其余 3 个都退化。这个增大的大孢子也称单核胚囊。大孢子增大到一定程度时，细胞核有丝分裂 3 次，不发生细胞质分裂，经 2 核、4 核与 8 核游离阶段，然

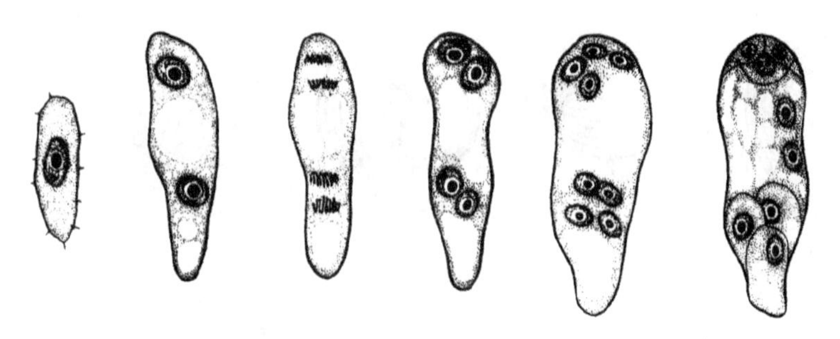

图 7-22 单孢型胚囊发育过程

后产生细胞壁，发育成为成熟胚囊。

在 8 核游离阶段，胚囊两端最初各有 4 个游离核。以后各端都有一核向中部移动，当细胞壁形成时，成为一个大的细胞，称为中央细胞（central cell），其中有 2 个核，称极核（polar nucleus），珠孔端所余的 3 个核，其周围的细胞质中产生细胞壁，形成 3 个细胞，其中 1 个是卵（egg），另 2 个是助细胞（synergid），由卵与 2 个助细胞组成了卵器（egg apparatus）。在合点端的 3 个核周围的细胞质也产生细胞壁，形成 3 个反足细胞（antipodal cell）。这样，就形成了具有 7 个细胞、8 个核的成熟胚囊，即雌配子体。

3）被子植物胚囊发育类型的多样性 单孢型、双孢型与四孢型胚囊在后来的发育中依植物种类不同，各自有一些不同的发育特点，形成了多种不同类型的胚囊，被子植物的胚囊发育类型达十余种。这里以百合为例介绍四孢型胚囊中的贝母型胚囊（图 7-23）。百合

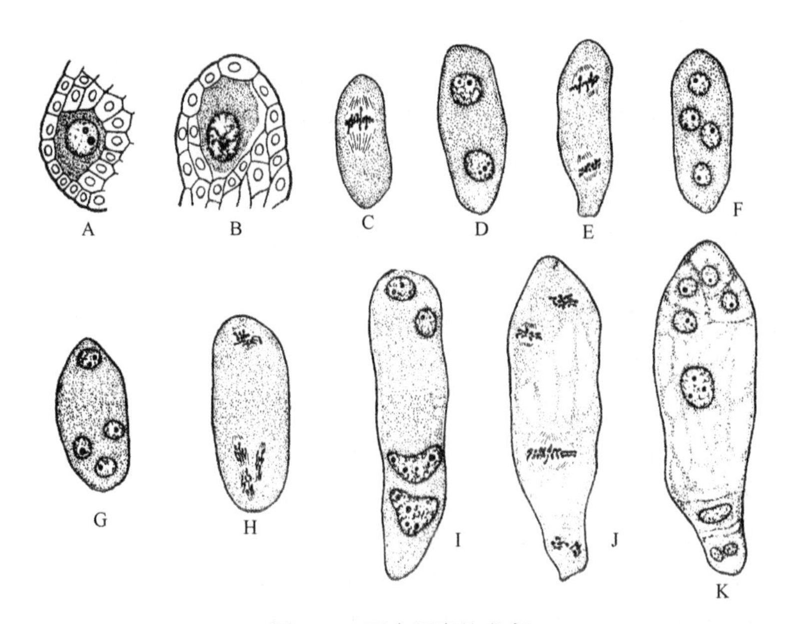

图 7-23 百合胚囊的发育

A. 胚珠纵断面，示孢原细胞；B. 大孢子母细胞减数分裂前期Ⅰ；C. 大孢子母细胞减数分裂前期中期 I；D. 2 核时期；E. 减数分裂Ⅱ；F. 第一次 4 核期；G. 大孢子核呈 1+3 排列；H. 大孢子核再分裂，合点端 3 个纺锤体合并；I. 第二次 4 核时期；J. 4 核再分裂；K. 8 核胚囊

胚珠的珠心仅具一层细胞，胚囊体积较大，易观察；配子体发育进程与其花蕾发育的外部形态特征有一定的相关性，便于研究，因而百合是植物生殖生物学研究的好材料。百合大孢子母细胞减数分裂形成4个大孢子核，最初成直线状排列，随后3个核移向合点端，一个核留在珠孔端。这两组核随之进行有丝分裂。在有丝分裂的中期，合点端3个核所形成的纺锤体、染色体合并，继续完成有丝分裂，形成了两个三倍体的游离核，这两个核体积较大，形状不规则；在珠孔端的1个核经正常的有丝分裂形成两个体积相对较小的单倍体核。在以后的发育中，这4个核各进行一次有丝分裂，形成8核胚囊，并进一步发育形成与蓼型胚囊形态相同的具有7个细胞、8个核的成熟胚囊。与蓼型胚囊不同的是贝母型胚囊的反足细胞与1极核都是三倍体的。

4）成熟胚囊的结构与功能　胚囊是被子植物的雌配子体，其中的卵细胞是雌配子，当它与雄配子融合后，发育成新一代孢子体。多数植物的成熟胚囊有7个细胞，其精细结构和特点如图7-24所示。

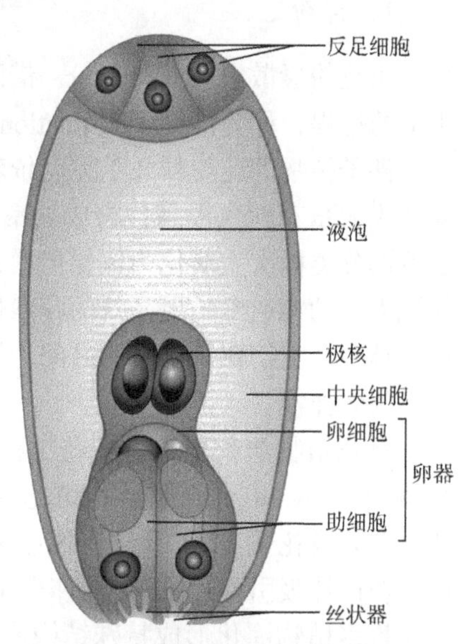

图7-24　成熟胚囊的雌性生殖单位

（1）卵细胞　成熟的卵细胞呈梨形，仅在珠孔一侧具细胞壁，而合点一侧缺少细胞壁，卵细胞的合点端与助细胞及中央细胞之间仅以两层质膜分界。大液泡位于珠孔端，而卵核在近合点端，细胞器的含量较少，表明卵细胞代谢活动相对较弱。

（2）助细胞　助细胞位于胚囊的珠孔端，细胞质表现出较强的极性，核位于中央或偏向珠孔端，而合点端常有一个大的液泡或许多小液泡，细胞质浓厚，细胞器丰富，包括线粒体、内质网、高尔基体、核糖体、小泡及质体，表现出助细胞的代谢活动非常活跃。光学显微镜下可观察到助细胞的珠孔端存在丝状结构，称为丝状器（filiform apparatus），是由助细胞珠孔端初生壁上沉积壁物质而形成的，具有传递细胞的特点。助细胞能够分泌向化性物质，引导花粉管向胚囊生长，并能从珠心吸收营养物质运送至胚囊。受精时退化的一个助细胞是花粉管进入和释放内容物的场所。助细胞是短命的，在受精前后即解体。

（3）中央细胞　中央细胞是胚囊中最大的细胞，也是胚乳的前身。中央细胞具有大液泡，细胞质呈一薄层沿胚囊壁分布，但在卵器和反足细胞附近较为集中。受精前具2个极核，有些植物的2个极核会融合为次生胚乳核。中央细胞在珠孔端与卵器相邻的部位也缺少细胞壁，细胞质中具有丰富的细胞器，显示出它是一个代谢活跃的细胞。

卵细胞与两个助细胞作为一个结构单位，称为卵器。而卵细胞、助细胞和中央细胞之间存在大面积接触，细胞之间分布有大量的胞间连丝，在功能上它们又相互合作共同完成双受精，因此被称为雌性生殖单位（female germ unit）。

（4）反足细胞　反足细胞的变异较大，有些植物反足细胞在胚囊成熟时或受精后不久即退化，而有些植物的反足细胞会继续分裂，而且生活期也较长。反足细胞具有丰富的细胞器及贮藏物，参与向胚囊转运营养物质，以及贮存养料供胚和胚乳的发育。

7.2.4 传粉与受精

当雄蕊中的花粉和雌蕊中的胚囊达到成熟，或是二者之一已经成熟时，原来由花被紧紧包住的花蕾张开，露出雌、雄蕊，花粉散放，完成传粉过程。传粉之后，发生受精作用，从而完成有性生殖过程。因此，传粉与受精是种子植物有性生殖最主要的两个过程。

1．传粉

由花粉囊散出的成熟花粉，借助一定的媒介力量，被传送到同一花或另一花雌蕊柱头上的过程，称为传粉（pollination）。

裸子植物的花粉粒几乎完全依赖风来转移。因风转移花粉的非直接性，裸子植物需要产生大量花粉来提高传粉成功率。而大部分被子植物依靠动物（主要是昆虫）传粉，虽然部分类群次生演化为风媒传粉，动物传粉仍被认为是被子植物古老的传粉方式。比起风力，动物通常是更高效的花粉传播者。动物可存在于风力甚微的地方，如浓密的热带丛林中。它们辗转于植物之间，提高了植物的异花传粉效率。动物传粉也促进了植物种类的多样性。

有花植物演化出独特的花结构以适应动物传粉，最基本的策略是引诱（attractant）和报酬（reward）。吸引动物访花主要通过视觉或气味。视觉吸引常常通过显眼的花被片（花萼或花冠）来实现。例如，利用色彩艳丽的花被片吸引白天活动的动物，而利用白色花被片吸引夜间活动的动物。由多个花组成花序远比单个花更具吸引力。

许多植物演化形成特殊结构或分泌物质作为传粉者的报酬。最普遍的报酬是花蜜，花蜜是由花蜜腺分泌的含糖的液体。花粉本身富含蛋白质，也是传粉者的报酬。除此之外，有些植物还产生蜡质、树脂等作为报酬。个别情况下，昆虫可从植物中获取特殊的化学物质作为吸引异性的信号分子。

1）传粉的方式 自然界中普遍存在着自花传粉与异花传粉两种方式。

（1）自花传粉 花粉从花粉囊散出后，落到同一朵花的柱头上的过程称为自花传粉（self-pollination）。在实际应用中，自花传粉，还指农业上同株异花间的传粉和果树栽培上同品种间的传粉。

自花传粉植物需要符合以下几点：①两性花，花雄蕊常围绕雌蕊而生，而且挨得很近，所以花粉易于落在本花的柱头上；②雄蕊的花粉囊和雌蕊的胚囊必须同时成熟；③雌蕊的柱头对本花的花粉萌发和花粉管中雄配子的发育没有任何生理障碍。栽培作物如水稻、小麦、番茄等多行自花传粉，而它们仍保留典型异花传粉的结构。

闭花传粉和闭花受精是典型的自花传粉，它们的花粉直接在花粉囊里萌发，花粉管穿过花粉囊的壁，向柱头生长完成受精。因此，此类植物不待花苞张开，就已经完成受精过程，如豌豆、落花生等。闭花受精是植物对不适合开花传粉环境的一种适应。

（2）异花传粉 一朵花的花粉传送到同一植株或不同植株另一朵花的柱头上的过

程称为异花传粉（cross-pollination）。不同作物间的传粉、不同果树品种间的传粉为异花传粉。有些植物是严格异花传粉的，这类植物往往对异花传粉有特殊的适应机制，常见的方式有以下几种：①单性花，而且是雌雄异株植物；②两性花，但雌雄蕊不同时成熟，有的植物雄蕊先成熟，如兰科的许多植物，有的植物雌蕊先成熟，如多种风媒花植物；③雌雄蕊异长或异位，有利于进行异花传粉，如报春花；④花粉落在本花的柱头上不能萌发，或不能完全发育以达到受精的结果，如荞麦、亚麻、桃、梨、苹果、葡萄等。

2）传粉的媒介 大多数被子植物演化出与特定传粉者相适应的传粉机制，也称传粉综合征（pollination syndrome）。

（1）昆虫传粉 昆虫传粉（insect pollination）的花也称虫媒花，是被子植物最常见的类型。许多蜜蜂传粉的花，其花冠具有蜜腺引导结构——线路或标记，引导蜜蜂找到蜜源（蜜导）。花冠能够形成一个着陆平台，为传粉者确定蜜腺或花粉的方向，也促使它们完成传粉要求的动作。

甲虫传粉被认为是被子植物古老的传粉方式，往往与雌雄蕊暴露，且释放水果香味或恶臭气味的花相适应。有些甲虫传粉的花会产热，以促使气味更有效地散发。蝶类传粉的花通常较大，且具备艳丽色彩和芳香的气味，没有蜜导。此类花趋向于具备长的、充满蜜汁的管或距，只有具长喙的昆虫才能采到花蜜。蛾类传粉的花通常是具有芳香气味的较大的白色花，没有蜜导，也具有长的、充满蜜汁的管或距。蝇类传粉的花多为褐色或棕色，释放腐肉般的臭味，如海芋属（*Arum*）植物。有些蝇类还会在此类花上产卵，但因缺少食物卵常无法发育。

（2）蝙蝠传粉 蝙蝠传粉（bat pollination）的花常夜间开放，花大、白色或其他色彩，能产生丰富的花粉或花蜜，以两者或其中之一作为蝙蝠传粉的报酬。若以花粉作为传粉报酬时，其花会有较多雄蕊。

（3）鸟类传粉 鸟类传粉（bird pollination）的花常较大，多为红色，且为能够分泌大量花蜜管状花。

（4）风传粉 风媒花（anemophilous flower）的花粉散放后随风飘散，随机地落到雌蕊的柱头上。风媒花在长期的风媒传粉中形成了适应风媒传粉的特征，其花多密集成穗状花序、柔荑花序等，可产生大量的花粉，花粉粒体积小，质轻，较干燥，表面多较光滑，少纹饰。小麦、水稻等的雄蕊花丝细长，开花时花药伸出花外，随风摆动，有利于花粉散放。风媒花雌蕊柱头往往较长，呈羽毛等形状以便接收花粉。花被不显著或不存在。有些风媒植物是单性花或雌雄异株。一些风媒传粉的木本植物往往在春季先叶开花，传粉过程不致被树叶所阻挡，如杨属（*Populus*）植物。

（5）水传粉 水生的被子植物如苦草［*Vallisneria natans*（Lour.）Hara］、金鱼藻（*Ceratophyllum demersum* L.）等借助水力来传粉的，称为水媒（hydrophily）。花粉的传播发生在水上、水面或水下。苦草属（*Vallisneria*）植物传粉是最引人关注的水传粉的例子。该属植物生长在水中，其雄花脱落后漂浮在水面上，并在水面上开放，四处漂浮。同时，具有心皮的雌花通过长长的花梗也升至水面上，造成一个轻微的低压，使得雄花下落而被“捕获”，传粉随之进行。

2．受精

被子植物花中的雌雄蕊发育成熟或有其中之一发育成熟后就会开花。开花后花粉通过风力或借助于昆虫等落到雌蕊的柱头上，进一步完成受精作用。被子植物的受精作用包括花粉粒在柱头上的萌发、花粉管在雌蕊组织中的生长、花粉管到达胚珠进入胚囊、双受精。

1）花粉粒在柱头上的萌发　柱头是花粉萌发的场所，也是花粉粒与柱头进行细胞识别的部位之一。花粉表面的蛋白质和柱头表膜蛋白质的识别有关。亲缘关系过远或过近的花粉在柱头上不能萌发或萌发后花粉管不能进入柱头，或在花柱甚至是子房中受到抑制。

花粉粒在柱头上吸水膨胀，在酶的作用下花粉内壁从萌发孔处向外突出，形成细长的花粉管（图 7-25）。大多数花粉萌发时形成一条花粉管，具多个萌发孔的花粉粒可同时形成多条花粉管，如锦葵科植物，但最终只有一条花粉管能到达胚囊，其余的在中途停止生长。

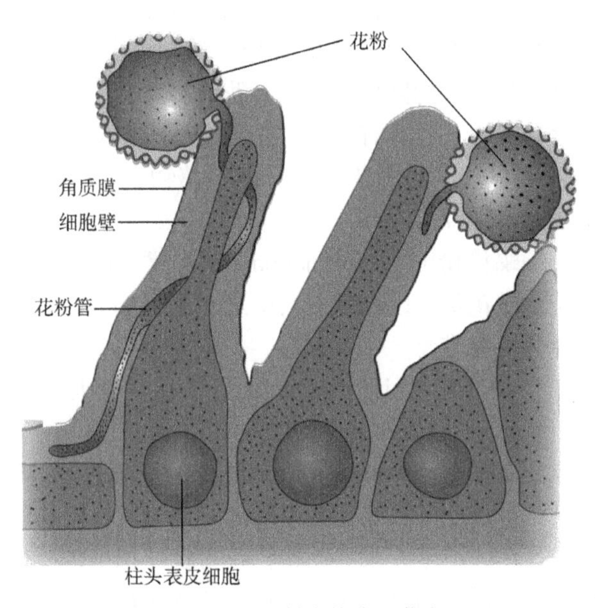

图 7-25　花粉在柱头上萌发

2）花粉管在雌蕊组织中的生长　花粉管从柱头的细胞壁之间进入柱头，向下生长，进入花柱。

在空心的花柱内，花柱道表面有一层具分泌功能的细胞称通道细胞（channel cell），花粉管沿着花柱道，在通道细胞分泌的黏液中向下生长，如百合科等植物。在多数实心的闭合型花柱中，引导组织的细胞狭长，排列疏松，细胞质浓，高尔基体、核糖体、线粒体等较丰富，胞间隙中充满基质，为果胶。花粉管就沿引导组织在充满基质的细胞间隙中向下生长，如白菜等。

雄配子体的营养细胞产生一条通过雌性柱头和花柱的花粉管，将其中的两个精子运送到胚囊中，因此，花粉管的生长在功能上相当于细胞迁移。通过内壁的顶端延伸，花粉管不断生长，内壁首先在一个花粉萌发孔里伸出。花粉管的生长保持在距花粉管的顶端5μm左右的区域，含有许多小泡，以及高尔基体、核糖体、微丝等细胞器。高尔基体小泡参与向胞外分泌形成新细胞壁原料，使花粉管得以不断生长。花粉管壁主要是由胼胝质和果胶构成。每隔一段距离胼胝质栓就会把后面留下的空管道封上（图7-26）。

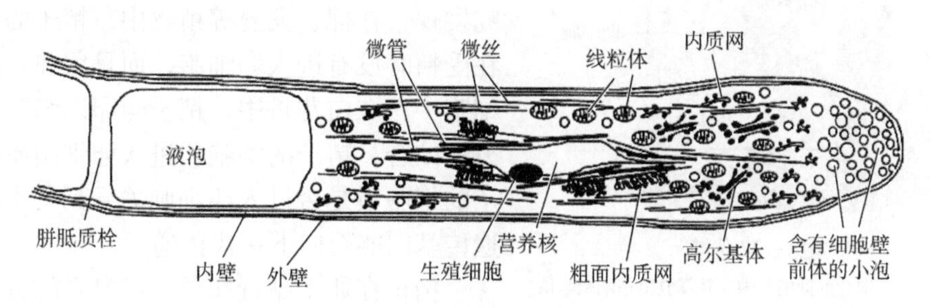

图7-26 花粉管生长模式图

在花粉管的生长过程中，2细胞花粉的生殖细胞进行有丝分裂，形成一对精子。由一对精子与营养核构成的雄性生殖单位作为一整体从花粉粒中移到花粉管的前端。

3）花粉管到达胚珠进入胚囊 花粉管经花柱进入子房后通常沿子房壁或胎座生长，一般从胚珠的珠孔进入胚珠，这种方式称为珠孔受精（porogamy）（图7-27）；少数植物如核桃（*Juglans regia*）的花粉管是从胚珠的合点部位进入胚囊的，称合点受精（chalazogamy）；还有少数植物的花粉管从胚珠的中部进入胚囊，称中部受精（mesogamy）。花粉管进入胚珠后穿过珠心组织进入胚囊。

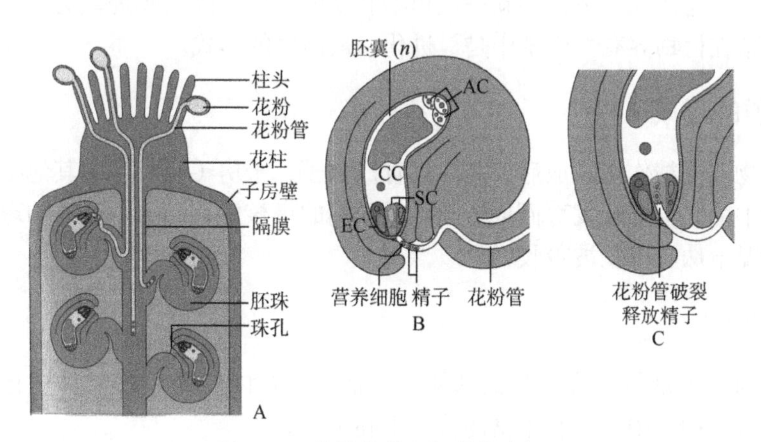

图7-27 花粉管进入胚囊的路径

A. 花粉萌发，花粉管沿花柱接近珠孔；B. 花粉管到达珠孔时，一个助细胞降解；C. 进入助细胞后，花粉管破裂，释放2个精子

4）双受精 双受精（double fertilization）是指被子植物花粉粒中的一对精子分别与卵和中央细胞极核的结合。受精卵将来发育成胚，受精的极核将来发育成胚乳。双受精现象在被子植物中普遍存在，也是被子植物所特有的。花粉管进入助细胞后，花粉管顶端形成一孔，花粉管内容物从中释放，进入胚囊。进入胚囊的内容物包括一对精

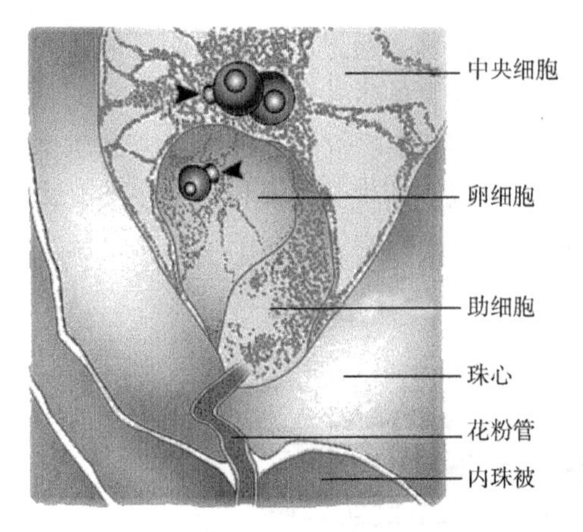

图 7-28 双受精

花粉管进入一个退化的助细胞内，并释放出精细胞。精细胞核（箭头）迁移，并与卵细胞核和中央细胞核融合

子、营养核和少量细胞质。精子释放出来后移向助细胞的合点端，营养核留在后面。一对精子是从卵和中央细胞无细胞壁的部分分别与卵及中央细胞结合（图 7-28）。精子细胞质能否进入卵在不同植物中是不同的。超微结构的研究发现，在棉、大麦等植物中，精子的细胞质在受精时没有进入卵细胞，而是留在解体的助细胞中；在白花丹中，精子与卵以细胞融合的方式结合，精子的细胞质进入卵细胞质中。精子的细胞质是否进入卵细胞关系到父本细胞质遗传基因能否向下一代传递。

精核在卵中贴近卵核，以融合的方式进入卵核，精子的染色质在卵中分散，最终与卵的染色质混在一起，精核仁也与卵核仁融合，从而完成受精过程。精子的细胞质是能进入中央细胞的，精核与 2 个极核或次生核（指两个极核融合的产物）的融合形成初生胚乳核（也称受精极核），在多数被子植物中，初生胚乳核和由此发育形成的胚乳是三倍体的。

双受精使单倍体的雌雄配子成为合子，恢复了二倍体的染色体数目；使父母亲本具有差异的遗传物质组合在一起，形成具有双重遗传性的合子，由此发育的个体有可能形成新的变异；在被子植物中胚乳也是经过受精的，多数被子植物的胚乳为三倍体，具有父母亲本的双重遗传性，可作为新一代植物胚期的养料，能为胚提供更好的发育条件与基础。双受精在植物界有性生殖中是最进化、最高级的形式。

7.2.5 种子的形成

被子植物双受精作用完成后，胚珠发育成种子，子房（有时还有其他结构）发育成果实。种子中的胚由合子发育而成，胚乳由受精的极核发育而成，胚珠的珠被发育成种皮，多数情况下珠心组织被吸收耗尽。

1．胚的发育

胚（embryo）是新一代植物的幼体。包括苔藓在内的高等植物都具有了胚。被子植物的胚包藏在种子中，贮有丰富的营养供胚生长。

1）合子　胚的发育始于合子（zygote）。合子通常需经过一段休眠期，休眠时间在不同植物中长短不一。水稻合子休眠 6h，小叶杨（*Populus simonii*）合子休眠期有 6～10 天，少数植物如秋水仙（*Colchicum autumnale*）的休眠期为 4～5 个月，而瘿椒树（*Tapiscia sinensis*）的受精过程于当年的 6～7 月完成，合子第一次分裂要到次年的 4 月，合子休眠长达 9 个月。休眠时合子发生了许多变化：合子被包在完整的纤维素细胞壁中；极性增强；合子的细胞器增多，新陈代谢活动增强等，如荠菜（*Capsella bursa-pastoris*）的合子伸长；棉的合子在合点端液泡缩小。

极性的出现是分化的前提。合子第一次分裂一般是横分裂，珠孔端的大细胞，叫作基细胞，有明显的大液泡。合点端的细胞称为顶细胞，细胞小，原生质浓厚，液泡小而少，富含核糖体等。

荠的胚胎发育已进行过详细研究，现将其作为双子叶植物胚胎发育的代表进行讲述，图 7-29 表示了荠的胚胎发育过程。

原胚阶段　荠的合子分裂形成的基细胞进一步横向分裂，形成一列细胞，其顶端的一个细胞参加胚体的发育，其余的都参与了胚柄的形成。胚柄的功能是从胚囊和珠心中吸取营养并转运到胚。有学者在菜豆属（*Phaseolus*）中进行实验，发现胚柄有合成赤霉素的功能，对早期的胚胎发育有作用。在原胚阶段，顶细胞先是纵向分裂再是多种方向的分裂，经 2 个、4 个、8 个细胞阶段……形成了球形的胚体，荠的胚体中大部分细胞是由顶细胞发育的，胚体的基细胞来自胚柄基细胞。这个阶段的原胚细胞具有丰富的多聚核糖体，蛋白质与核酸含量高，线粒体与质体也较多，细胞之间有胞间连丝。

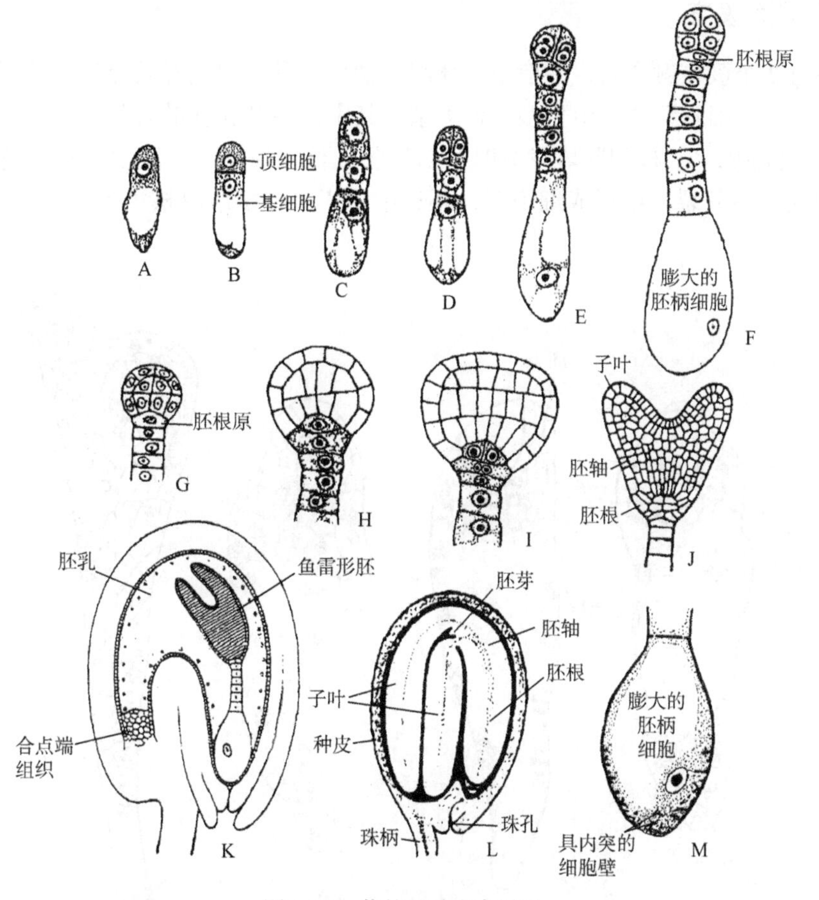

图 7-29　荠的胚胎发育过程

A．合子；B．合子第一次分裂形成一个大的基细胞和一个小的顶细胞；C．基细胞再横分裂一次，产生两个细胞排成一列；D．T 形胚阶段；E．四分体；F．八分体；G、H．球形胚阶段；I．早期心形胚；J．后期心形胚；K．鱼雷形胚；L．成熟胚；M．珠孔端膨大的胚柄细胞（吸器）

2）胚的分化与成熟阶段 当球形胚的体积达到一定程度时，胚体中间的部位生长变慢，两侧生长快，渐渐突起形成了子叶原基，使胚呈心形。心形胚原表皮和基本分生组织细胞的质体也开始出现片层。心形胚的子叶原基进一步发育伸长成为子叶，使胚的形状类似鱼雷，故称鱼雷形胚。这个时期，胚根中出现了原形成层，子叶内部出现了初步的组织分化，细胞中出现了叶绿体，胚呈绿色。在以后发育中胚的细胞分裂、增大和分化，进一步发育形成胚根和胚芽，胚根、胚轴、子叶等继续生长，芥胚受到胚囊空间的限制，发生弯曲，成熟时胚内积累了丰富的营养物质。

单子叶植物胚的发育与双子叶植物胚的发育相比有共同之处，但也有很多不同。单子叶植物合子的第一次分裂是横向的，分裂数次形成棒状胚。棒状胚的珠孔端是胚柄，胚柄与胚体间无明显的分界。不久，在棒状胚的一侧也出现一个小的凹刻，此处生长慢，其上方生长快，后来形成了盾片（子叶）。在以后的发育中，胚分化形成了胚芽鞘、胚芽（它包括茎端原始体和几片幼叶）、胚根鞘和胚根。在胚上还有一个很小的外胚叶，位于与盾片相对的一侧。

2．胚乳的发育

精核与2个极核融合后，一般不经休眠，初生胚乳核很快开始分裂和发育。胚乳的发育分为核型、细胞型和沼生目型三种类型，其中以核型胚乳最为普遍。

1）核型胚乳 核型胚乳发育时，初生胚乳核在最初的一段发育时期进行细胞核分裂而细胞质不分裂，不形成细胞壁，胚囊中积累了许多游离核（图7-30）。在胚乳发

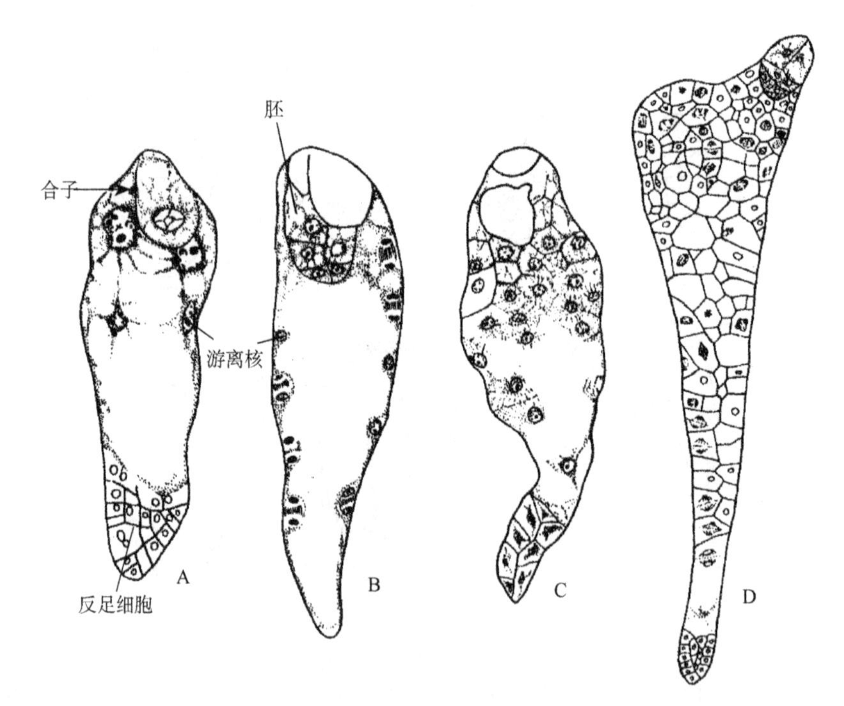

图7-30 玉米胚囊纵切，示核型胚乳的发育

A．少量游离核；B．游离核进行分裂；C．游离核形成细胞；D．胚乳细胞形成

育的后期才产生细胞壁，形成胚乳细胞。胚乳游离核增殖的方式主要是有丝分裂，在分裂旺盛时也会进行无丝分裂。在胚乳与胚发育的过程中，胚囊的体积扩大，中央有很大的液泡，胚乳游离核沿胚囊的细胞质边缘排成薄的一层或数层。游离核的数目在不同植物中差异很大。不同植物胚乳游离核开始形成细胞壁的时间不同。在小麦中，授粉 48～50h，胚乳游离核为 100 个左右时开始形成细胞壁。在棉属等植物中，胚乳游离核形成上千个时产生细胞壁。一般情况下，细胞壁的形成是从胚囊的珠孔端胚体的周围向着胚囊的合点端、从胚囊的边缘向中央推进。胚乳细胞在发育的后期积累淀粉、蛋白质、脂肪等营养物质。在小麦等禾本科胚乳组织的最外一层或数层细胞是富含蛋白质的糊粉层，这层细胞在种子萌发时分泌水解酶，水解胚乳中贮存的物质。多数双子叶植物与单子叶植物的胚乳发育属此类型。

2）细胞型胚乳　这类胚乳发育过程中不形成游离核，自始至终的分裂都伴着细胞壁的形成，合瓣花类植物多是这类胚乳，如烟草、番茄（*Lycopersicon esculentum*）、芝麻（*Sesamum indicum*）、矮茄（*Solanum demissun*）（图 7-31）等。

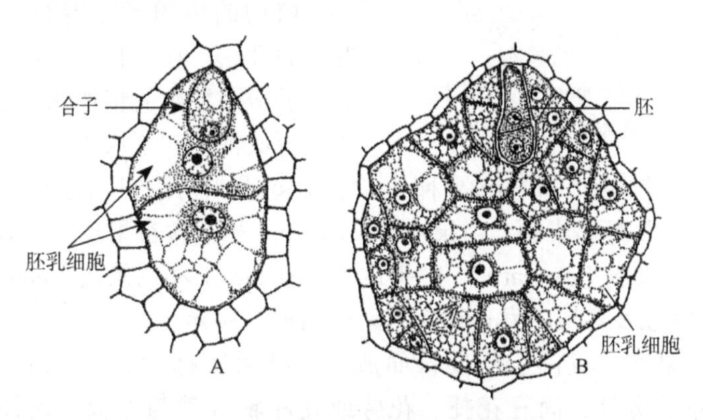

图 7-31　矮茄胚乳发育早期，示细胞型胚乳

A．二细胞型胚乳；B．多细胞型胚乳

3）沼生目型胚乳　这类胚乳存在于沼生目型植物中，是介于核型胚乳与细胞型胚乳之间的中间类型。这类胚乳的初生胚乳核第一次分裂形成 2 个室（细胞），分别为合点室与珠孔室。珠孔室较大，进行多次游离核分裂，在发育的后期形成细胞壁。在合点室，始终是游离核状态（图 7-32）。

从发育的过程讲，多数被子植物的胚乳细胞或游离核是三倍体的，但常因核内复制等，形成多倍体的核，成熟的胚乳为混倍体。核内的多倍性使得核的体积增加，核仁数目增多，这种多倍性与胚乳的高代谢活性有关，有利于多糖、蛋白质、脂类等大分子的合成转运与贮藏。离体胚胎培养和其他一些研究结果表明，胚乳对发育中的胚有一定的作用：胚乳可产生多种植物激素，对胚的分化有一定的影响；胚乳对胚的渗透压调节有一定的作用；胚乳还是中后期胚胎发育的主要营养源。

无胚乳种子的胚乳在胚发育的中后期消失，其营养物质转入胚的子叶中。在胚与胚乳发育的过程中，要从胚囊周围吸取养料，多数植物的珠心被破坏消失。少数植物的珠心始终存在，并发育成为贮藏组织，称为外胚乳（perisperm）。甜菜（*Beta vulgaris*）、石

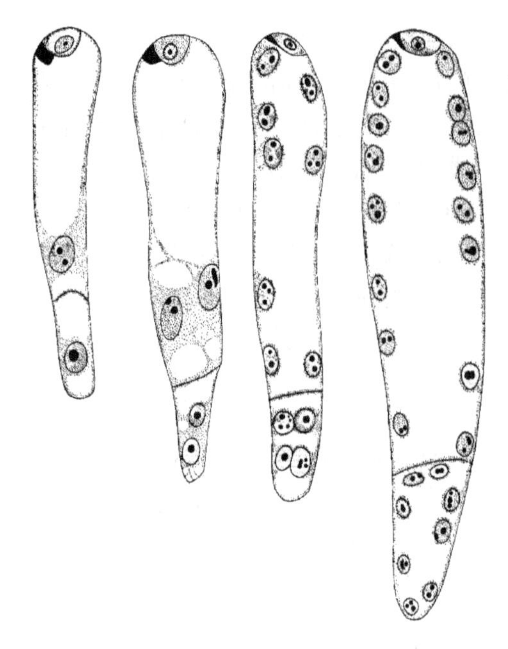

图 7-32 独尾草属（*Eremurus*）的沼生目型胚乳发育

竹等植物具外胚乳，而胚乳在发育中消失。胡椒（*Piper nigrum*）、姜（*Zingiber officinale*）等植物的外胚乳和胚乳都存在于种子中。

3．种皮的形成

在胚和胚乳发育过程中，胚珠的珠被发育成种皮，珠孔形成种孔，倒生胚珠的珠柄与外珠被的愈合处形成种子的种脊，种子从胎座上脱落留下的珠柄痕迹称为种脐。在不同植物中种皮发育情况不相同，种皮的结构和特点也各有不同。

7.2.6 果实的形成

植物的传粉意味着开花的结束和果实发育的开始。在传粉后，花药、花瓣衰老脱落，子房中发生受精作用，受精完成后，胚珠发育成种子，子房连同一些附属结构发育形成果实。在被子植物中，果实包裹种子，不仅起保护作用，还有助于种子的传播。

果实是由子房发育形成的，由果皮（pericarp）和包含在果皮内的种子组成。果皮可分成三层，即外果皮（exocarp）、中果皮（mesocarp）和内果皮（endocarp）。果皮的质地、结构、色泽以及各层的发达程度，因植物种类而异。

多数植物的果实，仅由子房发育而成，这种果实称为真果（true fruit）；但有些植物的果实，除子房外，尚有花托、花萼或花序轴等参与形成，这种果实称为假果（spurious fruit，false fruit），如梨、苹果等。此外，由一朵花中的单雌蕊发育成的果实称为单果（simple fruit）；由一朵花中的多数离生雌蕊发育成的果实称为聚合果（aggregate fruit），如莲、草莓等；由一个花序发育形成的果实称为聚花果（collective fruit），如桑、凤梨等。

一般来说，受精是结实的必要条件，但自然界也有些植物不经受精就可结实，这种子房不经受精而形成果实的现象称为单性结实（parthenocarpy）。单性结实形成的果实里常不含种子，故称为无子果实，如果植物受精后胚珠发育受阻也会形成无子果实。

1．果实的类型

以果实成熟时果皮的性质可分为肉质果（fleshy fruit）（图 7-33）和干果（dry fruit），它们又各分为几种类型。

1）肉质果

（1）浆果（berry） 由单心皮或多心皮合生雌蕊，上位或下位子房发育形成的果实，外果皮薄，中果皮和内果皮肉质多浆，内有一至多枚种子，如葡萄、枸杞、番茄、忍冬等（图 7-33A）。

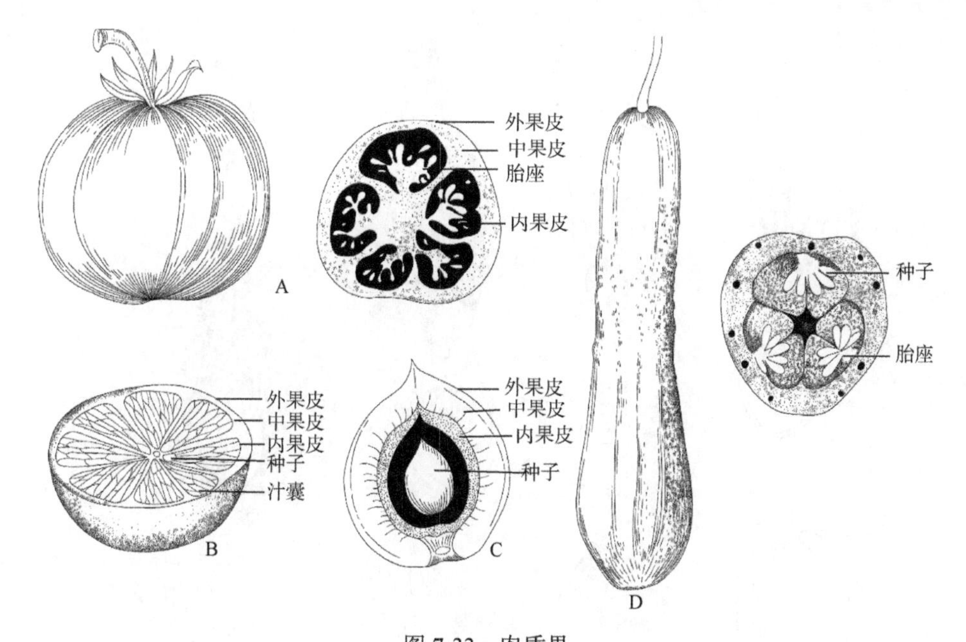

图 7-33　肉质果

A. 浆果（番茄）；B. 柑果（酸橙）；C. 核果（杏）；D. 瓠果（黄瓜）

（2）柑果（hesperidium）　由多心皮合生雌蕊，上位子房形成的果实，外果皮较厚，革质，内含有具挥发油的油室；中果皮与外果皮结合，界限不明显，中果皮疏松，白色海绵状，内具多分枝的维管束；内果皮膜质，分隔成若干室，内壁生有许多肉质多汁的囊状毛，即可食部分。柑果是芸香科柑橘属（*Citrus*）所特有的果实（图 7-33B）。

（3）核果（drupe）　典型的核果是由单心皮雌蕊，上位子房形成的果实。其特征是外果皮薄，中果皮肉质，内果皮坚硬、木质、形成坚硬的果核，每核内含 1 粒种子，如杏、桃、梅、李等（图 7-33C）。

（4）梨果（pome）　由 5 个合生心皮、下位子房与花萼筒一起发育形成的一种假果，外面肉质可食部分由原来的花筒发育而成，外、中果皮和花萼筒之间界线不明显，内果皮坚韧故较明显，常分隔为 5 室，每室常含 1 或 2 粒种子，如苹果、梨、山楂等。

（5）瓠果（pepo）　葫芦科特有的果实，是由 3 心皮合生雌蕊，具侧膜胎座的下位子房与花托愈合一起发育形成的一种假果，花托与外果皮形成坚韧的果实外层，中、内果皮及胎座肉质部分，成为果实的可食部分，如西瓜、冬瓜、栝楼、罗汉果等（图 7-33D）。

2）干果　果实成熟时，果皮干燥，开裂或不开裂，又分为裂果类与不开裂果类（图 7-34）。

（1）裂果类（dehiscent fruit）　果实成熟后果皮自行开裂，依据开裂方式不同分为以下几种。

a. 蓇葖果（follicle）：由单心皮或离生心皮雌蕊发育形成的果实，成熟后仅沿腹缝线或背缝线开裂（图 7-34A）。1 朵花只形成单个蓇葖果的很少，如淫羊藿属

图 7-34 干果

A. 蓇葖果；B. 荚果；C. 长角果；D. 短角果；E. 蒴果（瓣裂）；F. 蒴果（孔裂）；G. 蒴果（盖裂）；H. 瘦果；I. 翅果；J. 双悬果；K. 坚果；L. 颖果

（*Epimedium*）；大多为 1 朵花形成 2 个蓇葖果的，如杠柳（*Periploca sepium*）等；1 朵花形成数个聚合蓇葖果的，如八角茴香（*Illicium*）、芍药、玉兰等。

b. 荚果（legume）：是豆科植物所特有的果实，由单心皮发育形成，成熟时沿背、腹 2 条缝线开裂成 2 片（图 7-34B），如绿豆（*Pisum sativum*）。但也有成熟时不开裂的，如刺槐（*Robinia pseudoacacia*）；有的在荚果成熟时，种子间逐节断裂，每节含 1 个种子，不开裂，如含羞草（*Mimosa pudica*）；有的荚果呈螺旋状，并具刺毛，如苜蓿（*Medicago sativa*）；还有的荚果肉质呈念珠状，如槐（*Sophora japonica*）。

c. 角果：分为长角果（silique）（图 7-34C）和短角果（silicle）（图 7-34D），是由 2 心皮合生的子房发育而成的果实，在形成过程中，由 2 心皮边缘合生处生出隔膜，将子房隔为 2 室，称假隔膜，种子着生在假隔膜两侧，果实成熟后，果皮沿两侧腹缝线开裂，成 2 片脱落，假隔膜仍留在果柄上。角果是十字花科所特有的果实。长角果如萝卜、油菜；短角果如荠、独行菜（*Lepidium apetalum*）等。

d．蒴果（capsule）：是由合生心皮的复雌蕊发育而成的果实，子房一至多室，每室含多数种子。成熟时果实沿心皮纵轴开裂的称纵裂。沿腹缝线开裂的称室间开裂，如马兜铃、蓖麻、杜鹃等；沿背缝线开裂的称室背开裂，如百合、鸢尾等；若沿背、腹二缝线开裂，但子房间隔壁仍与中轴相连的称室轴开裂（图7-34E），如牵牛（*Pharbitis nil*）、曼陀罗（*Datura stramonium*）。若顶端呈小孔状开裂，种子由小孔散出称孔裂（图7-34F），如桔梗（*Platycodon grandiflorus*）。若果实中部呈环状开裂，上部果皮呈帽状脱落的称盖裂（图7-34G），如马齿苋、车前。还有的果实顶端呈齿状开裂称齿裂，如王不留行、瞿麦。

（2）不开裂果类（闭果类）（indehiscent fruit）　果实成熟后，果皮不开裂或分离成几个部分，但种子仍包被于果实中。常分为以下几种。

a．瘦果（achene）：含单粒种子的果实，成熟时果皮易与种皮分离（图7-34H），如白头翁（*Pulsatilla chinensis*）、毛茛（*Ranunculus japonicus*）；菊科植物的瘦果是由下位子房与萼筒愈合共同形成的，称连萼瘦果（cypsela），如蒲公英（*Taraxacum mongolicum*）、向日葵等。

b．颖果（caryopsis）：内含1粒种子，果实成熟时，果皮与种皮愈合，不易分离，农业生产中常把颖果习惯地称为"种子"，是禾本科植物特有的果实（图7-34L），如小麦、玉米等。

c．坚果（nut）：果皮坚硬，内含1粒种子，如板栗等的褐色硬壳是果皮，果实外面常由花序的总苞发育成的壳斗附着于基部，称为壳斗（图7-34K），如栎属（*Quercus*）、榛属（*Corylus*）等。有的坚果特小，无壳斗包围称小坚果（nutlet），如益母草、薄荷、紫草（*Lithospermum erythrorhizon*）等。

d．翅果（samara）：果皮一端或周边向外延伸成翅状，果实内含1粒种子（图7-34I），如杜仲（*Eucommia ulmoides*）、榆（*Ulmus pumila*）、臭椿（*Ailanthus altissima*）等。

e．胞果（utricle）：亦称囊果，由合生心皮雌蕊上位子房形成的果实，果皮薄，膨胀疏松地包围种子，而与种皮极易分离，如地肤（*Kochia scoparia*）、藜（*Chenopodium album*）等。

f．双悬果（cremocarp）：是伞形科植物特有的果实，由2心皮合生雌蕊发育而成，果实成熟后心皮分离成2个分果（schizocarp），双双悬挂在心皮柄（carpophore）上端，心皮柄的基部与果梗相连，每个分果内各含1粒种子（图7-34J），如胡萝卜、小茴香等。

2．果实和种子的散播

大多数类型的果实能被各种各样的媒介散播。果实、种子或与之相连结构（花梗、花被）的不同部分，可以特化出相似的具散播功能的相关结构。

1）与风媒散播相适应的结构　①种子的簇毛，如马利筋属植物［夹竹桃科（Apocynaceae）］，其蓇葖果开裂释放出具毛的种子。②果实的翅，如槭属植物的翅果。③果实的簇毛，如银莲花属（*Anemone*）植物，其瘦果具有一个着生长毛的宿存花柱。④翅状花被，如龙脑香属（龙脑香科）植物，其坚果与伸长的翅状萼片相连。⑤果序

(infructescence)(具果的成熟花序)与延伸的翅状苞片的联合结构，如果实为坚果的椴属（*Tilia*）植物。⑥“风滚草”生活习性，如环翅藜属（*Cycloloma*），整株植物被风吹动，在田野里滚动，在滚动时散播其小果。

2）与鸟媒散播相适应的结构 ①种皮色彩鲜艳，肉质化，如木兰属（*Magnolia*）的聚合蓇葖果开裂露出肉质种子。②果实肉质不开裂，如具浆果的茄属植物、具核果的李属、具梨果的唐棣属（*Amelanchier*）植物。③果实附生肉质的附属结构，如海葡萄属（*Coccoloba*）植物，其瘦果被肉质花被包裹；草莓属，其瘦果着生在一个膨大、色彩鲜艳、肉质化的花托上；或枳椇属（*Hovenia*）植物，其核果与肉质花梗和花序轴相连。相同功能的果实结构可能是由花的不同部分发育而来。趋同演化（相似结构由不同祖先结构发育而来）在果实中十分普遍。在许多不同的被子植物科间，相似的果实独立演化而来。

一些重量较大的果实和种子直接从植株上掉落至地面，并留在那里。这种散播方式并不太常见，但这可能是那些失去其主要散播媒介的种类的典型特征，如橙桑（*Maclura pomifera*）的果实。靠自身散播的植物通常通过一类种子、果实或果实一部分的炸裂喷射释放方式实现，这种方式通过种子黏液的膨胀、细胞膨胀压力的改变或组织的吸湿力来完成。这类散播也包括风、雨和动物造成的包裹种子结构的被动运动，以及果实或种子凭借刚毛的吸湿运动使自身散播蔓延扩散单元的被动运动。

风媒传播常常具有小种子，尘埃状，具球状疏松外种皮，膨大孢囊、花萼或苞片，或具气囊的果皮。宿存花柱、长且被毛的芒、特化花被（如冠毛）、胎座衍生物、珠柄衍生物、伸长的珠被、分开的翅，或从生毛状物形成的羽毛状结构可促进风媒散播。适应于风媒散播的翅状结构可存在于果实和种子，或由附属部分（花被、苞片）发育而来。在风滚草的散播中，其植株或花序的大部分断裂而随风散布。

水媒散播是指种子和果实被降雨冲走，或被携带进入水流。这样的种子或果实通常小、干燥和坚硬，或具有刺，或突出结构，这样有利于锚定，或有黏液覆盖表面，或疏水表皮层，或具有利于漂浮的低密度特性。

植物对借助动物体表散播的适应包括小型种子或果实，具刺、钩或黏性毛等结构，靠近地面，易于从植株脱离。这种适应也包括了粘在水鸟爪底泥土里的小而硬的果实或种子，以及能附着在大型草食哺乳动物足部。许多具黏性的果实易粘在鸟类的羽毛上。

果实和种子也可通过动物体内（经消化后）或其口内进行散播。鸟类通过其喙携带或埋藏坚果或种子进行散播。一些具黏性的种子会黏附在鸟喙上。靠鸟类散播的果实或种子通常具有诱人的可食部分。一些肉质果实的种子有可以防止被消化掉的骨质外壳或具有苦味或含有毒化合物。成熟的果实具有一种吸引鸟类的标志性色泽（与黑色、蓝色或白色相比，通常是红色）。这类果实无味，没有闭合的坚硬外壳（或果实坚硬，但种子暴露其外或悬垂），它们成熟后宿存于植株上。有的果实具色泽鲜艳的坚硬种子，它们是其他鸟类散播的多彩肉质果实的拟态。

哺乳动物运输贮存果实（特别是坚果）和种子。哺乳动物散播的果实通常含油量高，一般肉质化具有坚硬的核或革质至坚硬的果皮，这种果皮能够裂开露出肉质的内部组织，具假种皮或肉质外种皮的种子。气味对吸引哺乳动物十分重要，而颜色并不是重要的。果实成熟后通常会从植株上坠落。

第 8 章 被子植物的多样性

被子植物是植物发展史中最晚出现的一类高等植物，但已发展成为目前植物界最繁盛和最庞大的类群。现存的被子植物有 352 000 余种，占绿色植物、陆地植物和种子植物的大多数。被子植物作为一个单系类群已得到分子系统学和该类群许多独特性状的证实。

8.1 被子植物的起源与演化

根据化石记录和分子钟估算，被子植物可能起源于三叠纪，这与起传粉作用的核心植食性鳞翅目昆虫的起源时间一致，并在侏罗纪到早白垩纪期间快速分化形成种类繁多、形态各异的类群。无油樟科（Amborellaceae）很可能是现存被子植物中最早分化出的类群。

花是被子植物特有的生殖结构，也是其关键的创新性状。花的出现和多样化极大地提高了植物的繁殖效率和环境适应性，从而使被子植物成为当今陆地生态系统的主角，因此，花的起源与被子植物的起源密切相关，既涉及植物的生殖结构在进化过程中经历的改变，又涉及它们与外界环境（如传粉昆虫、气候环境和地质历史等）之间的相互作用。花并不是一个“器官”，而是一个由花托和多个叶性器官组成的复合结构，相比于裸子植物的生殖结构（孢子叶球），被子植物的花至少具有以下三个明显的特征。首先，花具有能够包被胚珠（ovule）的心皮；这是花的特有结构，也是被子植物区别于裸子植物最重要的形态学特征。其次，大多数被子植物的花是两性的，即雌、雄生殖结构生长在同一个轴性结构（花托）上，而裸子植物的生殖结构大多以单性孢子叶球的形式存在，其雌性结构为大孢子叶球（ovulate strobilus），由大孢子叶（macrosporophyll）构成，雄性结构为小孢子叶球（microstrobilus），由小孢子叶（microsporophyll）构成。最后，花具有花被，能够保护内部的生殖结构并吸引传粉者，而裸子植物的孢子叶球不具有这些结构。

花并不是突然出现的，而是逐步形成的，两性花的形成可能是第一步，然后是花托的缩短和花分生组织有限性的决定。此外，各类花器官的出现也遵循一定的规律，其系统发育顺序和个体发育顺序几乎反过来。其中，胚珠和雄蕊是比较古老的器官，它们的“雏形”在现存种子植物的最近共同祖先中已经存在，但是胚珠的外珠被（outer integument）和雄蕊的药隔（connective）是被子植物特有的结构。此外，心皮在被子植物的最近共同祖先中已经存在，但花被片（tepal）是最晚出现的器官，而且在花起源的早期处于不分化状态。

受研究手段的限制，早期分类学家主要依赖于形态学、细胞学和生物化学等方面的证据进行分类，但是形态性状有很强的环境可塑性，以至于趋同进化（convergent evolution）和平行进化（parallel evolution）多次发生，在一定程度上影响了它们的适用范围；而且不同研究者判断形态性状相似性的标准有差异，因此存在很多分类关系有争议的物种或类群。分子生物学和计算科学的快速发展，使利用核苷酸或氨基酸等分子性状阐明被子植物间的亲缘关系成为可能。经过二十余年的发展，分子系统学研究也从最初的基于单个基因向联合多个基因，乃至整个细胞器基因组的方向发展。世界各地的植物系统学家通力合作，构建了现代的被子植物系统发育框架。例如，提出并不断改善了被子植物种系发生学组（angiosperm phylogeny group，APG）分类系统（1998，2003，2009），并已更新至 APG Ⅳ，使人们对被子植物主要类群间的亲缘关系以及演化过程有了全新的认识。APG 系统对被子植物系统学和分类学研究产生了重大影响，大大改变了 200 多年来植物学家以形态学（广义）性状为根据提出的分类系统。

现在已报道的被子植物有 352 000 余种，属于 416 科和 64 目。被子植物除了最基部的三个目（ANA 组）：无油樟目（Amborellales）、睡莲目（Nymphaeales）和木兰藤目（Austrobaileyales），其余的（99.95%）可以分为 5 类：木兰类植物（magnoliid）、单子叶植物（monocot）、真双子叶植物（eudicot）、金粟兰目（Chloranthales）和金鱼藻目（Ceratophyllales）。

8.2 被子植物内部的系统发育关系

无油樟目（Amborellales）是现存被子植物中最先分化出来的类群，此目仅含 1 个物种，为单科单属种，现存的自然群落只在法属新喀里多尼亚有发现。但有少数研究结果也把无油樟目和睡莲目形成姊妹群放在被子植物最基部。从形态学上来看，上述基部被子植物的种子都具 2 枚子叶。从系统发育树上看，单子叶植物作为单系群嵌在传统意义上的双子叶植物内部，因此，传统意义上的双子叶植物就不再是单系群。这些结果也说明被子植物祖先的子叶数目可能是 2 枚，而后在单子叶植物起源前后丢失成为 1 枚，其他被子植物类群则保留了祖先中子叶的数目。

8.2.1 真双子叶植物的系统发育关系

真双子叶植物为五大分支中物种多样性最丰富的类群，包含 40 目 300 余科，占整个被子植物的 75% 左右，该类群的共同形态特征为花粉粒具有三孔沟（tricolporate），因此也被称为“三孔花粉组”。真双子叶植物起源古老，在中国发现的早白垩纪化石中就存在该类群植物，该类群的主要物种在 8000 多万年前的晚白垩纪桑托期（late Santonian）就已经形成。

真双子叶植物中，毛茛目（Ranunculales）位于最基部，是其他所有真双子叶植物的姊妹群；清风藤目（Sabiales）、山龙眼目（Proteales）、黄杨目（Buxales）和昆栏树目（Trochodendrales）是真双子叶植物的其他基部类群；其余所有真双子叶物种形成单系，被命名为核心真双子叶（core eudicot）植物。在核心真双子叶植物中，洋二仙草目（Gunnerales）是其他类群的姊妹群；其他类群的花多是 5 基数，因此也被称为 5

数花类植物（pentapetalae），主要由蔷薇类（rosid）和菊类植物（asterid）两大类群组成，另外还包含系统位置尚未完全确定的几个类群，即虎耳草目（Saxifragales）、葡萄目（Vitales）、檀香目（Santalales）、五桠果目（Dilleniales）和石竹目（Caryophyllales）。在蔷薇类植物中，主要类群为固氮分支（nitrogen-fixing clade），包括葫芦目（Cucurbitales）、壳斗目（Fagales）、蔷薇目（Rosales）和豆目（Fabales），是支持率很高的单系群；另外两个高支持率的分支是 COM 分支和锦葵类（malvids）分支，前者包括卫矛目（Celastrales）、酢浆草目（Oxalidales）和金虎尾目（Malpighiales），后者包括锦葵目（Malvales）、包含模式植物拟南芥的十字花目（Brassicales）、缨子木目（Crossosomatales）、无患子目（Sapindales）、腺椒树目（Huerteales）和美洲苦木目（Picramniales）。在菊类植物中，大部分物种组成一个被称为真菊的单系，而山茱萸目（Cornales）和杜鹃花目（Ericales）则是真菊的姊妹群（图 8-1）。

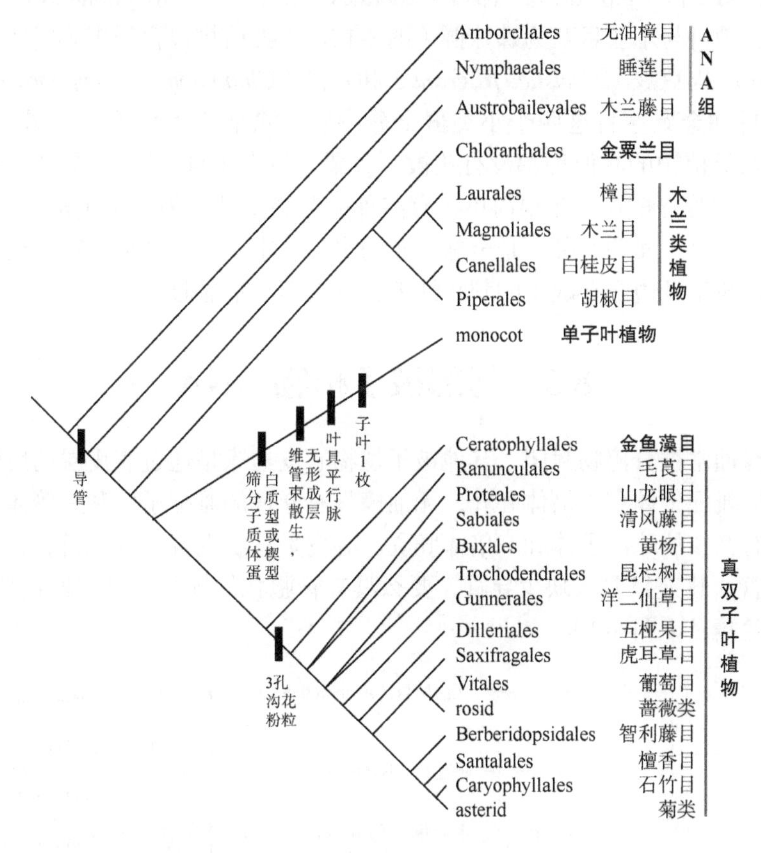

图 8-1 被子植物系统发育图

8.2.2 单子叶植物的系统发育关系

单子叶植物是五大分支中的第二大类群，约占整个被子植物的 22%，为人类提供了主要的粮食作物（谷物与其他淀粉类作物等）。该类植物绝大多数为草本，种子仅有 1 枚子叶，平行叶脉，花基数为 3。单子叶植物包含 11 目和 1 科，其中兰科植物约占单子叶物种的 34%，禾本科植物约占 17%。几乎所有的分子证据都表明菖蒲目（Acorales）是单子叶植物的最基部分支，泽泻目（Alismatales）紧随其后；另外，单子叶植物还包含天门冬目（Asparagales）、薯蓣目（Dioscoreales）、百合目（Liliales）、露兜树目（Pandanales）、无叶莲目（Petrosaviales）和鸭跖草类植物（commelinid）。其中鸭跖草类植物是单子叶植物的核心类群，包括棕榈目（Arecales，木本）、鸭跖草目（Commelinales）、禾本目（Poales）、姜目（Zingiberales）和多须草科（Dasypogonaceae）。单子叶植物是被子植物各大类群中系统发育研究得比较清楚的类群之一，除兰科和禾本科外，几乎其他单子叶植物的所有属都曾进行了系统发育研究，大部分研究基于叶绿体 *rbcL* 基因，这为研究单子叶植物各分支的起源、扩张、重要形态性状的演化与适应等奠定了基础。

8.2.3 木兰类植物、金粟兰目和金鱼藻目植物的系统发育关系

木兰类植物是五大分支中的第三大类群，现存物种多为常绿木本，包含白桂皮目（Canellales）、胡椒目（Piperales）、樟目（Laurales）和木兰目（Magnoliales），其中白桂皮目与胡椒目、樟目与木兰目互为姊妹群（图 8-1）。该类植物包含很多香料作物，如胡椒（*Piper nigrum*）、肉豆蔻（*Myristica fragrans*）和香樟（*Cinnamomum camphora*）等。

金鱼藻目和金粟兰目这两个小类群十分特别，除金粟兰目雪香兰属（*Hedyosum*）的雌花外，两类植物的其他种都没有花被。金粟兰目有 1 科 4 属 70 余种，只生长在热带和亚热带，为芳香植物，花很简单，有些种的花甚至被认为是被子植物最简单的花。金鱼藻目只有 1 科 1 属约 5 种，是全球广布的水生草本植物，其形态特征比较特殊，如植株无根，叶轮生且边缘有散生的刺状细齿，花极细小不显眼。

8.3 基部被子植物 ANA

心皮边缘通常被分泌物封闭，其他被子植物心皮边缘是通过表皮层的后殖融合。大多数具 4 核的雌配子体和二倍体胚乳，无油樟具有 9 核的雌配子体和三倍体胚乳，其他被子植物具有 8 核的雌配子体和三倍体胚乳。心皮呈管状发育，其他折叠状发育。无油樟目缺少导管；睡莲目要么缺少导管，要么具有管胞状的导管。该类群包括无油樟目、睡莲目和木兰藤目（图 8-2）。

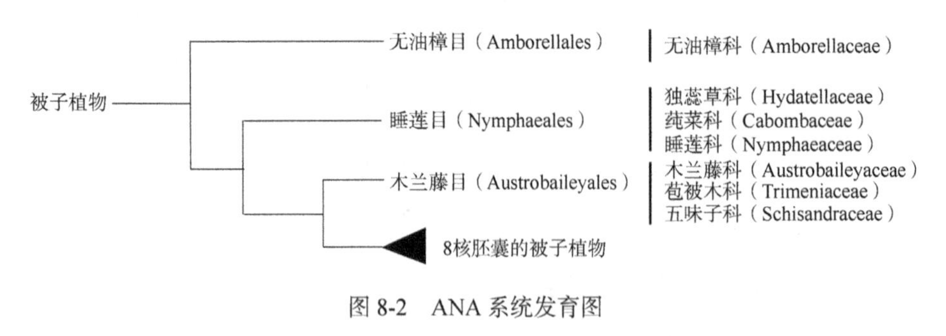

图 8-2 ANA 系统发育图

8.3.1 无油樟科（Amborellaceae）$♂* P_{9-11} A_{\infty} G_0$，$♀* P_{7-8} A_{1-2} \underline{G}_{4-6}$

本科 1 种，无油樟（*Amborella trichopoda*），只生长在法属新喀里多尼亚，是一种

子遗植物。该目是被子植物基部群的三个目之一，也是被子植物的最早期分支。木质部缺少导管，与其他被子植物不同；本科不含油细胞，又不同于其他基部类群。

灌木或小乔木，不含精油，不具透明油点。叶互生，单叶，叶缘波状。花腋生，单性，雌雄异株，花被 5～11 片，多少离生。雄蕊多数，花丝与花药不易分开，花丝较短；雌花中有退化雄蕊；花粉粒单萌发孔，萌发孔边缘界限不明显。雌花具有心皮 5 或 6，着生在一个稍凹陷的花托上，成熟时与花托分开。子房上位，边缘胎座；柱头朝近周面向柱头下伸展。胚珠 1 个，果实为聚合核果。

8.3.2　睡莲科（Nymphaeaceae）$*K_{4\text{-}12}C_{5\text{-}\infty}A_{\infty}\overline{G}_{3\text{-}\infty}$

水生，一年生或多年生草本。有根状茎，茎具星散排列的维管束，含乳汁细胞。单叶，盾状，沉水、浮水、挺水。花单生，两性，辐射对称，花梗长，通常漂浮或挺立在水面上。花瓣 8 至多数，或渐变成雄蕊；雄蕊 3 至多数；花粉粒单沟或无萌发孔。心皮 3 至多数，离生，或联合成一个多室子房及侧膜胎座（胚珠分散在隔膜上），柱头成凹入柱头盘。坚果或浆果。

本科 6 属 70 种，热带到温带广布。我国 3 属 8 种，南北均产。

传统的睡莲科包括 3 个亚科，即睡莲亚科（Nymphaeoideae）、莲亚科（Nelumboideae）和莼亚科（Cabomboideae）。近年来，形态和分子证据显示，莼亚科可以单独处理为莼菜科（Cabombaceae）；而莲亚科尽管与睡莲亚科植物有相似的表型，但其具有 3 沟花粉和多数离生心皮，且心皮下沉于膨大的花托之中，已独立为莲科（Nelumbonaceae），并归入真双子叶植物。

代表植物：白睡莲（*Nymphaea alba* L）（图 8-3），俗称睡莲，叶纸质，近圆形；花芳香，20～25 花瓣，白色。花供观赏；根状茎可食。芡实（*Euryale ferox*），叶面脉上

图 8-3　白睡莲

A. 植株；B. 雌蕊；C. 花纵切面；D. 花瓣；E～G. 花瓣状雄蕊；H～J. 内雄蕊；K. 果实

多刺，子房下位，果浆果状，海绵质，包于多刺的萼内。食用及药用。王莲［*Victoria amazonica*（Poepp.）Sowerby］叶圆形，直径1～2.5mm，四周卷起，花大，白色转为粉红乃至深紫色。原产南美洲亚马孙河，我国有栽培，为世界著名观赏植物。

8.3.3 五味子科（Schisandraceae）$*P_{9-15}A_{4-\infty}\underline{G}_{5-\infty}$

木质藤本或小乔木、灌木；叶互生，单叶，常有透明的腺点，托叶缺。花两性或单性，常单生于叶腋内；花被片多枚，螺旋状排列，外轮花萼状，类似苞片，内轮花瓣状；雄蕊4～80，花丝分离、部分合生或全部合生成一肉质的雄蕊柱；心皮一至多数，彼此分离，有胚珠2～5，花时聚生于一短的花托上，但结果时或聚生成一球状的肉质体。

本科3属约70种，分布于亚洲东南部和北美洲东南部。我国产3属54种，主产西南至华东。

代表植物：华中五味子（*Schisandra sphenanthera* Rehd. et Wils.）（图8-4），在《神农本草经》中列为上品，其皮肉甘酸，核辛苦，全果都有咸味，五味皆有，故名“五味子”。其性温不燥，除具有收敛固涩作用外，还有益气生精，宁心安神，滋肾养阴的功效。花橙黄色，雄花的花托圆柱形，顶端伸长，无盾状附属物；雌花具雌蕊30～60枚。果供药用，为五味子代用品。八角（*Illicium verum* Hook. f.），果为著名的调味香料，味香甜，也供药用。

图8-4　华中五味子

A．花枝；B．果枝；C．雄花；D．雄花去花萼、花瓣后，示雄蕊；E．种子

8.4 木兰类植物

木兰类植物（magnoliid）是除ANA外，既非单子叶植物，也非真双子叶植物的一个单系群。木本，真中柱，单叶，全缘。花部离生，孢子叶球状，完全花，花被（P）多样，常为三基数，微弱分化，雄蕊花丝较宽，单沟型花粉，雌蕊离生（通常花柱短）。木兰类植物包括樟目、木兰目、白樟目和胡椒目4个目18个科，具有代表性的科如图8-5所示。

8.4.1 木兰科（Magnoliaceae）$*P_{6-15}A_{\infty}\underline{G}_{\infty}$

木本，树皮、叶和花有香气。单叶互生，全缘或浅裂；托叶大，包被幼芽，早落，在节上留有托叶环痕。花大型，单生，两性，偶单性，整齐；花托伸长或突出；花被呈花瓣状，多少可区分为花萼及花冠；雄蕊多数，分离，螺旋状排列于伸长花托的下半部；花丝短，花药长，花药2室，纵裂；雌蕊多数，稀少数，分离，螺旋状排列于伸长花托的上半部。花粉具单沟（远极沟），较大，左右对称，外壁较薄；每子房含胚珠1～2（或多数）。聚合蓇葖果，稀不裂，个别为带翅的坚果。种子具小胚，胚乳丰富，成熟时常悬挂在细丝上，该丝是由株柄部分的螺纹导管展开而形成的。

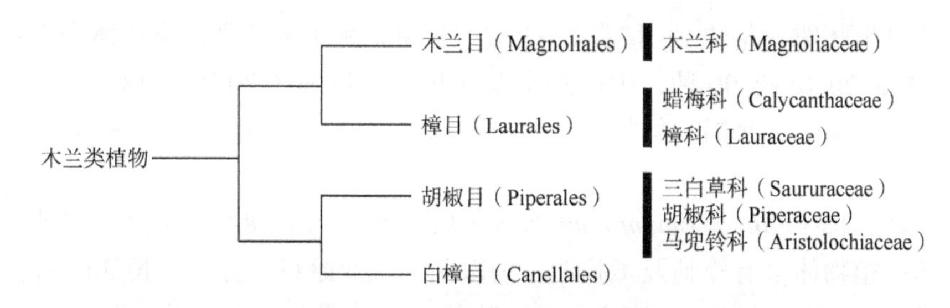

图 8-5 木兰类植物系统发育图

本科有 12 属 220 种，分布于亚洲的热带和亚热带，少数在北美洲南部和中美洲。我国有 11 属 130 余种，集中分布于我国西南部、南部。

代表植物：玉兰［*Yulania denudata*（Desr. D. L. Fu）］（图 8-6），花大，先叶开放，白色或带紫色，有芳香，花被 3 轮，每轮 3 枚，大小约相等，为著名的早春赏花园林树种。紫玉兰（又称木兰、辛夷）［*Yulania liliiflora*（Desrousseaux D. L. Fu）］，叶倒卵形，外轮花被 3，紫色到紫红色披针形。其花蕾入药为辛夷，能散风寒、通肺窍。原产湖北、云南等地，现各地均栽培。鹅掌楸（又称马褂木）［*Liriodendron chinense*（Hemsl.）Sarg.］，叶奇特，马褂状，先端平截或微凹，两侧各具一裂，是珍稀园林树种，产于我国长江以南各地。

重要特征：木本。单叶互生，有托叶。花单生，花被 3 基数，两性，整齐花。雌雄蕊多数螺旋状排列于伸长的棒状花托上，子房上位。聚合蓇葖果。

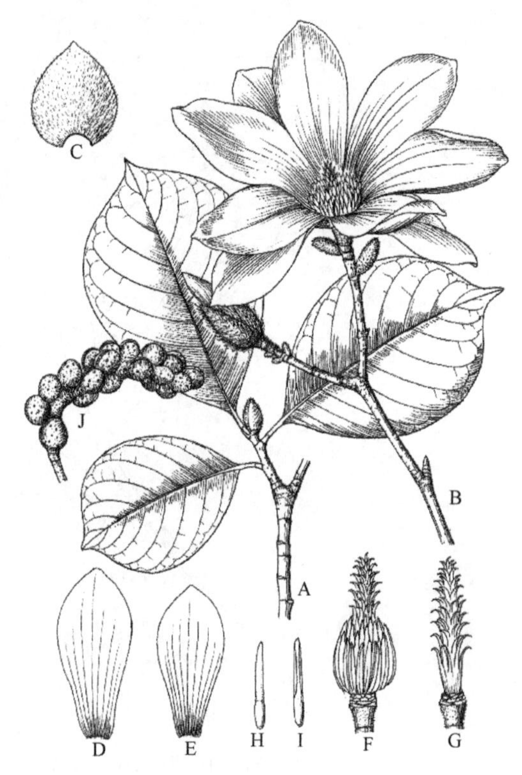

图 8-6 玉兰

A. 枝条；B. 花枝；C. 苞片；D. 外轮花被片；E. 内轮花被片；F. 雄蕊群和雌蕊群；G. 雌蕊群；H. 雄蕊背面；I. 雄蕊腹面；J. 聚合蓇葖果

8.4.2 樟科（Lauraceae）

$$* P_{3+3} A_{3+3+3+3} \underline{G}_{(3:1)}$$

常绿或落叶木本，仅无根藤属（*Cassytha*）是无叶寄生小藤本。叶及树皮均有油细胞，含挥发油。单叶互生，革质，全缘，三出脉或羽状脉，背面常有灰白色粉，无托叶。花常两性，辐射对称。圆锥花序、总状花序或头状花序。花各部轮生，3 基数，花被 6 裂，很少为 4 裂，同形，排成 2 轮，托附杯（花被管）短，在结实时脱落或增大而宿存；雄蕊 9（3～12），3～4 轮，每轮 3 枚，常有第 4 轮退化雄蕊；花药 4 或 2 室，瓣裂，第 1、2 轮雄蕊花药向内，第 3 轮雄蕊花药外向，花丝基部常有腺体；花粉球形或近球形，无萌发孔，外壁薄，表面常具小刺或小刺状突起；子房上位，1 室，有一悬挂的倒生胚珠，花柱 1，柱头 2～3 裂。核果，种子无胚乳。染色体为 X=7、12。

本科 45 属 2000～2500 种，主产热带及亚热带。我国产 20 属约 480 种，多产于长江流域及以南各地，为我国南部常绿林的主要森林树种，其中许多是优良木材、药材及油料来源。

代表植物： 樟［*Cinnamomum camphora*（L.）Pres.］（图 8-7），离基三出弧形叶脉，脉腋有腺体。植物体含有樟脑及樟脑油，为医药和工业原料。分布于长江以南。山胡椒［*Lindera glauca*（Sieb. et Zucc.）Blume］，叶常绿，椭圆形。木材可提取芳香油。三桠乌药（*L. obtusiloba* Bl.）叶顶端具 3 裂。果皮和叶可提取芳香油；树皮供药用，能舒筋活血。山胡椒和三桠乌药分布于秦岭以南。

图 8-7 樟

A. 花枝；B. 果序；C. 花纵剖面；D. 第 1 轮雄蕊，向内开裂的瓣片；
E. 第 3 轮雄蕊中的 2 枚，每枚具体 2 个腺体，花药沿着内向和侧向的瓣片开裂

重要特征： 木本，有油腺。单叶互生、革质、全缘。两性花，3 基数，花被 2 轮，雄蕊 4 轮，其中一轮退化，花药瓣裂，雌蕊 3 心皮，子房 1 室。核果。

8.5 单子叶植物

单子叶植物（monocot）为单系类群，多为草本，散生中柱（散生维管束），无次生生长，合轴分枝，具不定根。叶具平行脉，全缘，无腺齿。花为 5 轮列，花被片（P）

3 基数，雄蕊与花被片对生，花丝纤细，花药着生面广，单沟型花粉，子房间隔处具蜜腺；子叶单枚。单子叶植物包括 11 目 77 科（图 8-8）。

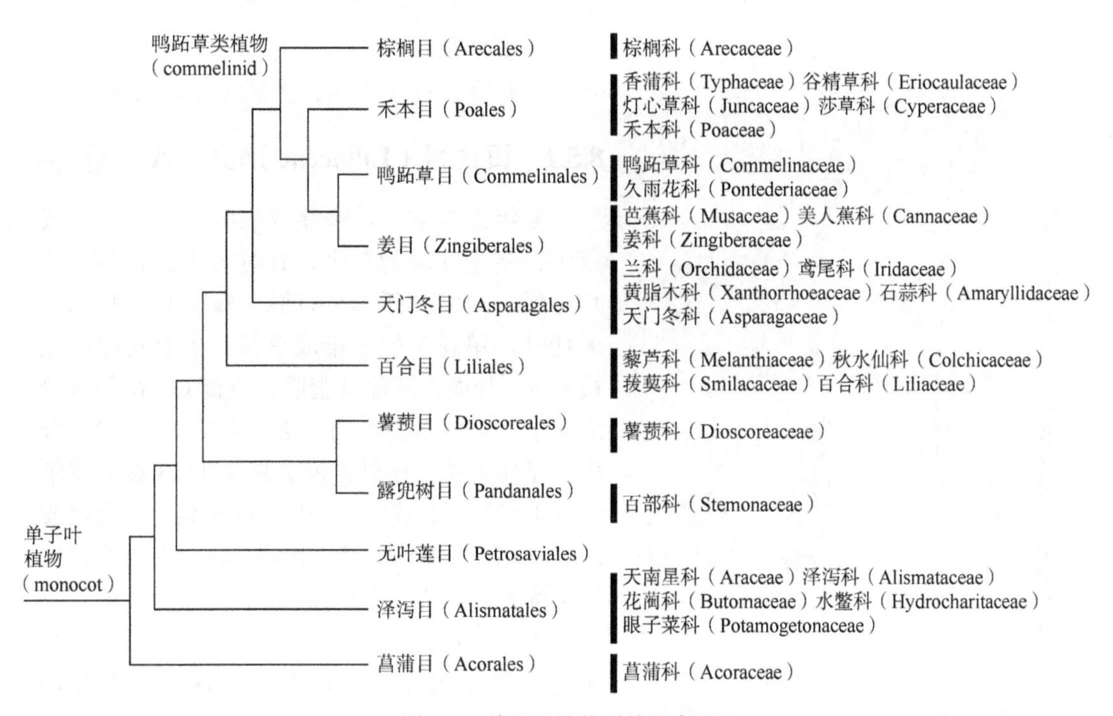

图 8-8　单子叶植物系统发育图

8.5.1　天南星科（Araceae）* $P_{0\,4\text{-}6}A_{6\text{-}1}\underline{G}_{(3,\ 2\text{-}15)}$

陆生至水生草本。叶互生，螺旋排列或成 2 列，常单生，全缘时羽状至掌状深裂，基部具鞘。无限花序，常顶生，很多小花密集着生于肉质的花序轴上，形成佛焰花序，花序顶端可能无花，被佛焰苞包裹；花两性至单性，辐射对称；花被片 4～6；雄蕊 1～12；心皮常 2～3，合生，柱头 1，点状或头状，胚珠一至多数，倒生或直立。果实常为浆果。花粉粒单沟和 2 沟，带状或无萌发孔。

本科 117 属 4095 种，世界广布，热带和亚热带地区尤盛。我国 30 属 190 种，南北均产，主产西南和华南。该科植物许多种类为药用植物；某些种类的块茎富含淀粉，可供食用；不少种类常栽培供观赏。

代表植物：一把伞南星［*Arisaema erubescens*（Wall.）Schott］（图 8-9），块茎扁球形。叶 1，中部以下具鞘，叶片放射状分裂，裂片 4～20，佛焰苞绿色，背面有清晰的白色条纹，或淡紫色至深紫色而无条纹。肉穗花序单性。块茎入药。半夏［*Pinellia ternata*（Thunb.）Breit.］，肉穗花序具细长柱状附属体，佛焰苞顶端合拢；花雌雄同株，无花被；雌花部分与佛焰苞贴生。块茎有毒，炮制后入药，能燥湿化痰，降逆止呕，因仲夏可采其块茎，故名“半夏”。分布于我国南北各地。魔芋（*Amorphophallus rivieri* Durieu），肉穗花序附属体无毛；花柱明显，柱头浅裂；块茎入药。马蹄莲

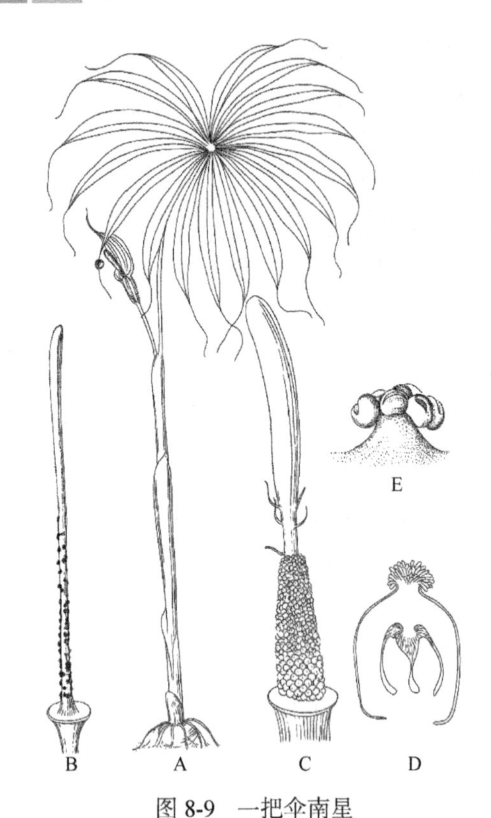

图 8-9 一把伞南星

A. 植株，示根、茎、叶和花序；B. 雄肉穗花序；C. 雌肉穗花序；D. 雌花纵切面；E. 雄花

[*Zantedeschia aethiopica*(L.)Spr.]、龟背竹（麟麟叶、麒麟尾）[*Epipremnum pinnatum*（L.）Schott] 均为常栽培的观赏植物。

重要特征：草本，具有地下茎或球茎；叶互生，螺旋排列或 2 列，佛焰花序；浆果。

8.5.2 百合科（Liliaceae）* $P_{3+3}\ A_{3+3}\ \underline{G}_{(3:3)}$

多年生草本，具鳞茎或根状茎。叶基生或茎生，茎生叶多为互生，有时对生或轮生；叶片全缘，通常具弧形平行脉，较少具网状脉；无托叶。单花顶生或排成总状、伞形花序；花被片 6，分离，基部具蜜腺；雄蕊 6，花药基着或“丁”字状着生，药室 2，纵裂；心皮 3，合生，子房上位，中轴胎座，柱头 1，3 裂。浆果或蒴果背缝开裂或室间开裂。种子扁平、盘状或球状。花粉粒单沟，稀 2 沟或 3 沟，多为网状纹饰，稀为负网状、疣状或颗粒状。虫媒传粉。

本科 15 属 740 种，世界广布，主要分布于北半球的温带。我国 13 属 148 种，南北均产，以西南地区尤盛。传统的百合科范围非常广，包含 280 属约 4000 种，是个庞杂的类群。APG Ⅳ采用了狭义的百合科，包含 14 属。

图 8-10 卷丹

A. 植株，示茎、叶和花序；B. 雌蕊；C. 子房横切面；D. 叶腋中的珠芽

代表植物：卷丹（*Lilium tigrinum* Ker Gawler）（图 8-10），多年生草本，鳞茎近宽球形，上部叶腋有珠芽。花被有紫黑色斑点，向后反卷。鳞茎均含淀粉，可供食用、酿酒和药用，又常栽培供观赏，几乎广布全国。贝母属（*Fritillaria*）鳞茎的鳞片少数，花钟状下垂，多种植物的鳞茎入药，能清热润肺，化痰止咳。常见的有川贝母（*F. cirrhosa* D. Don）、浙贝母（*F. thunbergii Miq.*）、平贝母（*F. ussuriensis* Maxim.）等。

重要特征：花 3 基数，子房上位，中轴胎座；蒴果或浆果。

8.5.3 兰科（Orchidaceae）$\uparrow P_{3+3}A_{2,1}\overline{G}_{(3:1)}$

多年生草本，稀为藤木。根与菌类形成共生菌根，地生种类常具块茎，附生类型常具假鳞茎。叶互生。总状或圆锥花序；稀单花，两性，两侧对称；花被片 6，2 轮；中央 1 花瓣常特化为唇瓣，花梗和子房常扭转或弯曲；子房下位，1 室，常侧膜胎座；雌蕊和雄蕊合生（蕊柱）；雄蕊常可育，花粉黏合成团块（花粉团），常具花粉团柄和黏盘；可育柱头位于由 1～2 柱头形成的蕊喙下；蕊柱基部有时延伸成蕊柱足，侧萼片有时与蕊柱足形成萼囊。常为蒴果。种子小，极多，无胚乳。

本科 880 属 25 000 种，世界广布（除南极洲），主产热带和亚热带地区。我国 171 属约 1350 种，南北均产，主产西南和华南地区。兰科植物有很多是著名的观赏植物，各地多栽培，有些为药用植物。

兰科一直被认为是被子植物最为进化的类群之一，形态学和分子系统学研究表明，兰科位于天门冬目（Asparagales），其姊妹群为仙茅科（Hypoxidaceae）。兰科可分为 5 亚科，即拟兰亚科（Apostasioideae）、香荚兰亚科（Vanilloideae）、杓兰亚科（Cypripedioideae）、红门兰亚科（Orchidoideae）和树兰亚科（Epidendroideae）。拟兰亚科为其他亚科的姊妹群，树兰亚科包括约 80% 的种类，可被划分为 20～30 族。

兰科植物花的结构与虫媒传粉之间高度适应。首先花的色彩和香气很容易引起昆虫的注意，在花的基部或距内，或在唇瓣的褶皱中产生花蜜；原来在上面的唇瓣，由于子房 180° 扭转，使唇瓣转向下面，成为昆虫的落脚点，昆虫落在唇瓣上，头部恰好触到花粉块基部的黏盘上，离开时将花粉块黏着在昆虫的头部，当昆虫向另一花采蜜时，黏盘恰好触到有黏液的柱头上，把花粉块卸在花的柱头上，完成异花授粉。但是，兰科植物产生大量种子是一个原始的特征，并且兰科的种子在果实开裂时，并未完全发育，需待种子落在基质上，与真菌共生，分解脂肪后才能继续发育，因此，大量产生出来的种子并不能使兰科植物无限制地繁殖下去。

代表植物：兰属（*Cymbidium*），属于树兰亚科兰族兰亚族（Cymbidiinae），附生、陆生或腐生，具假鳞茎，假鳞茎包藏于叶基部的鞘之内。叶二列，常带状，基部一般有宽阔的鞘并围抱假鳞茎，有关节。总状花序具数花或多花；唇瓣 3 裂，基部有时与蕊柱合生长 3～6mm；蕊柱较长，两侧有翅，腹面凹陷或有时具短毛；花粉团 2，有深裂隙，或 4 而形成不等大的 2 对，蜡质，以很短的、弹性的花粉团柄连接于近三角形的黏盘上。本属 50 种分布于热带亚洲和澳大利亚；中国 30 种，广布于秦岭以南。其中国内外广为栽培观赏的有蕙兰（*Cymbidium faberi* Rolfe）（图 8-11）；墨兰［*C. sinense*（Andr.）Willd.］，以花和叶色泽的多变而著称，培育出许多叶艺、花艺品种；春兰［*C. goeringii*（Rchb. f.）Rchb. f.］和建兰［*C. ensifolium*（L.）Sw.］的栽培品种和类型也很多。

绶草［*Spiranthes sinensis*（Pers.）Ames］（图 8-12），绶草属，归入红门兰亚科。根数条，指状，肉质，簇生。叶基生。总状花序顶生，花小，紫红色、粉红色或白色，在花序轴上呈螺旋状排生。生于山坡林下、灌丛下、草地或河滩沼泽草甸中，可供药用。石斛（*Dendrobium nobile* Lindl.），茎黄绿色，稍扁，节间明显，生阴湿处，产于我国南部。茎供药用，能滋阴清热，养胃生津。天麻（*Gastrodia elata* Bl.），腐生草本，根状茎肥厚，入药，能熄风止痉、通络止痛。

图 8-11　蕙兰

A．开花的植株；B．花；C．唇瓣；
D．合蕊柱与子房；E．合蕊柱；F．花药

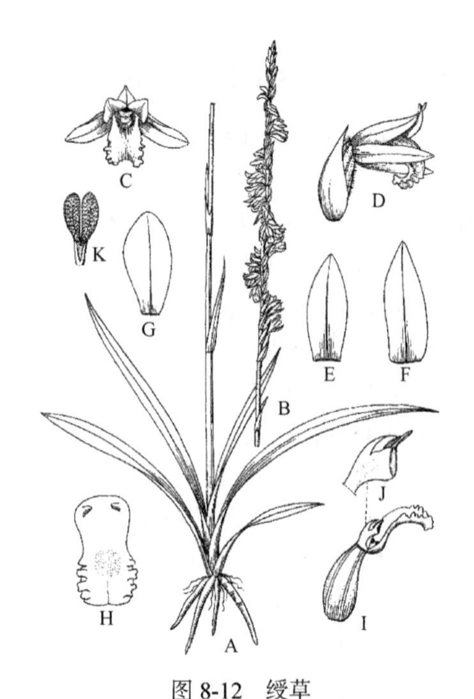

图 8-12　绶草

A、B．开花的植株；C．花正面；D．花侧面；E．中萼片；F．侧萼片；G．花瓣；H．唇瓣；I．花梗连子房、合蕊柱及唇瓣的侧面；J．合蕊柱侧面观；K．花粉块

重要特征：草本；花左右对称，有唇瓣，雄蕊和雌蕊合生成合蕊柱，花粉结合成花粉块，子房下位；蒴果；种子极多，微小。

鸭跖草类植物（commelinid）是单子叶植物的一个单系类群，细胞壁中含有阿魏酸或者香豆酸，在紫外线激发下有荧光。叶中具硅酸，表皮蜡质常为小棒状，聚合成扇形。鸭跖草类植物包括棕榈目（Arecales）、禾本目（poales）、鸭跖草目（commelinales）和姜目（Zingiberales）4 个目。以下 3 科属于此类。

8.5.4　姜科（Zingiberaceae）$\uparrow K_3C_3A_1\overline{G}_{(3)}$

多年生草本，陆生，很少为附生，有芳香。有块茎状或者非块茎状的地下茎，往往地下茎生根，有时具有块根。地上部分茎通常短，具有由叶鞘形成的假茎。单叶二列，假茎基部通常具无叶片的叶鞘；叶鞘开放，稀为闭合，通常有叶舌；叶柄位于叶片和鞘之间，在姜属中为垫状；叶片在芽期卷曲，边缘全缘，中脉显著，侧脉通常多数，羽状，平行。花单生或组成穗状、总状或圆锥花序，生于具叶的茎上或单独由根状茎发出，而生于花葶上，或从假茎中部生出。花两性，两侧对称；花萼通常细管状，一侧开裂，有时佛焰苞状，顶端齿裂；花冠基部管状，上部 3 裂片；雄蕊或者退化雄蕊 6，2 轮；外轮近轴面的 2 枚退化雄蕊花瓣状、齿状或不存在，远轴面的 1 枚消失；内轮远轴面的 2 枚联合成 1 唇瓣，近轴面的 1 枚为可育雄蕊；花丝长或短；花药 2 室，内向，通常纵裂或偶尔孔裂；药隔通常基部延长成距或顶部延长成药隔附属体；子房下位，最初 3 室，成熟后 1 室或 3 室；胚珠每室多数；发育花柱 1，非常细，位于药室间的槽中；

柱头高于花药，具小乳突，多少湿润，通常具缘毛；子房顶端通常具有多种形态的延伸生长，即上位腺体。果为蒴果，肉质或者干燥，有时浆果状。假种皮经常浅裂或撕裂状。花粉粒多为无萌发孔。

本科 51 属 1300 种，泛热带分布，多样性中心位于亚洲南部和东南部，一些种类分布于南美洲、北美洲和亚洲亚热带和暖温带地区。我国 20 属（2 属特有）216 种（141 种特有，4 种为栽培种），产东南至西南地区。

代表植物：姜（*Zingiber officinale* Roscoe）（图 8-13），根状茎肉质，指状分枝。茎高约 1m，叶片披针形，无柄。穗状花序由根状茎抽出，苞片淡绿色；花冠黄绿色，唇瓣倒卵形，下部两侧各有小裂片，有紫色、黄白色斑点。我国中部、东南部至西南部广为栽培。亚洲热带地区亦常见栽培。根状茎供药用，干姜主治"心腹冷痛，吐泻，肢冷脉微，寒饮喘咳，风寒湿痹"。生姜主治"感冒风寒，呕吐，痰饮，喘咳，胀满；解半夏、天南星及鱼蟹、鸟兽肉毒"，又可作烹调配料或制成酱菜、糖姜。茎、叶、根状茎均可提取芳香油，用于食品、饮料及化妆品香料中。

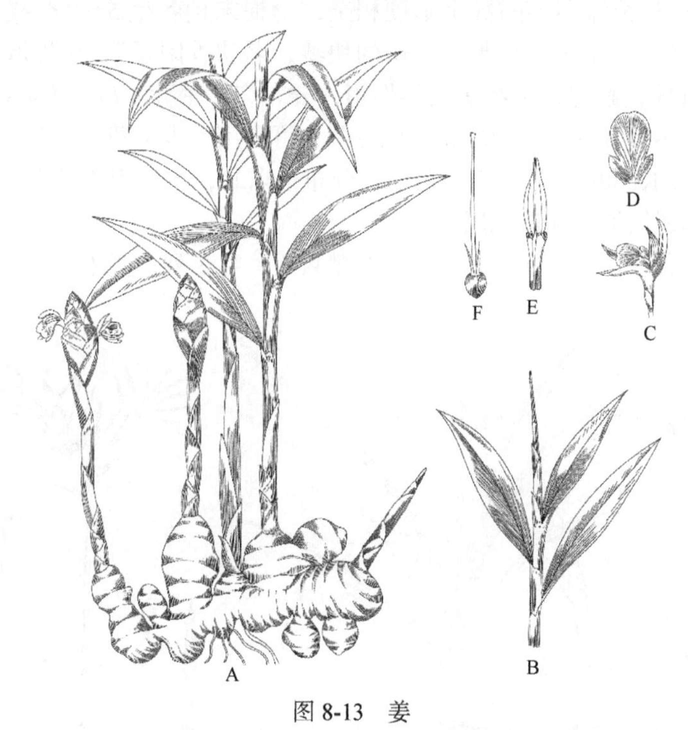

图 8-13　姜

A. 具根、根状茎、茎和花序的植株；B. 枝端；C. 花侧面观；D. 唇瓣；E. 雄蕊；F. 雌蕊

本科还包含多种著名的药材，如砂仁（*Amomum villosum* Lour.）、益智（*Alpinia oxyphylla* Miq.）、高良姜（*Alpinia officinarum* Hance）、郁金（*Curcuma aromatica* Salisb.）等，为祛风、健胃、化瘀、止痛药或用作调味品。此外，还有许多民间应用的中草药、纤维植物、香料植物和美丽的观赏植物。

重要特征：多年生草本，有芳香气味；叶鞘顶端有明显的叶舌；外轮花被与内轮明显区分，具发育雄蕊1 枚和呈花瓣状的退化雄蕊。

8.5.5 莎草科（Cyperaceae）* $P_0A_{3-1}\underline{G}_{(3-2:1)}$

草本，通常有根状茎；茎横切面常为三角形。叶通常基生，呈3列互生，叶片条状、扁平，叶鞘闭合，具平行脉，普遍无叶舌。花序小穗复合排列，常有苞片包被；花两性或单性，均生于苞片的腋内；花被片缺如或退化为3～6鳞片、刚毛或丝毛；雄蕊1～3（6），花丝分离，花药不呈箭头状；心皮2～3，合生；子房上位，基底胎座，胚株1，柱头2～3。花粉多为假单粒，远极单孔和数个侧孔或沟，也包括无萌发孔、单孔和多孔类型。小坚果光滑或具横皱、网纹等纹饰，同刚毛状花被相连。

本科106属约5400种，世界广布，主产北温带地区。我国33属865种，南北均产，主产西南和华南地区。莎草科是单子叶植物中具有一定经济意义的大科，可提供饲料、纤维等。

代表植物： 莎草（*Cyperus rotundus* L.）（图8-14），根状茎匍匐，细长，生有多数长圆形、黑褐色块茎；秆散生或丛生，三棱形；叶片狭条形，常裂成纤维状；秆顶有2～3枚叶状苞片和长短不等的数个伞梗相杂，伞梗末梢各生5～9个线形小穗。花两性，雄蕊3，柱头3，坚果三棱形。干燥的块茎，名“香附子”，可提取香附油，可作香料，入药，有理气解郁、调经止痛等作用，分布广。荸荠［*Eleocharis dulcis*（Burm. f.）Trin.］，根状茎匍匐细长，顶端膨大成球茎，可食用，也可药用，各地栽培。乌拉草（*Carex meyeriana* Kunth），秆丛生，粗糙；分布于东北，主要用于冬季作填充物，具有保温作用，全草还供编织和造纸用。

重点特征： 秆三棱形，实心，无节；叶鞘封闭，叶3列；坚果。

图8-14 莎草

A. 植株；B. 花序；C. 小穗；D. 果实；E. 鳞片

8.5.6 禾本科（Poaceae）* $P_{2-3}A_{2-3}\underline{G}_{(2-3):1}$

草本（或木本状）。叶二列，由叶鞘、叶片、叶舌、叶耳组成，具平行脉。小穗组成穗状、总状或圆锥状等顶生花序；小穗含颖片与小花；颖片为小穗轴上最下2苞片；

陆续向上为外稃和内稃，与其内含部分构成小花；小花无显著花被，具鳞被（浆片）2 或 3，雄蕊 3，稀 1、2、4、6 或更多，雌蕊 1，胚珠 1，直立于子房室基底且倒生。果实通常为颖果。花粉粒多为单孔，具顶盖和孔纹［部分雨林竺属（*Pariana*）无孔纹］，刺状、颗粒、皱波、疣状和负网状纹饰。

本科 74 属 1150 种，世界广布。我国 227 属 1797 种，南北均产。禾本科在被子植物四特大科中排第 4 位。与禾本科的系统发育关系最近的类群曾经被认为是莎草科（Cyperaceae），最近的分子系统学和形态学研究发现，本科的姊妹群很可能是拟苇科（Joinvilleaceae）或二柱草科（Ecdeiocoleaceae）。现在广泛接受了禾本科内部 12 个亚科的系统发育框架。

禾本科植物遍布全世界，能适应多种不同环境，凡能生长种子植物处，均有其踪迹。且本科植物多靠根状茎蔓延繁殖，覆盖地面，有绿化环境、保护堤岸、保持水土及海滩积淤等作用。陆地的大部分均为禾本科植物所覆盖，禾本科是各种类型草原的重要成分，在温带地区尤为繁茂。本科植物与人类的关系密切，具有重要的经济价值。它是人类粮食的主要来源，同时也为工农业提供了丰富的资源，很多禾本科植物是建筑、造纸、纺织、制药、酿造、制糖、家具及编织的主要原料。在畜牧业方面，它又是动物饲料的主要来源。

代表植物：早熟禾（*Poa annua* L.）（图 8-15），一年生或冬性禾草。叶鞘稍压扁，中部以下闭合。小穗卵形，含 3～5 小花。内稃与外稃近等长，两脊密生丝状毛。花药黄色。颖果纺锤形。路旁草地、田野水沟或荫蔽荒坡湿地常见杂草。小麦（*Triticum aestivum* L.），一年生或二年生草本；叶片条状披针形，叶耳、叶舌较小；穗状花序直立，顶生，穗状花序由 10～20 个小穗组成，排列在穗轴的两侧；小穗有小花 3～6，两侧压扁，无柄，单独互生于穗轴的各节；颖片近草质，卵形，有 5～9 脉，顶端有短尖头，主脉隆起成脊；外稃厚纸质，5～9 脉，先端通常具芒；内稃与外稃等长；花两性，浆片 2，雄蕊 3；颖果椭圆形，腹面有深纵沟，不和稃片黏合，易于脱离。本种是我国北方重要的粮食作物。麦粒磨粉，为主要粮食，入药有养心安神作用；麦芽助消化；麦麸是家畜的好饲料；麦秆可编织草帽、刷子、玩具及造纸。栽培的品种和类型很多。水稻（*Oryza sativa* L.），一年生栽培作物；圆锥花序顶生，两侧压扁，含 3 小花，仅 1 花结实，其余 2 小花退化，仅存极小的外稃，位于顶生两性小花之下；颖退化成两半月形；孕性花外稃与内稃遍被细毛，外稃具芒或无；浆片卵圆形；雄蕊 6。水稻是我国栽培历史最悠久的作物之一，现全世界广为栽培，东南亚各国出产尤多，以我国栽培面积最广，产量占世界第一位，为最有价值的粮食作物。毛竹［*Phyllostachys edulis*（Carriere）J. Houzeau］（图 8-16），秆圆筒形，新秆有毛茸与白粉，老时无毛；小枝具叶 2～8。分布于长江流域及以南各地，以及陕西和河南。本种是我国最重要的经济竹类，笋供食用，箨供造纸，秆供建筑及编制各种器具。箬竹［*Indocalamus tessellatus*（munro）keng f.］为灌木状或小灌木状竹类；秆散生或丛生，直立，节不甚隆起，具一分枝，分枝通常与主秆同粗。叶片大型；秆箨宿存。分布于华东等地区。叶用作包裹米粽。

重要特征：多草本；秆圆柱形，中空，有节；叶二列，叶稍开裂；小穗由两列紧密重叠的基部苞片（颖片）和小花组成；颖果。

图 8-15 早熟禾

A. 植株；B. 小花；C. 颖果；
D. 小穗；E. 节

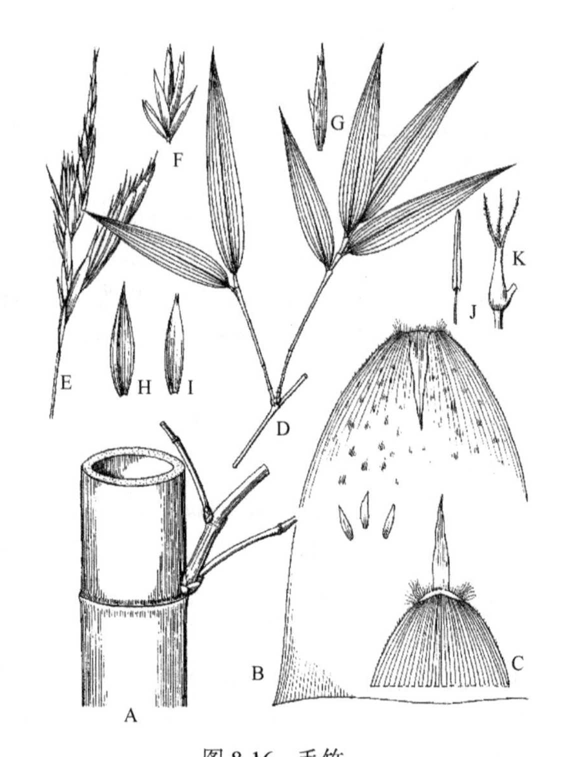

图 8-16 毛竹

A. 秆的一段，示分枝；B. 秆箨背面；C. 秆箨上部腹面；
D. 小枝及叶；E. 花枝；F. 假小穗；G. 小花；H. 外稃；
I. 内稃；J. 雄蕊；K. 雌蕊

8.6 真双子叶植物

真双子叶植物（eudicot）是指花粉具有三孔沟的植物类群。花各部排列成轮，各轮的个体互生，花被常分化为花冠和花萼，雄蕊花丝纤细，着生高度分化的花药。筛分子质体为淀粉型（S 型）。真双子叶植物包含了除 ANA 和木兰类植物外，传统分类系统中所有的双子叶植物类群，共 45 目约 312 科 190 000 种，占被子植物 75%（图 8-17）。

8.6.1 真双子叶植物基部类群（basal eudicot）

真双子叶植物基部类群包括毛茛目（Ranunculales）、山龙眼目（Proteales）、昆栏树目（Trochodendrales）和黄杨目（Buxales）。这 4 个目的植物不具备真双子叶植物演化支中的主干核心的共有特征，是介于基部被子植物与核心真双子叶植物之间的一个类群。

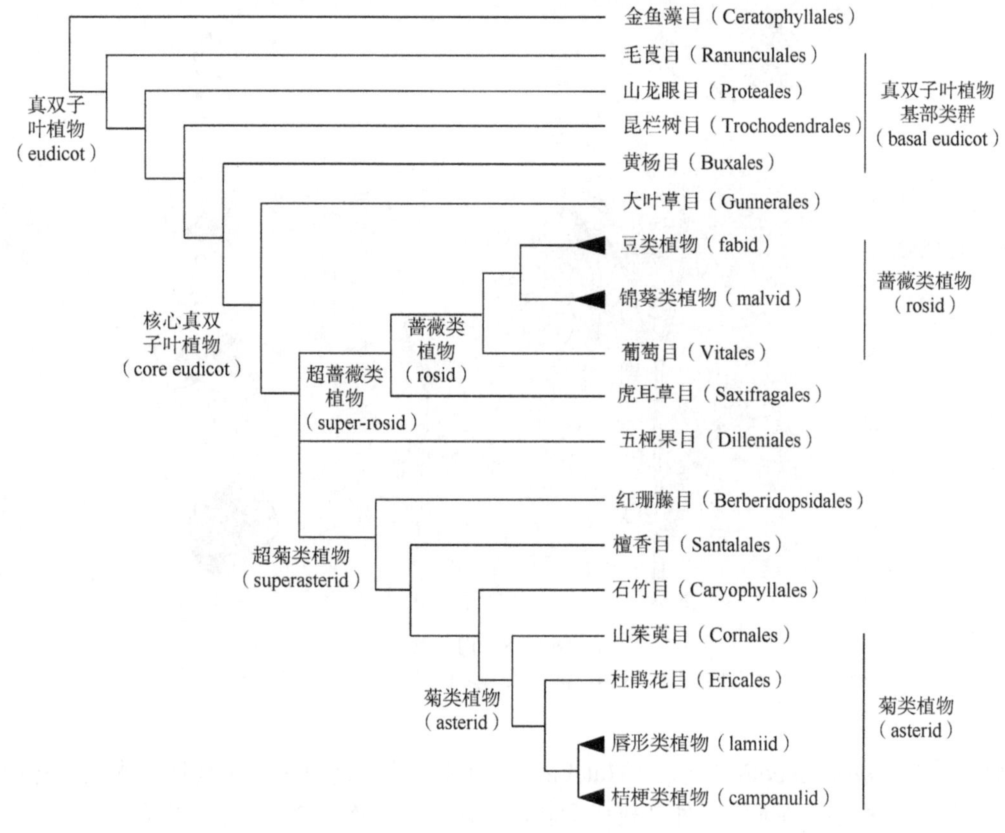

图 8-17　真双子叶植物系统发育图

1．罂粟科（Papaveraceae）$* K_2C_{4\text{-}6}A_{\infty}, {}_4\underline{G}_{(2\text{-}16:1)}$

多为草本，一年生、二年生或多年生，基生叶通常莲座状，茎生叶互生，植物体有白或黄色汁液；无托叶。花单生或排列成总状花序、聚伞花序或圆锥花序，花两性，花萼 2 或不常为 3～4，通常分离，覆瓦状排列，早落。花瓣二倍于花萼，4～8，常在花芽内呈皱褶状，在展开时有皱纹。雄蕊多数，离生，花药 2 室。子房上位，侧膜胎座，胚珠一到多数；蒴果。种子细小，种脊有时具鸡冠状种阜。

全世界 41 属 800 多种，主产北温带，尤以地中海、西亚、中亚至东亚及北美洲西南部等为多。我国有 18 属 362 种，南北均产，但以西南部最为集中。

代表植物：白屈菜（*Chelidonium majus* L.）（图 8-18），多年生直立草本，具黄色液汁，基生叶羽状全裂；花多数，排列成腋生的伞形花序，萼片 2，黄绿色；花瓣 4，黄色，2 轮；雄蕊多数；子房圆柱形，1 室，2 心皮，蒴果狭圆柱形，近念珠状；种子多数，小，具光泽，表面具网纹，有鸡冠状种阜。罂粟（*Papaver somniferum* L.），一年生草本，茎、叶及萼片均被白粉，花大，萼片 2，花瓣 4，雄蕊多数，多数心皮合成 1 室。虞美人（*P. rhoeas* L.），花大，是良好的春季观花植物，原产欧洲。博落回［*Macleaya cordata*（Willd.）R. Br.］，高大草本，茎有橙色乳汁，叶掌状分裂，背面白色。多生于向阳的荒坡、干河滩，分布在我国淮河以南及西北地区。植物体有毒，外用治癣疮。荷

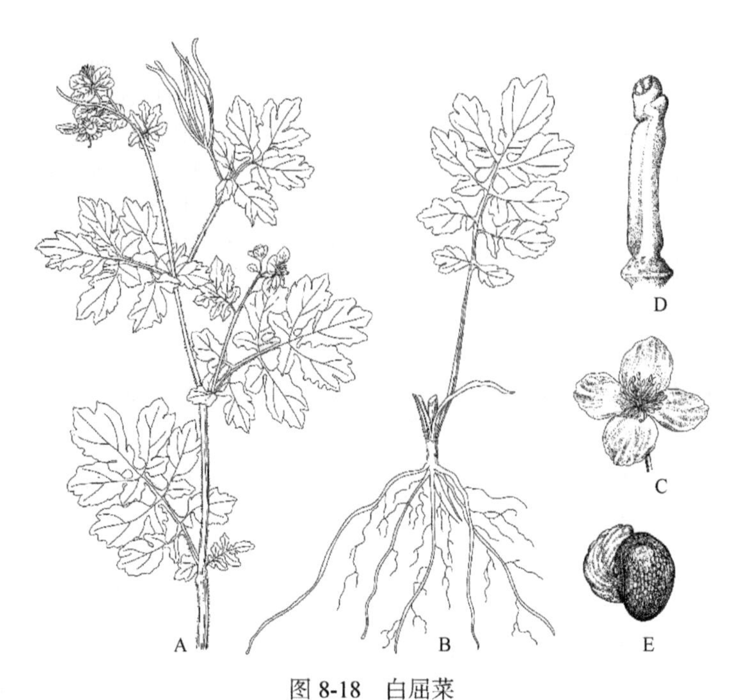

图 8-18 白屈菜

A. 花和果枝；B. 根与叶；C. 花；D. 雌蕊；E. 具种阜的种子

包牡丹［*Dicentra spectabilis*（L.）Hutchins.］为著名的观赏植物，植物体有水液，花两性，萼片 2，极小，花瓣 4，外 2 枚成囊状，雄蕊 6 枚，连成 2 束，2 心皮合成 1 室。

重要特征：有黄色或白色乳汁，无托叶，萼片早落；雄蕊多数，分离；子房上位，侧膜胎座，蒴果。

2．毛茛科（Ranunculaceae）$K_{3-\infty}C_{3-\infty}A_{\infty}\underline{G}_{1-\infty}$

一年生至多年生草本，偶为灌木或木质藤本。叶基生或互生［铁线莲属（*Clematis*）为对生］，掌状分裂或羽状分裂，或为一至多回 3 小叶复叶。花两性、少单性，辐射对称，稀两侧对称；萼片呈花瓣状或萼片状；花瓣存在或不存在，蜜腺特化成杯状、筒状、二唇状分泌器官，常比萼片小，基部常有囊状或筒状的距；雄蕊多数，有时少数，螺旋状排列；花药 2 室，纵裂；心皮分生，稀合生，多数、少数或 1 枚，在隆起的花托上螺旋状排列；胚珠多数、少数甚至 1 个。蓇葖果或瘦果，少为蒴果或浆果。种子具小的胚和丰富的胚乳。花粉粒 3 沟、环沟、散沟或散孔，稀不规则萌发孔或无萌发孔，穿孔、穴状或网状纹饰。蜂类、蝇类传粉，稀风媒。含异喹啉类、环萜类或毛茛苷等生物碱。

本科 55 属 2525 种，广布于世界各地，多见于北温带与寒带。我国有 35 属约 921 种，在全国广布，大多数属、种分布于西南部山地。本科植物含有多种生物碱，多数为药用植物和有毒植物。

代表植物：驴蹄草（*Caltha palustris* L.）（图 8-19），多年生草本，基生叶 3～7，有

长柄；叶片圆形、圆肾形或心形。茎或分枝顶部有由 2 朵花组成的简单的单歧聚伞花序，萼片 5，黄色。雄蕊多数，心皮 7～12，与雄蕊近等长，蓇葖果。全草含白头翁素和其他植物碱，有毒；全草可供药用。乌头（*Aconitum carmichaeli* Debx.），块根肥大，叶掌状裂；花两性，萼片 5，蓝紫色，最上面的一片特化为盔状，称盔萼，花瓣 2，退化为蜜腺叶；雄蕊多数；心皮 3～5，离生；聚合蓇葖果。块根剧毒，需炮制后入药，其侧根为中药中的附子，有回阳补火、散寒除湿之效。黄连（*Coptis chinensis* Franch.），著名中药，根状茎黄色，味苦，可提取小檗碱，具泻火解毒、清热燥湿的功效，主产于我国华中、华南和西南地区。白头翁［*Pulsatilla chinensis*（Bunge）Regel］，植物含白头翁素，有抗厌氧菌作用。根入药，具清热解毒、凉血止痢的功效。分布于我国中部到北部各地。

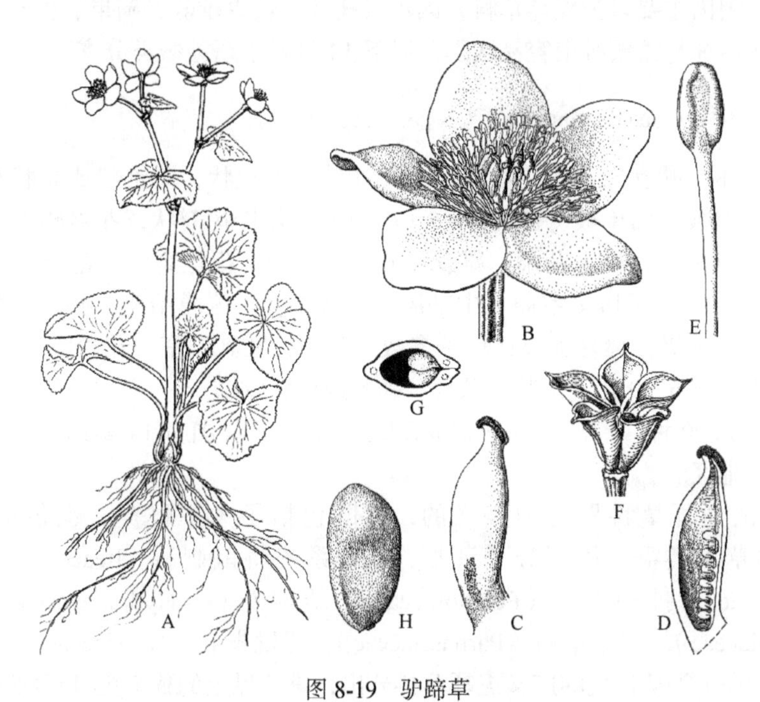

图 8-19　驴蹄草

A. 植株；B. 花；C. 心皮侧面；D. 心皮纵切面；E. 雄蕊；F. 蓇葖果；G. 心皮横切面；H. 种子

毛茛科多样化的花结构与多样化的传粉方式相关。大部分种昆虫传粉，唐松草属的种为风媒传粉。银莲花属和铁线莲属不产生花蜜，由各种采集花粉的昆虫传粉。而毛茛属、翠雀属和耧斗菜属具有分泌花蜜的变态花瓣（有时呈矩状），它们的花由采蜜昆虫（主要为蜂类）或蜂鸟传粉。驴蹄草属在心皮基部具有蜜腺，也是由蜂类传粉。

种子扩散机制变异很大。铁线莲属植物的果具有宿存、长的、带毛花柱，由风传播。毛茛属的种子常具有瘤状突起和带钩刺，可由动物体表传播。具有蓇葖果种类的微小种子可能由风或水传播，有些（如铁筷子属）可能由蚂蚁二次传播。类叶升麻属有些种的浆果主要靠鸟类传播。

重要特征：草本；单叶或复叶；花两性，各部离生，雄蕊和雌蕊螺列于膨大的花托上；聚合瘦果。

8.6.2 核心真双子叶植物（core eudicot）

花为五轮列，花各部分互生，雌蕊合生，花被分为花萼与花冠；具多数雄蕊；三沟形花粉；具鞣花酸和没食子酸。核心真双子叶植物包括大叶草目（Gunnerales）、五桠果目（Dilleniales）、超蔷薇类分支及超菊类分支。

超蔷薇类分支包括虎耳草目（Saxifragales）和蔷薇类分支。该类群具有分离的花瓣，有时会有萼筒或花盘蜜腺，雄蕊常与花瓣同数或多于花瓣数，包含 17 目 176 科，占被子植物的 25%。虎耳草目是蔷薇类分支的姊妹群，在形态上与蔷薇目（特别是蔷薇科）相似。但因主要科为虎耳草科，因不具托叶，较少雄蕊、蒴果、种子，具有发育良好的胚乳等特征与蔷薇科很容易区别。以下 14 科属于超蔷薇类分支。

1．虎耳草科（Saxifragaceae）* $K_{4\text{-}5}C_{4\text{-}5}A_{5\text{-}10}\underline{G}_{(2\text{-}5)}$

多年生草本。叶互生，螺旋状排列；无托叶。聚伞状、圆锥状或总状花序，花两性，稀单性；双被，稀单被；被片 4～5（6～10），萼片花瓣状；花冠辐射对称，稀两侧对称；花瓣常离生，稀无花瓣；雄蕊（4～）5～10，花丝离生，花药 2 室；心皮 2，稀 3～5，多少合生，子房多室而具中轴胎座，或 1 室具侧膜胎座，胚珠多数，花柱离生或多少合生。蒴果，稀蓇葖果；种子多数。胚小，胚乳丰富。花粉粒 2～3 沟（或为拟孔沟和孔沟）或 6～9 孔，网状、条纹、颗粒或棒状纹饰。

本科 33 属 600 种，广泛分布于温带和北极地区。我国有 14 属约 268 种，南北均产，主产西南地区。

传统上的虎耳草科界定为广义的，它既包括了木本群类，也包括了有对生或互生叶的草本类群。依据分子证据，APG 系统将鼠刺科（Iteaceae）、茶藨子科（Grossulariaceae）、扯根菜科（Penthoraceae）、绣球花科（Hydrangeaceae）、南鼠刺科（Escalloniaceae）、梅花草科（Parnassiaceae）、胡桃桐科（Brexiaceae）和雪叶木科（Argophyllaceae）等从传统的广义虎耳草科分出，重新界定的狭义虎耳草科为单系。

代表植物：虎耳草（*Saxifraga stolonifera* Curt.）（图 8-20），多年生草本，基生叶具长柄，叶片近心形、肾形至扁圆形，腹面绿色，被腺毛，背面通常红紫色，被腺毛，有斑点。聚伞花序圆锥状，花瓣白色，中上部具紫红色斑点，基部具黄色斑点，5 枚，其中 2 枚较大，另 3 枚较小。心皮 2，下部合生。蒴果。全草入药。

该科的虎耳草属（*Saxifraga*）、落新妇属（*Astilbe*）、鬼灯檠属（*Astilboides*）、金腰属（*Chrysosplenium*）、岩白菜属（*Bergenia*）等多种植物都是重要的药用植物。

重要特征：草本；叶常互生，无托叶；雄蕊着生在花瓣上，子房与萼状花托分离或合生；蒴果。

2．景天科（Crassulaceae）* $K_5C_5A_{5+5}\underline{G}_5$

肉质草本至（亚）灌木。叶常互生或螺旋状排列，常集成基部莲座叶，单叶，稀

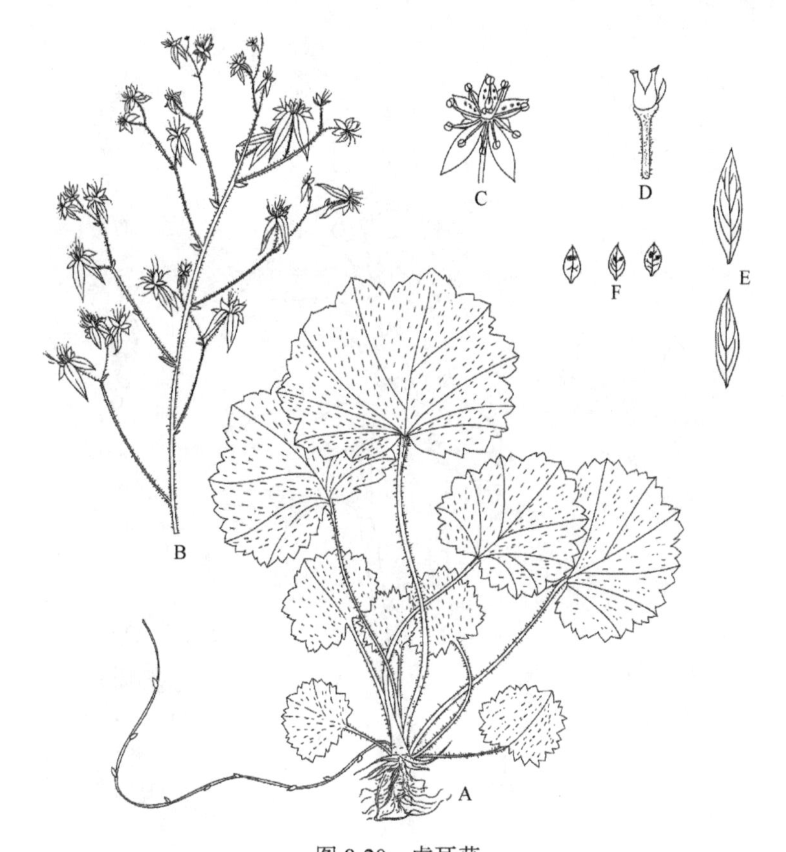

图 8-20　虎耳草

A. 植株；B. 花枝；C. 花；D. 雌蕊；E、F. 不同大小的花瓣

复叶，全缘或具圆锯齿至浅裂，稀深裂，无托叶。花序常顶生，多花，常为聚伞圆锥花序；雌雄同株；萼片 5；花瓣常 5；雄蕊 4～10，4 室；子房上位，心皮常 4 或 5，包被鳞片状蜜腺，每心皮具几至多数胚珠，侧膜胎座或中轴胎座。聚合蓇葖果，稀为蒴果。花粉粒 3 孔沟，网状纹饰或皱波状纹饰，常具条纹。染色体多样化；具景天酸代谢。

本科 35 属 1500 种，广布热带至温带地区。我国 12 属约 232 种，南北均产，主产西南地区。因为多数种类具有肉质化叶而栽培作为观赏植物。有些种类常作为药用植物，如红景天属（*Rhodiola*）等。

代表植物：费菜［*Sedum aizoon*（Linnaeus）'t Hart］（图 8-21），多年生草本。叶互生，狭披针形。聚伞花序有多花，水平分枝，平展，下托以苞叶。萼片 5，不等长；花瓣 5，黄色，雄蕊 10，较花瓣短；鳞片 5，心皮 5，基部合生；蓇葖果星芒状排列。根或全草药用，有止血散瘀、安神镇痛之效。垂盆草（*Sedum sarmentosum* Bunge），3 叶轮生，叶披针状菱形，全草药用，能清热解毒。佛甲草（*Sedum lineare* Thunb.），叶线形，先端钝，长江中下游广泛分布。全草药用，有清热解毒、散瘀消肿、止血之效。伽蓝菜属（*Kalanchoe*）、石莲属（*Sinocrassula*）等多种植物常栽培作观赏。

景天科植物所具有的景天酸代谢，是对生长在干旱环境的适应。气孔主要在夜间开启，白天关闭，因此可以减少水分丧失。叶片中的碳固定发生在夜间，合成苹果酸。在

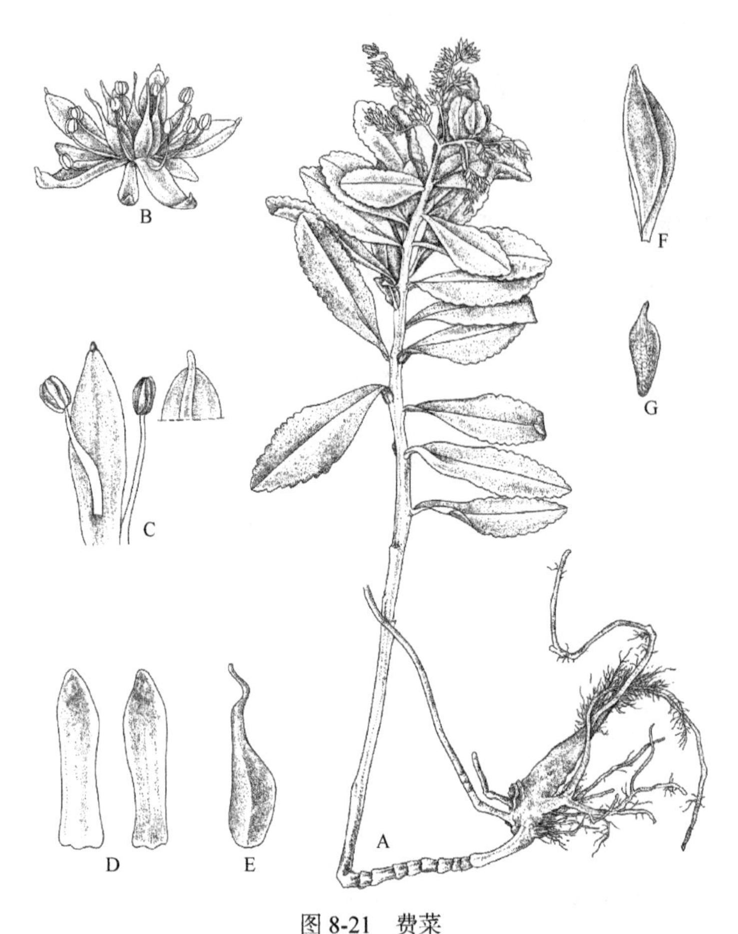

图 8-21 费菜

A. 花枝；B. 花；C. 花瓣和雄蕊；D. 萼片；E. 心皮；F. 蓇葖果；G. 种子

白天，当气孔闭合，固定的碳被还原成碳水化合物。对干性环境适应的其他性状还有肉质叶片具有丰富储水组织和叶表皮常覆盖一层厚的蜡质。

重要特征： 草本，叶肉质；花整齐，两性，5 基数；花部分离，雄蕊常为花瓣的 2 倍，心皮分离，蓇葖果。

3．葡萄科（Vitaceae）$* K_{(5-4)}C_{5-4,\ (5-4)}A_{5-4}\underline{G}_{(2:2)}$

木质藤本，常具茎卷须。单叶或复叶，互生。花两性或单性异株，或为杂性，整齐，排列成聚伞花序或圆锥花序，常与叶对生，花萼 4～5 齿裂，细小；花瓣 4～5，镊合状排列，分离或顶部黏合成帽状；雄蕊 4～5，着生在下位花盘基部，与花瓣对生；花盘环形；子房上位，通常由 2 心皮组成，中轴胎座，每室有 1～2 个胚珠。果为浆果，种子有胚乳。

本科 14 属 850 余种，多分布于热带及温带地区。我国有 9 属约 150 种，南北均有分布，多数分布于长江以南各地。

代表植物： 葡萄（*Vitis vinifera* L.）（图 8-22），木质藤本，单叶，茎髓褐色，树皮呈条状剥落，无皮孔；圆锥花序，花瓣顶端成帽状黏合，花后整个脱落。葡萄为著名

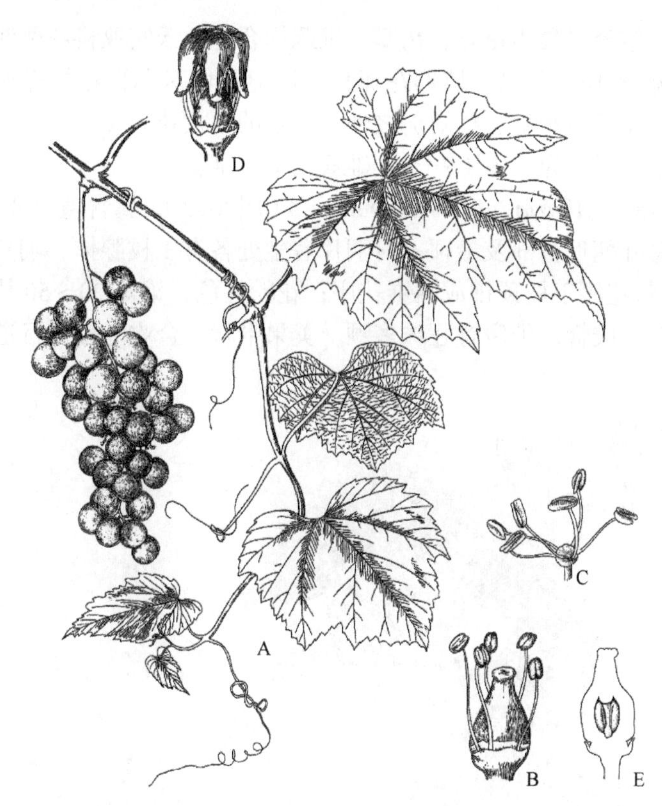

图 8-22　葡萄

A．果枝；B．花瓣脱落的两性花，示雌蕊、雄蕊和花盘；C．花瓣脱落的雄花；D．即将开放的花；E．雌蕊纵切面

水果，品种繁多；原产西亚，现我国各地普遍栽培。地锦（爬山虎）[*Parthenocissus tricuspidata*（Sieb. et Zucc.）Planch.]，木质藤本，叶 3 裂或三出复叶，卷须顶端形成吸盘，浆果蓝色。常栽培绿化墙壁或作庇荫植物。

重要特征：藤本，茎常具卷须；花序常与叶对生；雄蕊与花瓣对生，子房常 2 室，中轴胎座；浆果。

4．豆科（Fabaceae）$\uparrow K_{(5)}C_5A_{(9)+1}\underline{G}_{1:1}$

草本、灌木或木本。羽状复叶或三出复叶，稀单叶，有托叶和小托叶，叶枕发达。花两性，辐射对称或两侧对称；萼片 5，分离或连合成管；花瓣 5，分离或连合成具花冠裂片的管，大小有时可不等，或有时构成蝶形花冠，花瓣下降覆瓦状排列，即最上方 1 瓣为旗瓣，位于最外方，侧面两片为翼瓣，最内两瓣常联合，为龙骨瓣；雄蕊通常 10 枚，有时 5 枚或多数（含羞草亚科），分离或连合成管，单体或二体雄蕊（常 9 枚合生，1 枚分离）；心皮 1，子房上位，1 室，边缘胎座，荚果。

本科约 70 属 19 500 种，分布于全世界，为被子植物第三大科。我国产 172 属 485 种 13 亚种 153 变种 16 变型，全国各地均产。

豆科包括含羞草亚科（Mimosoideae）、云实亚科（Caesalpinioideae）和蝶形花亚科（Papilionoideae），它们都具有单心皮的雌蕊、荚果，区别在于含羞草亚科花辐射对称，花冠镊合状排列，雄蕊多数，花萼、花瓣、雄蕊均合生；云实亚科花两侧对称，花冠上升覆瓦状排列，雄蕊 10，分离。蝶形花亚科花明显两侧对称，花冠蝶形，近轴的 1 枚花瓣（旗瓣）位于相邻两花瓣（翼瓣）之外，远轴的 2 枚花瓣（龙骨瓣）基部沿连接处合生呈龙骨状，雄蕊通常为二体（9+1）雄蕊或单体雄蕊。

代表植物：合欢（*Albizia julibrissin* Durazz.）（图 8-23），属含羞草亚科，落叶乔木，二回羽状复叶，总叶柄近基部及最顶一对羽片着生处各有 1 枚腺体；羽片 4～12 对，小叶 10～30 对，头状花序于枝顶排成圆锥花序；花粉红色，雄蕊 20～50 枚，花丝突出于花冠之外，基部合生成管，子房有胚珠多颗。荚果带状。合欢为城市行道树、观赏树。

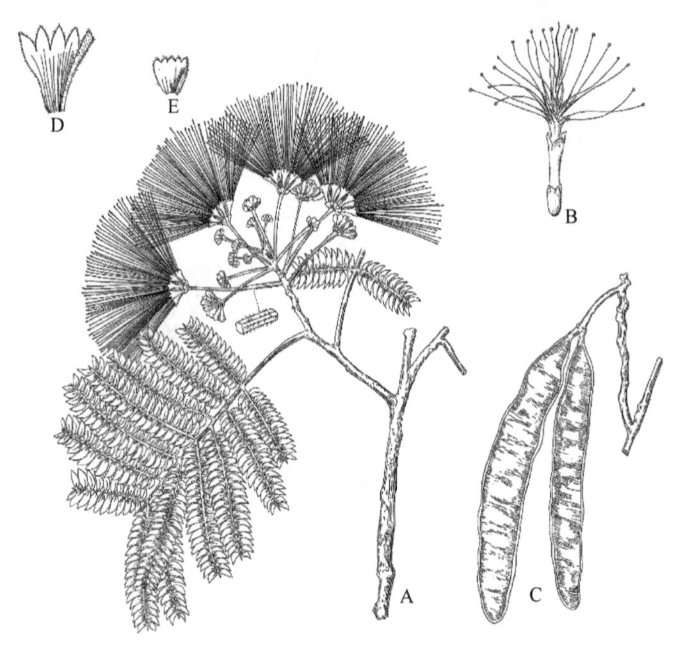

图 8-23　合欢

A. 花枝；B. 两性花；C. 荚果；D. 花冠；E. 花萼

云实［*Caesalpinia decapetala*（Roth）Alston］（图 8-24），属云实亚科，藤本，二回羽状复叶，羽片 3～10 对，对生，具柄，基部有刺 1 对；小叶 8～12 对，总状花序顶生，具多花，花瓣黄色，雄蕊 10 枚，离生，2 轮排列，荚果长圆状舌形。根、茎及果药用，性温，味苦、涩，无毒，有发表散寒、活血通经、解毒杀虫之效，治筋骨疼痛、跌打损伤。决明［*Cassia tora*（Linnaeus）Roxburgh］，一年生亚灌木状草本，叶轴上每对小叶间有棒状的腺体 1 枚，小叶 3 对，花腋生，通常 2 朵聚生，花瓣黄色，下面 2 片略长能育雄蕊 7 枚，荚果纤细，近四棱形。其种子叫决明子，有清肝明目、利水通便之功效。

广布野豌豆（*Vicia cracca* L.）（图 8-25），属蝶形花亚科，多年生草本，偶数羽状复叶，小叶 5～12 对互生，线形、长圆或披针状线形；总状花序与叶轴近等长，花多数，花萼钟状，花冠紫色、蓝紫色或紫红色，子房有柄，胚珠 4～7，花柱弯与子房连接处夹角大于 90°，上部四周被毛。荚果长圆形或长圆菱形。广布于我国各地的草甸、林缘、山坡、河滩草地及灌丛，为水土保持绿肥作物。嫩时为牛羊等牲畜喜食饲料，花期早春为蜜源植物之一。车轴草（三叶草）（*Trifolium repens* L.），多年生草本，具匍匐茎，叶为三出复叶，小叶倒心脏形。在园林中常作地被或点缀花坛，也可作牧草和绿肥。原产欧洲地中海沿岸，现我国广为栽培。甘草（*Glycyrrhiza uralensis* Fisch.），根入药，具清热解毒、润肺止咳、调和诸药的功效。黄芪（膜荚黄芪）[*Astragalus membranaceus*（Fisch.）Bunge]，多年生草本，荚果膜质，膨胀。根入药，可补气、固表止汗、利水、排脓。落花生（*Arachis hypogaea* L.），偶数羽状复叶，小叶两对，雌蕊受精后，子房柄伸入地下结实；荚果不开裂。原产巴西，我国广为栽培，为主要的油料作物。

图 8-24 云实

A. 花枝；B. 去花瓣的花；C. 雄蕊；D～F. 花冠的各瓣

重要特征：木本或草本；单叶或复叶，互生，有托叶，叶枕发达；花两性，5 基数，辐射对称至两侧对称，雄蕊多数至定数；荚果。

5．蔷薇科（Rosaceae）$*K_{(5)}C_5A_{5\text{-}\infty}\underline{G}_{(1\text{-}\infty:1\text{-}\infty)}$，$\overline{G}_{(2\text{-}5:2\text{-}5)}$

草本、灌木或乔木，常有刺及明显的皮孔。叶互生，稀对生，单叶或复叶，托叶常附生于叶柄上。花两性，辐射对称，花托突起或凹陷，花被与雄蕊常愈合成碟状、钟状、杯状、坛状或圆筒状的托杯（hypanthium），此托杯常被称为萼筒或花托筒，花萼、花冠和雄蕊看起来从花筒上面长出；萼裂片 5；花瓣 5，分离，稀缺如，覆瓦状排列；雄蕊常多数，花丝分离；子房上位或下位，心皮一至多数，分离或联合，每心皮有一至数个倒生胚珠。果实有核果、梨果、瘦果、蓇葖果等。种子无胚乳。

本科有 91 属 2500 余种，主产北半球温带。我国有 55 属 850 余种，全国各地均产。蔷薇科许多种类是温带地区的水果、观赏和药用植物，如苹果、沙果、海棠、梨、桃、李、杏、梅、樱桃、枇杷、山楂、草莓和树莓等，都是著名的水果，扁桃仁和杏仁等都是著名的干果，各有很多优良品种，在世界各地普遍栽培。本科植物作观赏用的更多，如绣线菊、绣线梅、珍珠梅、蔷薇、月季、海棠、梅花、樱花、碧桃、花楸、棣棠和白鹃梅等，或具美丽可爱的枝叶和花朵，或具鲜艳多彩的果实，在全世界各地庭园中均占重要位置。地榆、龙牙草、翻白草、郁李仁、金樱子和木瓜等可以入药。各种悬钩子、野蔷薇和地榆的根可以提取单宁。玫瑰、香水月季等的花可以提取芳香挥发油。

根据心皮数、子房位置和果实特征，本科划分为 4 个亚科。

图 8-25 广布野豌豆

A. 花枝；B. 花；C. 花冠的各瓣；D. 荚果；E. 雌蕊；F. 雄蕊

1）绣线菊亚科（Spiraeoideae） 灌木稀草本，单叶稀复叶，叶片全缘或有锯齿，常不具托叶；心皮 1～5，离生或基部合生；子房上位，具二至多数悬垂的胚珠；果实成熟时多为开裂的蓇葖果。

代表植物：光叶粉红绣线菊（*Spiraea japonica* var. *fortunei* L.）（图 8-26），直立灌木，叶片长圆披针形，先端短渐尖，基部楔形，边缘具尖锐重锯齿，上面有皱纹，两面无毛，下面有白霜。复伞房花序直径 4～8cm，花粉红色，花盘不发达。我国各地栽培供观赏。绣球绣线菊（*Spiraea blumei* G. Don），叶菱状卵形，3 浅裂，背面灰白色。分布于我国大部分地区，庭园栽培。华北珍珠梅［*Sorbaria kirilowii*（Regel）Maxim.］，圆锥花序紧密，无毛。雄蕊 20 枚，花白色。分布于我国北部，常栽培。

2）苹果亚科（Maloideae） 灌木或乔木，单叶或复叶，有托叶；心皮 2～5，多数与杯状花托内壁联合；子房下位，半下位，2～5 室，各具 2，稀一至多数直立的胚珠；果实成熟时为肉质的梨果或浆果状，稀小核果状。细胞染色体基数 17。

代表植物：皱皮木瓜［*Chaenomeles speciosa*（Sweet）Nakai］（图 8-27），也称贴梗海棠，落叶灌木，叶片卵形至椭圆形，花梗短粗，花瓣猩红色，梨果球形或卵球形，味芳香。各地习见栽培，早春先花后叶，很美丽；枝密多刺可作绿篱；果实入药为皱

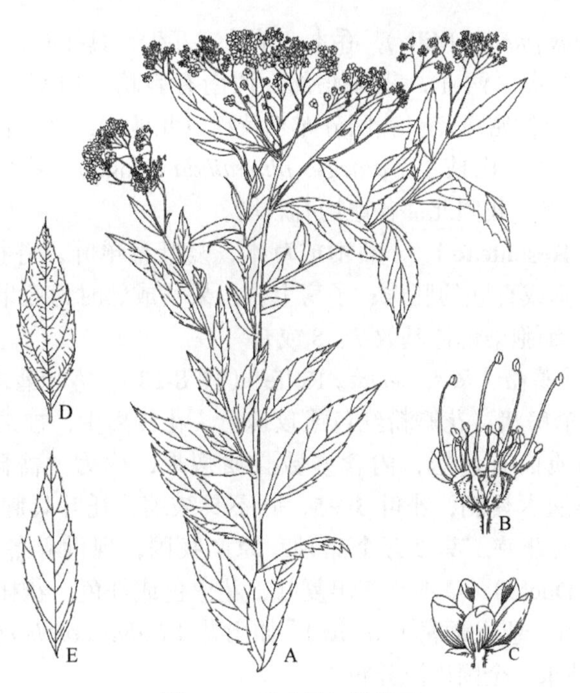

图 8-26　光叶粉红绣线菊

A．花枝；B．花纵剖面；C．蓇葖果；D．叶上面；E．叶下面

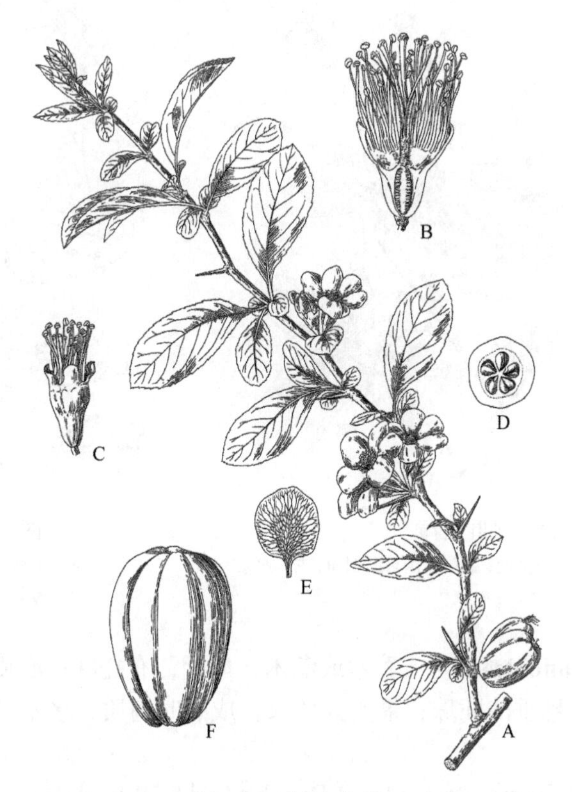

图 8-27　皱皮木瓜

A．花枝；B．去花瓣后花的纵剖面；C．去花瓣的花；D．幼果横切面；E．花瓣；F．成熟的梨果

皮木瓜。苹果（*Malus pumila* Mill.），乔木，单叶，互生，具托叶；伞房花序，粉红色，梨果近球形。原产欧洲、西亚，我国北部、西南有栽培。白梨（*Pyrus bretschneideri* Rehd.），果皮黄色，有细密斑点。我国分布于黄河以北地区，北方栽培梨为白梨育成的品系，果肉石细胞较少。山楂（*Crataegus pinnatifida* Bunge），果红色，近球形，果实能消食化滞，行气破瘀。我国北部各地均有栽培。

3）蔷薇亚科（Rosoideae） 灌木或草本，复叶稀单叶，有托叶；心皮常多数，离生，各具1～2悬垂或直立的胚珠；子房上位；果实成熟时为瘦果，着生在膨大肉质的花托内或花托上。细胞染色体基数7、8或9。

代表植物：钝叶蔷薇（*Rosa sertata* Rolfe）（图8-28），落叶灌木，小叶7～11，花单生或3～5，排成伞房状；花瓣粉红色或玫瑰色，花柱离生，被柔毛，比雄蕊短。托杯壶状，成熟时肉质而有色彩，内含多数骨质瘦果，称为"蔷薇果"。月季（*Rosa chinensis* Jacq.），小灌木具刺，小叶3～5，叶不具皱缩，托叶具腺毛或羽状裂片；花常单生。月季为著名花卉，具2万个品种，原产我国，现世界各地广泛栽培。草莓（*Fragaria ananassa* Duch.），草本，三出复叶，花白色或红色，花托突起成头状，成熟时花托肉质，供食用。悬钩子属（*Rubus*）[如山莓（*Rubus corchorifolius*）（图8-29）]，灌木，多刺，聚合核果，全国广泛分布。

图8-28 钝叶蔷薇

A. 果枝；B. 花枝；C. 花纵剖面；D. 蔷薇果纵剖面；E. 瘦果

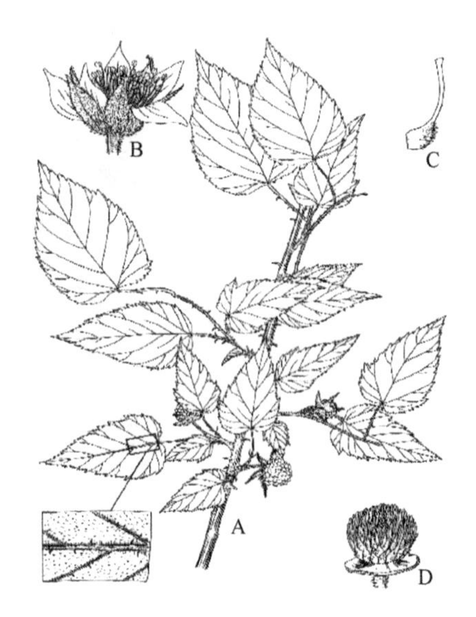

图8-29 山莓

A. 果枝；B. 剖开的花；C. 瘦果；D. 雌蕊和花托

4）李亚科（Prunoideae） 乔木或灌木，单叶，有托叶；心皮1，稀2～5；子房上位，1室，内含2悬垂的胚珠；果实为核果，成熟时肉质，多不裂开或极稀裂开。细胞染色体基数8。

代表植物：桃[*Prunus persica*（L.）Batsch]（图8-30），小乔木，叶长圆状披针形；花单生，粉红色；核果有纵沟，表面被绒毛，果核有皱纹，果食用，桃仁、花、树胶、

图 8-30　桃

A. 果枝；B. 花枝；C. 花纵剖面；D. 雄蕊；E. 核果（去外果皮和中果皮）

枝及叶均可药用。杏（*P. armeniaca* L.），叶卵形，花单生，果成熟时黄色，果核平滑，我国广布。梅（*P. mume* Sieb. et），叶卵状，具长尾状尖；花白色或粉红色，果黄色，密生短毛，果核有蜂窝状孔穴。原产我国，久经栽培，品种极多，供观赏用，果实供食用或入药。日本樱花（*P. yedoensis* Matsum.），著名观赏花卉，原产于日本，我国广泛栽培。

重要特征：叶互生，常有托叶；花两性，花托扁平到杯状或圆柱状，离生或贴生于心皮，常在果期膨大，蔷薇形花冠，周位花萼片 5，雄蕊多数；梨果、核果、瘦果或蓇葖果。

6．壳斗科（Fagaceae）♂* $K_{(4\text{-}8)}C_0A_{4\text{-}20}$，♀* $K_{(4\text{-}8)}C_0\overline{G}_{(3\text{-}6:3\text{-}6:2)}$

常绿或落叶乔木，稀为灌木。单叶互生，革质，羽状脉，有托叶。花单性，雌雄同株，无花瓣，雄花排成柔荑花序；每苞片有 1 花；萼 4～8 裂；雄蕊和萼裂同数或为其倍数，花丝细长，花药 2 室，纵裂；雌花单生或 3 朵雌花二歧聚伞式生于 1 总苞内，总苞由多数鳞片覆瓦状排列组成，萼 4～8，与子房合生；子房下位，3～6 室，偶达 12 室，每室胚珠 2 个，但整个子房仅有 1 个胚珠成熟为种子；花柱与子房室同数，宿存。坚果单生或 2～3 个生于总苞中，总苞呈杯状或囊状，称为壳斗（cupule）。壳斗半包或全包坚果，外有鳞片或刺，成熟时不裂、瓣裂或不规则撕裂。种子无胚乳，子叶肥厚。

本科有 7 属约 900 种，主要分布于热带及北半球的亚热带。我国有 7 属约 295 种。壳斗科植物是亚热带常绿阔叶林的主要树种，在温带则以落叶栎属（*Quercus*）植物为多，本科植物种类多，用途广，分布面积大，在国民经济中占重要的地位。

代表植物：栓皮栎（*Quercus variabilis* Bl.）（图 8-31），落叶乔木，木栓层发达，叶背面密生灰白色星状短柔毛，木栓是天然软木的主要来源，种子含丰富淀粉。分布于我国北部及中东部，属温带广布种，常成为阔叶林的建群种。板栗（*Castanea mollissima* Bl.），落叶乔木，雄花序为直立的柔荑花序，雌花常 3 朵集生于总苞内，壳斗全包坚果，外部密被针状刺。果实可食，为重要的木本粮食植物。槲树（*Quercus dentate* Thunb.）又称柞栎，叶大，广倒卵形，叶缘具有大的波状钝齿。壳斗苞片狭披针形，反卷，叶片可养柞蚕。

重要特征：木本。单叶互生，羽状脉直达叶缘。雌雄同株，无花瓣；雄花成柔荑花序；雌花 2～3 朵生于总苞内；子房下位，3～7 室，每室 2 胚珠，仅 1 个成熟。坚果。

7．胡桃科（Juglandaceae）♂* $P_{3-6}A_{8-10}$，♀* $P_{3-5}\overline{G}_{(2:1)}$

落叶乔木，有树脂。羽状复叶，互生，无托叶。花单性，雌雄同株；雄花排成下垂的柔荑花序，花被与苞片合生，不规则 3～6 裂；雄蕊三至多数；雌花单生、簇生或为直立的穗状花序，无柄，小苞片 1～2 个，花被与子房合生，浅裂；子房下位，1 室或不完全的 2～4 室，花柱 2，羽毛状，胚珠 1 个基生。坚果核果状或具翅；种子无胚乳，子叶常褶皱，含油脂。

本科共 9 属 50～60 种，分布于北半球。我国有 7 属 28 种，南北均产。

代表植物：胡桃楸（*Juglans mandshurica* Maxim.）（图 8-32），乔木，奇数羽状复

图 8-31　栓皮栎

A. 果枝；B. 花枝；C. 叶局部

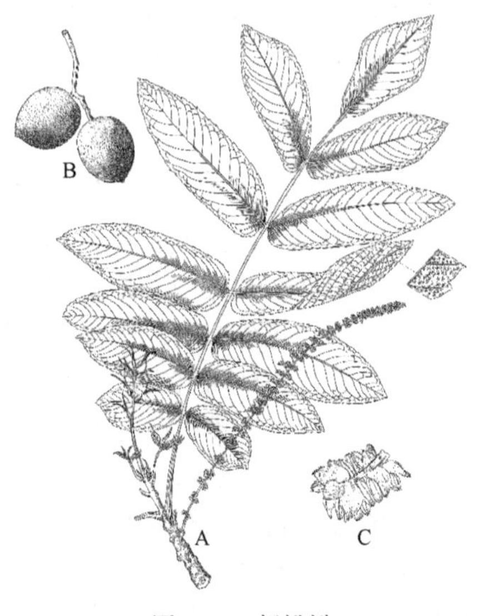

图 8-32　胡桃楸

A. 花枝；B. 果枝；C. 雄花

叶，有小叶 15～23 枚，雌性穗状花序具 4～10 枚雌花，柱头鲜红色，果核表面具 8 条纵棱。种子油供食用，种仁可食。胡桃（*Juglans regia* L.），乔木，树皮白色；羽状复叶；核果状的“外果皮”由苞片、小苞片和花被构成，先为肉质，干后纤维质，“内果皮”坚硬具不规则的雕纹，子叶肉质、多油。在我国已有 2000 多年的栽培历史，为重要的木本油料植物；核仁可食，具滋补、镇咳、强壮作用。枫杨（*Pterocarya stenoptera* C. DC.），总状果序下垂，长可达 40～50cm，坚果具翅。分布于南北各地，广泛栽培作行道树。

重要特征：落叶乔木；羽状复叶；花单性，雄花为柔荑花序；子房下位，1 室或不完全的 2～4 室；坚果核果状或具翅。

8．葫芦科（Cucurbitaceae）♂* $K_{(5)}C_{(5)}A_{1(2)(2)}$，♀* $K_{(5)}C_{(5)}\overline{G}_{(3:1)}$

攀缘或匍匐草本，有卷须，茎 5 棱，具双韧维管束，常有钟乳体。单叶互生，常深裂，卷须侧生，单一或分歧。花单性，同株或异株，单生或为总状花序、圆锥花序；雄花花萼管状，5 裂，花瓣 5，多合生；雄蕊 3，少为 2 或 5，分离或各种结合，花药常弯曲成“S”形，如分离则其中一个为 2 室，另 2 个为 4 室；雌花萼筒与子房合生，花瓣合生，5 裂；子房下位，3 心皮，侧膜胎座，胚珠多枚，柱头 3 个。瓠果，肉质或最后干燥变硬；种子多数，常扁平，无胚乳。

本科 95 属 960 余种，主要产于热带和亚热带地区。中国有 32 属 154 种 35 变种，南北各地均有分布。葫芦科的瓠果就是人们食用的各种瓜果。

代表植物：赤瓟（*Thladiantha dubia* Bunge）（图 8-33），攀缘草质藤本，叶片宽卵

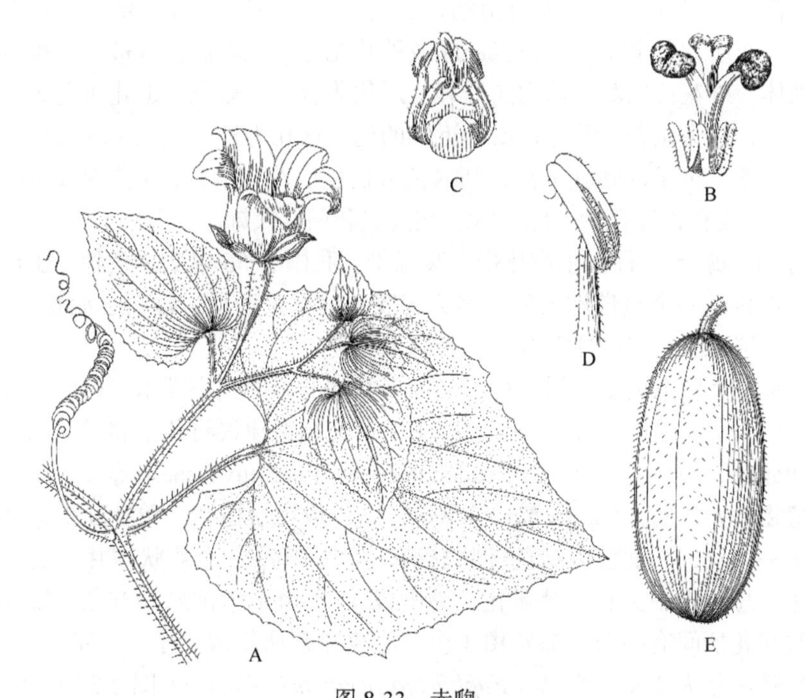

图 8-33　赤瓟

A. 雄枝；B. 去花瓣的雌花；C. 去花瓣的雄花；D. 雄蕊；E. 瓠果

状心形，卷须纤细，雌雄异株，雌花单生，花冠黄色，果实卵状长圆形，橙黄色或红棕色。黄瓜（*Cucumis sativus* L.），草质藤本，卷须不分枝，叶掌状5浅裂；雌雄同株，雄花叶腋簇生，雌花单生；花萼5裂，花冠5深裂；雄蕊5，两两合生，1枚分离，似3枚雄蕊；瓠果外面具刺，为重要的瓜类蔬菜。原产印度等地，现我国各地广泛栽培。甜瓜（*C. melo* L.）可作水果食用，原产印度，我国早已栽培，品种很多，如哈密瓜、白兰瓜、黄金瓜等。南瓜［*Cucurbita moschata*（Duch.）Poir.］，叶浅裂，卷须分枝，雄蕊完全结合成柱状，种子可药用和食用。原产亚洲南部，现我国各地广泛栽培。西瓜［*Citrullus lanatus*（Thunb.）Mansfeld］，原产亚洲热带，栽培作果品，主食其胎座。木鳖［*Momordica cochinchinensis*（Lour.）Spreng.］，瓠果红色，长椭圆形，有刺状突起。种子入药为木鳖子，有毒，具散血热、消痈肿的功效。主产于广西、四川、湖北等地。栝楼（*Trichosanthes kirilowii* Maxim.），多年生草本，块根肥厚，圆柱形，根入药为天花粉，可生津止渴、排脓消肿。果实入药为瓜蒌，具宽胸散结、润肺滑肠的功效。种子入药为瓜蒌子。主产于河南、陕西、山东、江苏等地。

葫芦科植物的花鲜艳，吸引昆虫、鸟类和蝙蝠传粉。花粉和花蜜是传粉者的报酬。雌雄同株或异株促进异交。高度变态的雌蕊外观与花柱和柱头相近，欺骗昆虫访问雌花与雄花。

重要特征：藤本；卷须与叶对生，单叶互生，稀鸟足状复叶；花单性，花药药室常曲形，子房下位；瓠果。

9．大戟科（Euphorbiaceae）♂* $K_{0\text{-}5}C_{0\text{-}5}A_{1\text{-}\infty}$，♀* $K_{0\text{-}5}C_{0\text{-}5}\underline{G}_{(3:3)}$

乔木、灌木或草本，稀为肉质植物，常含乳汁。单叶，稀为复叶，互生，有时对生，具托叶。花序为聚伞花序、杯状花序或穗状花序。花单性，双被、单被或无花被；有花盘或腺体。雄花：雄蕊花药内向开裂，退化雌蕊无。雌花：退化雄蕊无，雌蕊三至多数心皮合生，柱头显著，常分枝或具近轴的沟。珠孔为外（或双）珠孔式，有珠心喙及胎座式珠孔塞。种子内胚乳丰富，胚绿色或白色。花粉单粒，3孔沟或拟孔沟，偶有3以上，或无萌发孔，穿孔状、巴豆状、皱波状和网状纹饰。

本科约217属6545种，主产热带和暖温带。我国有56属253余种，主产长江流域以南各地。本科是一个热带性大科，多为橡胶、油料、药材、鞣料、淀粉、观赏用材，具有重要的经济价值，有些种类有毒，可制土农药。

大戟科是一个形态极度多样的科，从仙人掌状的多肉到小灌木，再到高大乔木。大戟科曾是一个非常大的科，近年分子系统学的研究结果建议将几个属成立为科，如叶下珠科（Phyllanthaceae）、苦树科（Picrodendraceae，Putranjivaceae）等。

代表植物：大戟属（*Euphorbia*），草本、木本或肉质植物；单叶互生；杯状聚伞花序，外观像一朵花，外面包以绿色杯状总苞，上端有4～5个萼状裂片，裂片之间生有肥厚的腺体，总苞内中央有一朵雌花，周围以4～5组聚伞排列的雄花，雄花仅具1枚雄蕊，花丝和花柄间有关节，雌花由1个3心皮雌蕊所组成，子房3室，每室1胚珠，花柱3，上部常分为2叉。大戟（*Euphorbia pekinensis* Rupr.）（图8-34），蒴果表面具疣，根入药能消肿散结，峻下逐水。油桐［*Vernicia fordii*（Hemsl.）Airy Shaw］，落叶

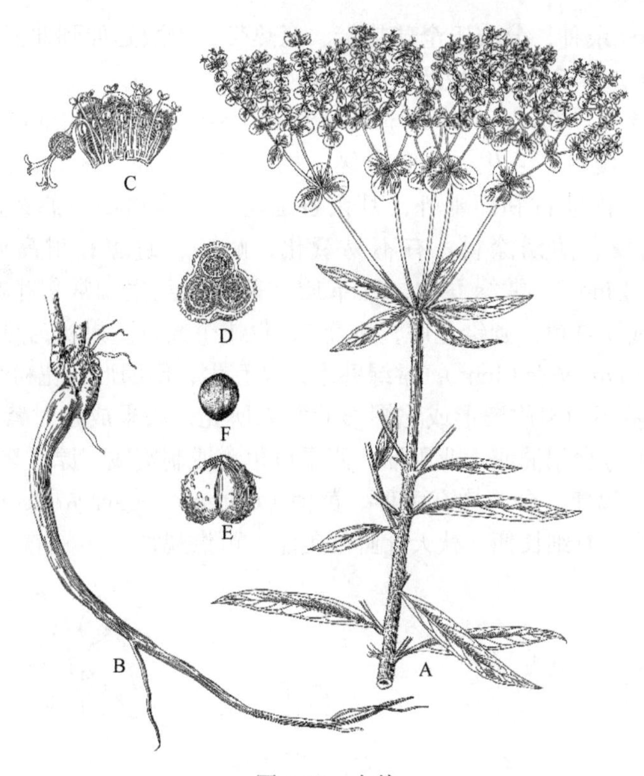

图 8-34　大戟

A. 花枝；B. 根；C. 杯状聚伞花序，剖开总苞，示雄花和雌花；D. 子房横切面；E. 果实；F. 种子

乔木，叶卵圆形。花雌雄同株。雄花：雄蕊 8～12 枚。雌花：子房密被柔毛，3～5(～8)室。核果近球状。油桐是我国重要的工业油料植物。乌桕 [*Triadica sebifera* (Linnaeus) Small]，乔木，叶片菱形，花单性，雌雄同株，聚集成顶生。分布于黄河以南各地。木材白色，坚硬，纹理细致，用途广；叶为黑色染料，可染衣物；根皮对毒蛇咬伤有疗效；种子油适于涂料，可涂油纸、油伞等。

大多数大戟科植物由昆虫传粉（蝇类、蜂类、蛾类和蝶类），以花蜜吸引昆虫。也有些种类可能由鸟类、蝙蝠或其他哺乳动物传粉。而铁苋菜属（*Acalypha*）、蓖麻属（*Ricinus*）由风传粉。雌花比雄花先熟促进异交。很多种类具有弹性的分果。

重要特征：植物体常含红、黄或白色乳汁；花单性，子房上位，常 3 室，每室 1 胚珠，中轴胎座；蒴果。

10．漆树科（Anacardiaceae）$*K_{(5)}C_5A_{5\text{-}10}\underline{G}_{(5\text{-}1:1\text{-}5)}$

乔木或灌木，树皮多含树脂，单叶互生，稀对生，掌状 3 小叶或奇数羽状复叶。花小，辐射对称，两性，多为单性或杂性，圆锥花序；双被花，稀为单被或无被花；萼片 4～5，基部常融合，5 裂（稀 3 裂）；花瓣 5；雄蕊 5～10，着生于花盘外面基部或有时着生在花盘边缘；花盘环状或坛状；心皮 1～5，子房上位，常 1 室，稀 2～5 室，每室具 1 个倒生胚珠。果多为核果和翅果，有的花后花托肉质膨大呈棒状或梨形的假果。种子 1～5（～12），胚乳少或无。花粉粒 3 孔沟。

本科 81 属 800 余种，分布于全球热带、亚热带，少数延伸到北温带地区。我国有 17 属 55 种，主要分布于长江流域及以南各地。

代表植物：漆树［*Toxicodendron verniciflnum*（Stokes）F. A. Barkl.］（图 8-35），落叶乔木。奇数羽状复叶，互生，小叶全缘。果序多少下垂，核果。漆树为我国特产，除黑龙江、吉林、内蒙古和新疆外，其余各地均产。栽培历史悠久，品种甚多。漆是一种优良的防腐、防锈涂料，有不易氧化、耐酸、耐醇和耐高温的性能。杧果（*Mangifera indica* Linn.），常绿乔木，叶革质，单叶，互生，常集生枝顶；花小，杂性，异被，黄色或淡红色，圆锥花序，雄蕊 5，仅 1 个发育。果实为热带著名水果。腰果（*Anacardium occidentale* Linn.），常绿乔木，叶互生，倒卵形，花粉红色，香味很浓，核果肾脏形，果基部为肉质梨形或陀螺形的假果所托，假果成熟时紫红色。种仁可炒食，或榨油，为上等食用油或工业用油；假果可生食或制蜜饯。原产热带美洲，我国云南、广东、广西、福建、台湾均有引种。黄栌（*Cotinus coggygria* Scop.），落叶灌木或小乔木。叶近圆形，有细长柄，秋天叶鲜红美丽，可供观赏。

图 8-35 漆树

A. 花枝；B. 果枝；C. 雌花；D. 雌蕊；E. 雄花；F. 花萼外侧

重要特征：具雄蕊内花盘；有树脂道；子房 1 室；果实为核果。

11．无患子科（Sapindaceae）$*K_{4\text{-}5}C_{0,\ 4\text{-}5}A_{4\text{-}10}\underline{G}_{(2\text{-}3:2\text{-}3)}$

乔木或灌木，稀藤本。复叶，3 小叶，稀单叶，轮生或对生；基部小叶常呈假托叶状，木本种类中多数末端小叶退化。聚伞圆锥花序顶生或腋生，或茎花；花常 5 基数，稀 4 基数，辐射对称或两侧对称；单性、稀杂性或两性；花瓣常白色或淡黄色，有附属物；雄蕊 5～8；雌花具不育雄蕊，心皮 3，果实为室背开裂或室轴开裂蒴果，翅状分果，无翼的双悬果、浆果或少有核果；每室具种子 1。常具显著的肉质假种皮。花粉粒 3 孔沟、合孔沟。

本科 141 属 1900 余种，主要分布于热带和亚热带，少数达温带。我国有 25 属 158 种，南北均产，主产西南和华南地区。

广义上无患子科包括了槭树科（Aceraceae）和七叶树科（Hippocastanaceae）。本科有几个属是重要的热带水果，如龙眼属（*Dimocarpus*）、荔枝属（*Litchi*）和韶子属（*Nephelium*）。槭属（*Acer*）、七叶树属（*Aesculus*）、倒地铃属（*Cardiospermum*）、栾树属（*Koelreuteria*）等都有多种观赏植物。

代表植物：鸡爪槭（*Acer palmatum* Thunb.）（图 8-36），落叶小乔木，叶 5～9 掌状分裂，花紫色，雄花与两性花同株。翅果嫩时紫红色，成熟时淡棕黄色。鸡爪槭为广泛栽培的庭园树种。龙眼（*Dimocarpus longan* Lour.），幼枝生锈色柔毛；有花瓣；果实初期有疣状突起，后变光滑。假种皮白色，多肉质，味甜。产于我国台湾、福建、广东、广西、四川等地。果可食用，为滋补品。荔枝（*Litchi chinensis* Sonn.），小枝有白色小斑点和微柔毛；无花瓣；果实有小瘤状突起。种子被白色、肉质、多汁而味甜的假种皮所包。产于我国福建、广东、广西及云南东南部，四川、台湾有栽培。假种皮可食用。栾树（*Koelreuteria paniculata* Laxm.），落叶灌木或乔木，奇数羽状复叶，圆锥花序，花淡黄色，蒴果膨胀如膀胱，果皮近膜质红色，种子球形，黑色。产于我国北部及中部，多处栽培，作为行道树。

重要特征：复叶。花小，常杂性同株；花瓣内侧基脚常有毛或鳞片；花盘发达，位于雄蕊外方，具典型 2～3 心皮子房。种子常具假种皮，无胚乳。

图 8-36　鸡爪槭

A. 花枝；B. 果枝；C. 两性花；D. 雄花

12．十字花科（Brassicaceae）* $K_{2+2}C_{2+2}A_{2+4}\underline{G}_{(2:1)}$

草本，植物体常具辛辣味。基生叶呈旋叠状或莲座状；茎生叶互生，单叶全缘、有齿或分裂。花两性，辐射对称，总状花序；花萼4；花瓣4，十字形排列，基部常成爪；花托上有蜜腺，常与萼片对生；雄蕊6，外轮2个短，内轮4个长，为四强雄蕊；子房上位，由2心皮结合而成，常有1个次生的假隔膜，把子房分为假2室，亦有横隔成数室的，侧膜胎座。柱头2，胚珠多数。长角果或短角果，2瓣开裂，少数不裂。种子边缘有翅或无翅；子叶缘倚胚根，或背倚胚根，或子叶对折。花粉粒多为3沟，网状纹饰。

本科有321属约3660种，全球分布，主产温带。我国产85属约400种。本科植物有重要的经济价值，如油脂植物、日常蔬菜、药用植物、蜜源植物和花卉等。

代表植物：荠［*Capsella bursa-pastoris*（L.）Medic.］（图8-37），一年生或二年生草本，基生叶丛生呈莲座状，大头羽状分裂，总状花序顶生及腋生，花白色，短角果倒三角形。嫩茎叶可作蔬菜。芸薹（油菜）（*Brassica campestris* L.），一年生草本，为我国主要的油料作物及蜜源植物。花黄色，长角果，具喙，种子球形，种子含油率可达33%～50%。我国中部及南部广泛栽培。大白菜［*B. pekinensis*（Lour.）Rupr.］，原产我国北方地区，为我国东北和华北冬、春季的重要蔬菜。花椰菜（*B. oleracea* var.

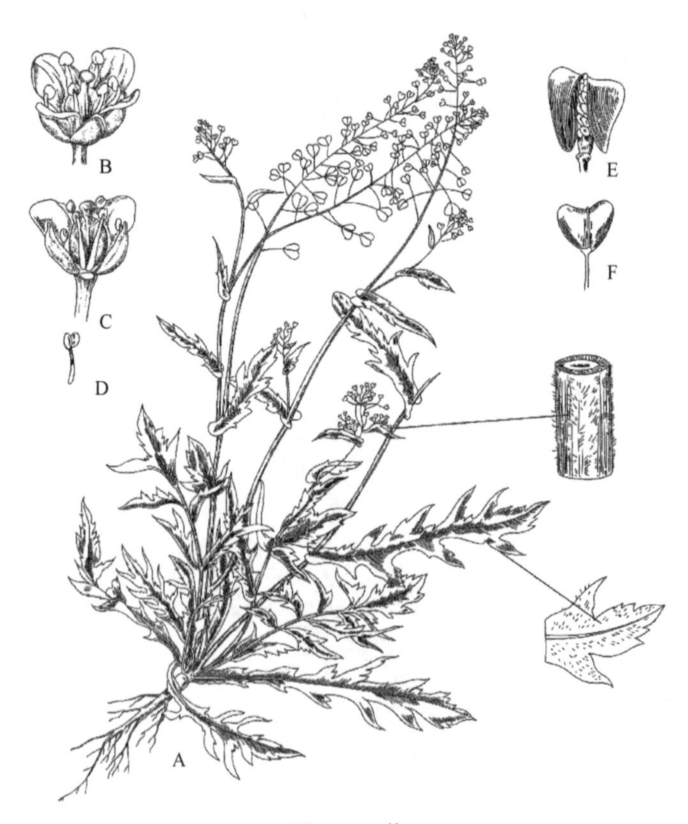

图8-37 荠

A. 开花植株；B. 花侧面观；C. 花正面观；D. 雄蕊；E. 开裂的短角果；F. 短角果

botrytis L.)，甘蓝的一个变种，顶生球形花序作蔬菜。我国大部分地区栽培。菘蓝（大青）(*Isatis indigotica* Fort.)，基出叶较大，茎生叶长圆形。花小，黄色。根入药为板蓝根，具清热解毒、利咽、凉血止血的功效；叶入药为大青叶，具清热解毒、凉血消斑的功效。萝卜（*Raphanus sativus* L.)，花通常淡紫色或白色，长角果串球状，不开裂，先端具长喙，为重要的根类蔬菜，品种很多。紫罗兰 [*Matthiola incana*（L.）R. Br.]，著名观赏植物。

重要特征：草本；植物含芥子苷而具辛辣味；花两性，辐射对称，十字花冠，四强雄蕊，子房 1 室，2 个侧膜胎座，具假隔膜；角果。

13．石竹科（Caryophyllaceae）$*K_{4-5,(4-5)}C_{4-5}A_{5-10}\underline{G}_{(5-2:1:\infty)}$

草本，节膨大。单叶对生。花两性，整齐，二歧聚伞花序或单生，5 基数；萼片 4～5，分离或结合呈筒状，具膜质边缘，宿存；花瓣 4～5，常有爪；雄蕊 2 轮 8～10 枚，或 1 轮 3～5 枚；子房上位，1 室，特立中央胎座或基底胎座，偶不完全 2～5 室，下半部为中轴胎座，花柱 2～5，胚珠一至多数。蒴果，顶端齿裂或瓣裂，很少为浆果。种子一至多数，肾形、卵形、胚环形或半圆形。花粉粒 3 沟、散沟或散孔。含三铁皂苷、蜕皮甾酮、黄酮类及环肽类等次生代谢物。

本科 97 属约 2200 种，广布全世界，尤以温带和寒带为多。我国有 33 属 396 种，全国各地均有分布，主要供药用和观赏，部分为田间杂草。

代表植物：石竹（*Dianthus chinensis* L.）(图 8-38)，多年生草本，全株带粉绿色。

图 8-38　石竹

A. 花枝；B. 近成熟的果实，示特立中央胎座；C. 花基部纵切面；D. 子房中部横切面；E. 花瓣

花冠呈高脚碟状，花淡红、粉红至白色。萼片结合成筒，5裂，花瓣5，具爪，先端具细齿，雄蕊10，2轮，心皮2，合生。广泛分布于我国北部和中部，世界各地栽培作观赏用，全草有利尿、通经、催产等功效。康乃馨（香石竹）（*D. caryophyllus* L.），花具香气，重瓣，为著名的观花植物。繁缕［*Stellaria media*（L.）Cyr.］，小草本，茎细弱，叶卵形，花小，白色，花瓣5，先端2深裂，花柱3，蒴果瓣裂。广布全国，为田间杂草。药用植物有孩儿参（太子参）［*Pseudostellaria heterophylla*（Miq.）Pax］，为多年生草本，块根长纺锤形，肥厚，具健脾、补气、生津等功效。

石竹科植物由不同的采蜜昆虫（蝇类、蜂类、蝶类和蛾类）传粉。雄蕊先熟导致多数种类异交。但是多数草本种类具有不显著的花，雄蕊数目减少，为自花授粉。

重要特征：草本；茎节膨大，单叶，对生；花瓣常具爪；子房上位，1室，特立中央胎座。

14．苋科（Amaranthaceae）* $K_{3-5}C_0A_{3-5}\underline{G}_{(2-3:1:1-\infty)}$

草本或半灌木，有时肉质；叶互生、螺旋状排列，或对生，单叶，常全缘或波状，有时具锯齿或浅裂，羽状脉，但脉不清晰；无托叶；茎节有时膨大。有限花序，顶生或腋生；花两性或稀单性，辐射对称，同肉质至干纸质苞片和（或）小苞片相连，常密集丛生；花被片常3～5，绿色，草质或肉质；雄蕊3～5，与花被片对生，花丝分离；心皮3，合生，子房常上位，基生胎座。果实为瘦果、胞果或周裂的蒴果（盖）。种子直立、横生或斜生；胚乳粉质。花粉粒具多萌发孔。

本科170属约2300种，广泛分布于温带干旱区至热带地区。我国52属234种，产于西北和东北地区。

目前人们所接受的苋科是广义的，包括藜科。形态上，藜科因具有分离的雄蕊，绿色、膜质至肉质花被片而独立成科。

代表植物：藜（*Chenopodium album* L.）（图8-39），一年生草本，茎直立，具条棱及绿色或紫红色色条。叶片菱状卵形至宽披针形。花两性，花簇生于枝上部排列成穗状圆锥状或圆锥状花序；雄蕊5，花药伸出花被，柱头2。果皮与种子贴生。藜为路旁、荒地及田间常见杂草。幼苗可作蔬菜用，茎叶可喂家畜；全草又可入药。全国均有分布。菠菜（*Spinacia oleracea* L.），叶戟形或披针形。花单性，异株，雄花花被4，黄绿色，雄蕊4；雌花无花被，苞片球形纵折，彼此合生成扁筒，包住子房或果实，有2～4齿，花柱4，细长，下部结合。胞果扁平而硬，无刺或有2角刺。原产伊朗，现世界各地均有栽培，作为蔬菜食用，富含维生素及磷、铁。甜菜（*Beta vulgaris* L.），根是制糖原料，又称糖萝卜。牛膝（*Achyranthes bidentata* Blume），叶对生，苞片腋部具1花，花在花期直立，花后反折贴近花序轴，花药2室。产于黄河以南各地，根入药，产于河南的怀牛膝为道地药材。鸡冠花（*Celosia cristata* L.），穗状花序多分枝呈鸡冠状、卷冠状或羽毛状，花红、紫、黄、橙色，全国各地均有栽培。本科还有许多种类适于盐碱干旱环境生长，如梭梭［*Haloxylon ammodendron*（C. A. Mey.）Bunge］、盐角草属（*Salicornia*）、碱猪毛菜属（*Salsola*）、碱蓬属（*Suaeda*）等。

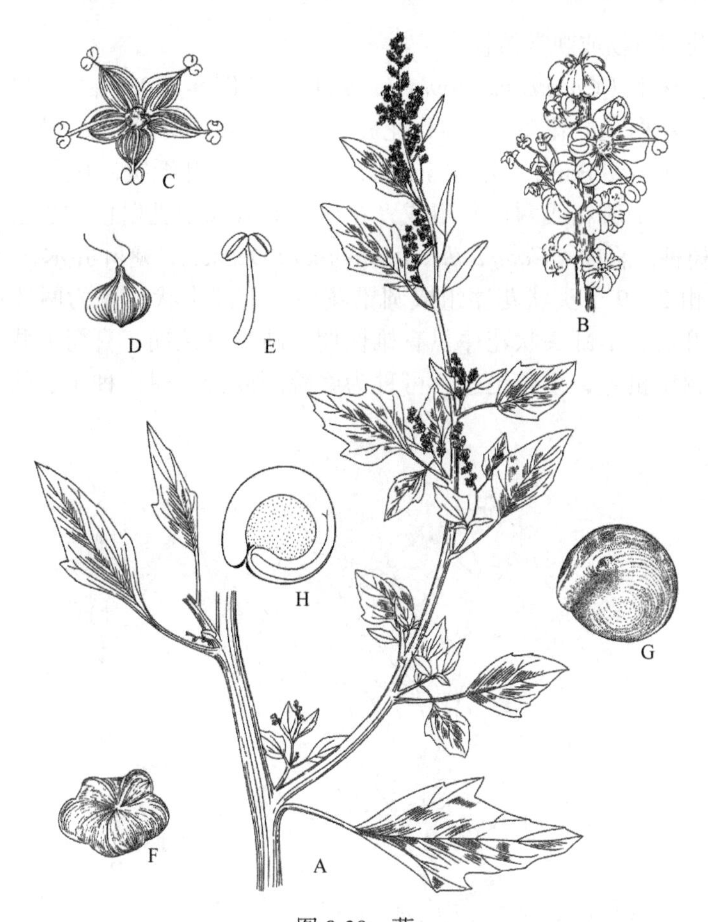

图 8-39 藜

A. 花枝；B. 圆锥花序分枝；C. 花；D. 雌蕊；E. 雄蕊；F. 胞果；G. 种子；H. 种子切面，示弯曲的胚包裹外胚乳

菊类植物（asterid）多为合瓣花，蜜腺着生于雌蕊，单珠被胚珠，细胞型胚乳，常具环烯醚萜类，包括山茱萸目、杜鹃花目、唇形类植物和桔梗类植物。以下 10 科属于菊类植物。

15．山茱萸科（Cornaceae）$* K_{4,5\text{-}10} C_{4,5\text{-}10} A_{4\text{-}5} \overline{G}_{(2\text{-}4:1:1\text{-}\infty)}$

乔木或灌木，常含有环烯醚萜类化合物。单叶对生，稀互生和螺旋状排列，常全缘，羽状脉至掌状脉，二级脉通常平滑弧形伸向叶缘或形成一系列的环，无托叶。有限花序，顶生，有时与大而艳丽的苞片相连。花两性或单性（雌雄同株或异株），辐射对称。萼片 4 或 5，离生或合生，通常具小齿，有时缺如。花瓣 4 或 5，离生；覆瓦状或镊合状排列。雄蕊 4～10；花丝离生。心皮 2 或 3，合生，有时看似单心皮；子房下位，中轴胎座，胚珠附着于弯向每个隔膜顶部的维管束。胚珠每室有 1 枚，着生于顶端，单珠被。蜜腺盘位于子房顶部。核果，果核有一至数枚种子，具脊或翅。

本科 7 属约 115 种，世界各地广泛分布。我国 7 属 47 种，产于西南、华南和华东等地区。山茱萸属（*Cornus*）、蓝果树属（*Nyssa*）、喜树属（*Camptotheca*）等多种植物为重要的木本药用植物或观赏植物。

代表植物：梾木（*Cornus macrophylla* Wallich）（图 8-40），乔木，叶对生。伞房状聚伞花序顶生，花白色，花萼裂片 4，花瓣 4，雄蕊 4，子房下位。核果近于球形。珙桐（*Davidia involucrata* Baill.）俗称鸽子树，落叶乔木，叶纸质，互生。头状花序球形，由多数的雄花与 1 个雌花或两性花组成，花序下面有大型乳白色的总苞。珙桐为我国特有珍稀观赏树种。喜树（*Camptotheca acuminata* Decne.），落叶乔木，叶互生，纸质，矩圆状卵形。由 2～9 个头状花序组成圆锥花序，上部头状花序为两性花，但雄性先开放，雌性后开放，下部头状花序只有雄性期，缺少雌性期。喜树为我国特有的木本药用植物，其树干挺直，生长迅速，可种为庭院园或行道树；种子、幼叶和树皮等含有喜树碱。

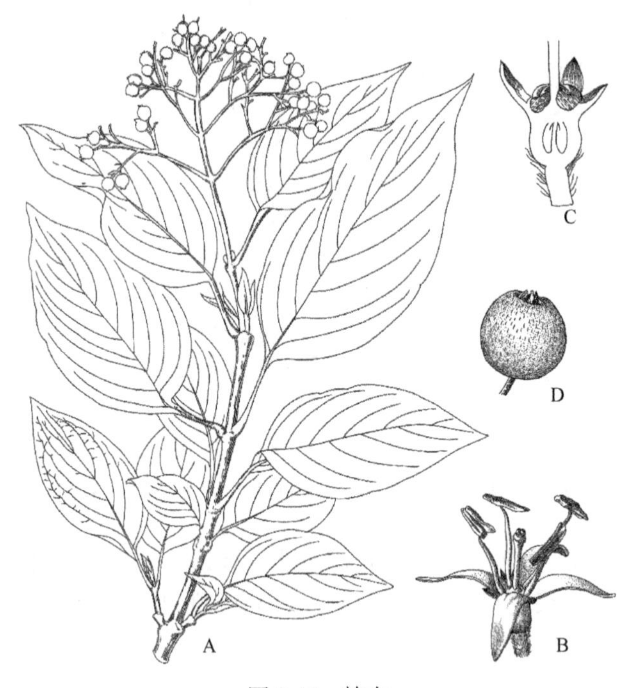

图 8-40 梾木

A. 果枝；B. 花；C. 花纵剖面；D. 果实

重要特征：多木本；单叶对生，常全缘；花序有苞片或总片，萼管与子房合生，花瓣与雄蕊同生于花盘基部，子房下位；核果或浆果状核果。

16．杜鹃花科（Ericaceae）$\uparrow * K_{(4\text{-}5)} C_{4\text{-}5,(5\text{-}4)} A_{4\text{-}5,4+4,5+5} \underline{G}_{(4\text{-}5:4\text{-}5)}$，$\overline{G}_{(4\text{-}5:4\text{-}5)}$

乔木、灌木、藤本，稀草本。单叶，互生，螺旋排列，有时对生或轮生，无托叶。花两性，辐射对称至稍两侧对称，通常下垂，单生或簇生，常排成各种花序，有苞片；花萼 4 或 5，离生或稍合生，花瓣通常 4 或 5，合生，常圆筒形或壶形；雄蕊为花瓣的倍数，2 轮，外轮对瓣（逆二轮雄蕊），或为同数而互生，分离，从花托（花盘）基部发出；花药顶孔开裂，稀纵裂，常具附属物（芒或距），为单粒或四合花粉；子房上位或下位，4～5 室，中轴胎座，每室有倒生胚珠多枚；稀单 1；花柱和柱头单生，柱头通常头状。蒴果，稀浆果或核果。

本科有 124 属 4000 余种，除沙漠地区外，广泛分布在全球各地，主产于温带和亚寒带，也产于热带高山，但大洋洲种类极少。我国有 23 属 837 种，南北均产，以西南山区种类最为丰富。

目前普遍接受的广义的杜鹃花科包括传统分类系统的岩高兰科（Empetraceae）、澳石楠科（Epacridaceae）、水晶兰科（Monotropaceae）、鹿蹄草科（Pyrolaceae）和越橘科（Vacciniaceae）5 科。

代表植物：杜鹃花属（*Rhododendron*），木本。单叶互生。花冠合瓣，辐状至钟形，或漏斗形及筒形，5 基数，常稍单面对称。雄蕊与花冠裂片同数或为其倍数，花药无附属物。蒴果，室间开裂，成 5～10 瓣。除新疆外，广泛分布在全国各地。杜鹃（映山红）（*R. simsii* planch.）（图 8-41），落叶灌木，全株密生棕黄色扁平糙伏毛，叶椭圆状卵形至倒卵形，两面及叶缘均有糙伏毛。越橘属（*Vaccinium*）的一些种的浆果大，味佳，且富含维生素 C，有较高的食用价值（蓝莓）。本属的乌饭树（*V. bracteatum*），常灌木；叶革质，背面主脉具短柔毛，花序有宿存的苞片；叶药用。江南民间在 4 月初常取其嫩叶捣汁染米做乌饭食，故名“乌饭树”。

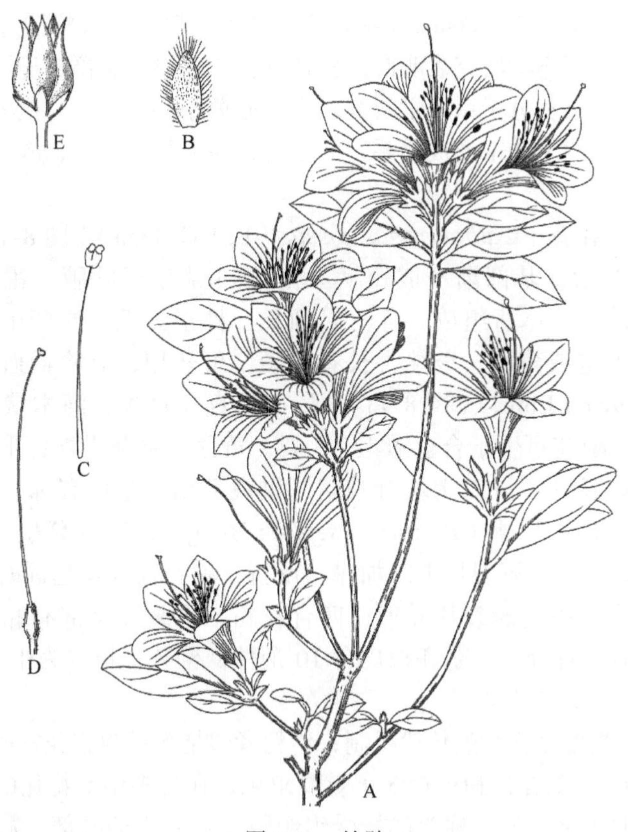

图 8-41　杜鹃

A. 花枝；B. 萼片；C. 雄蕊；D. 雌蕊；E. 果实

重要特征：常为灌木，单叶互生，花冠整齐或稍不整齐，雄蕊常为花冠裂片的倍数，常逆二轮，分离，自腺性花盘发出，花药常孔裂，雌蕊心皮4～5，中轴胎座，胚珠多数。

17．夹竹桃科（Apocynaceae）$* K_{(5)}C_{(5)}A_5\underline{G}_{2:1}$

乔木、灌木、藤本或草本，有乳汁。叶常对生，有时互生为螺旋状或2列排列，或轮生，全缘；托叶无或为假托叶，托叶有时为钻状或线状腺体；叶柄顶端有时具腺体。单花或为各式花序；花两性，5基数；花萼裂片基部内面常有腺体；花喉部常具副花冠、鳞片或附属体；雄蕊离生或形成合蕊冠，有时腹部与雌蕊黏生成合蕊柱；花药2室或4室，若为花粉块，常2个或4个，顶端常具膜片，有时具载粉器；子房1～2室，每室具胚珠一至多数，侧膜胎座；花柱1～2；柱头基部具5棱或2裂。蓇葖果、蒴果、浆果或瘦果。种子光滑，被端毛，具膜翅或假种皮。花粉单粒、四合花粉或花粉块，3或4孔沟、3沟、(1～)2～3(～6)孔和散孔，多为穿孔，或网状或皱状纹饰，有疣状和颗粒状突起。

本科约366属5100种，分布于热带和亚热带，少数到温带地区。我国产87属423种，产西南至东南部。有多种药用植物如长春花属（*Catharanthus*）、萝芙木属（*Rauvolfia*）、罗布麻属（*Apocynum*）、杠柳属（*Periploca*）、鹅绒藤属（*Cynanchum*）等。

传统上，因萝藦科（Asclepiadaceae）具有复杂花粉块和载粉器等形态结构而将其与夹竹桃科分开。但形态学研究表明此结构特征在2个科的类群中显示为连续状态。此外，孢粉学、生物化学和分子系统学研究表明，原萝藦科具有夹竹桃科中形态上较为进化的特征，其在系统树上并未形成单系，而是混杂在夹竹桃科内，故建议将这2个科进行归并。

代表植物：长春花[*Catharanthus roseus*（L.）G. Don]（图8-42），半灌木，叶对生，倒卵状长圆形，基部渐窄成短柄。花2～3朵生于叶腋，花冠红色，高脚碟状；花盘为2片舌状腺体所组成。蓇葖果细长，种子无毛。原产于非洲东部，我国各地广泛栽培。观赏或药用，全株含长春花碱，可药用，有降低血压之效。马利筋（*Asclepias curassavica* Linn.）（图8-43），多年生直立草本，灌木状，全株有白色乳汁。花冠紫红色，副花冠生于合蕊冠上，5裂，黄色。蓇葖果披针形，种子先端具白色绢质种毛。我国长江流域以南均有栽培，供观赏用。全株有毒。尤以乳汁毒性更强，含强心苷，药用。杠柳（*Periploca sepium* Bunge），落叶蔓生灌木，全株无毛。叶卵状长圆形，革质。花冠裂片中间加厚，反折，副花冠与花丝同时着生于花冠筒的基部，与花丝结合，副花冠裂片异形；四合花粉，承载在基部有黏盘的匙形载粉器上。全国大部分地区有分布。茎和根皮含10余种杠柳苷；根皮为中药"香加皮"，有祛风湿、强筋骨之效，有毒。

夹竹桃科具有高度多样性的传粉机制；传粉者包括各种收集花蜜的昆虫（蝶类、蛾类、蜂类、蝇类）。柱头在传粉中扮演了重要角色。在许多中等特化的属中，柱头可区分成三个不连续的水平区域。柱头的接受组织限于花柱头的基部，冠状衍生物的下面

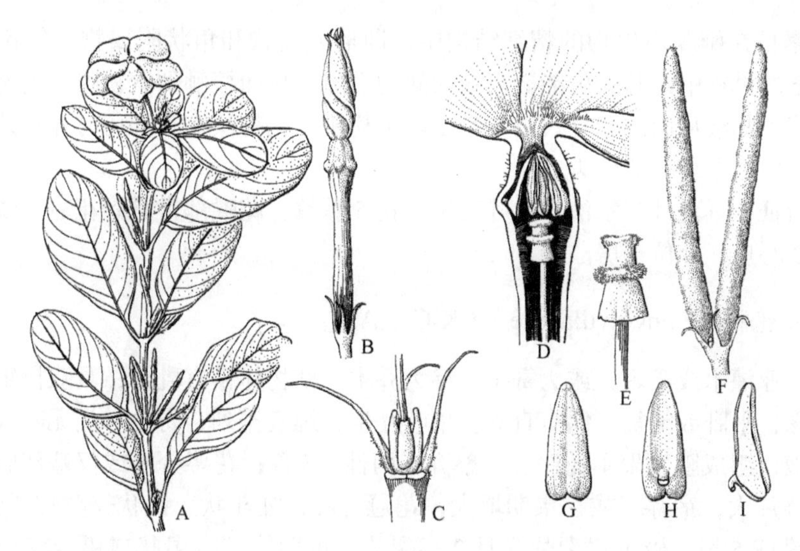

图 8-42 长春花

A. 花枝；B. 花蕾，示旋转的花冠；C. 除去萼片和花冠后的花基部，示2个子房与蜜腺；D. 花上部纵切面；E. 柱头与花柱，下部有花粉刷；F. 一对蓇葖果；G、H. 开裂前的花药，近轴面与远轴面；I. 开裂前的花药，侧面观

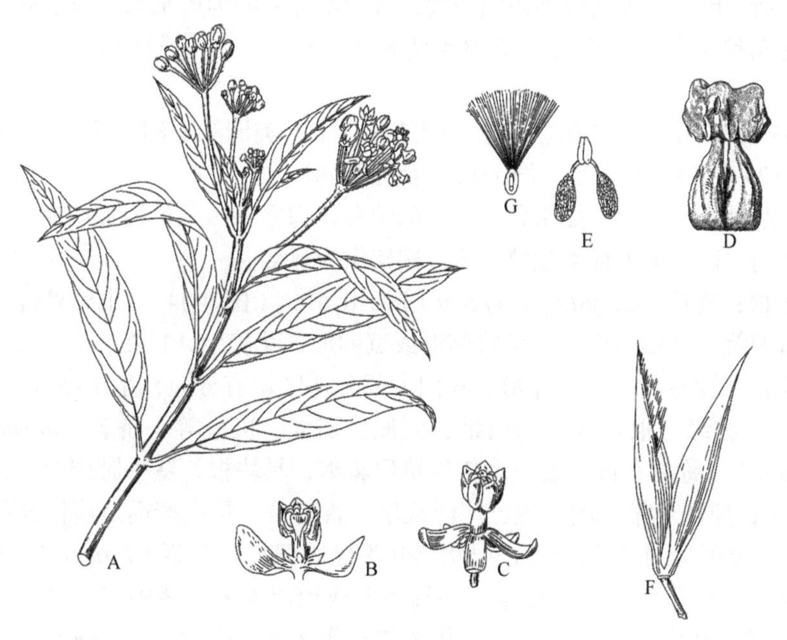

图 8-43 马利筋

A. 花枝；B. 花纵剖面；C. 花；D. 雌蕊，两个心皮仅由柱头连接；E. 花粉块；F. 一对蓇葖果；G. 种子

（花粉收刮器）。中间区域产生黏液，柱头顶端提供花粉，这些花粉是环绕花柱的内向花药开裂散发的。当传粉者吸吮花蜜时，它携带前一朵拜访的花的花粉被它的口器刮掉并存放在柱头区，由于它们接触到柱头中间区域产生的黏液后，口器具有黏性，可从柱头顶端带走花粉。在许多特化的属（如马利筋属）中雄蕊和雌蕊合生，花粉也黏合成花粉

块。花蜜累积在雄蕊衍生物的精细结构中，即形成帽状和角状附属物。传粉者在副冠中吸吮花蜜的过程中，其腿可能嵌入花药间的空隙，从而接触到着粉腺。当昆虫拔出腿时，腿附着了黏液从而黏着并拔出，带走两个粉块。花粉块在它拜访另外一朵花时，从它的腿上被传到这朵花的柱头上了。

重要特征：具乳汁或水液；单叶对生，花 5 基数，花喉部常具副花冠、鳞片或附属体；雌蕊 2 心皮，上位子房。

18．旋花科（Convolvulaceae）$*\ K_5C_{(5)}A_5\underline{G}_{(2\text{-}3:2\text{-}3)}$

草本、亚灌木或灌木，或为寄生，稀为乔木。植物体常有乳汁；具双韧维管束。茎缠绕或攀缘，平卧或匍匐，偶有直立。单叶互生，螺旋排列，寄生种类无叶或退化。花单生于叶腋，组成腋生聚伞花序。花整齐，两性，5 数；花萼分离或仅基部联合，外萼片常比内萼片大，宿存，或在果期增大；花冠合瓣，漏斗状、钟状、高脚碟状或坛状，冠檐近全缘或 5 裂，极少每裂片又具 2 小裂片，蕾期旋转折扇状或镊合状至内向镊合状，花冠外常有 5 条明显的被毛或无毛的瓣中带；雄蕊着生花冠管基部或中部稍下，花药 2 室；子房上位，由 2（稀 3～5）心皮组成，常 1～2 室，中轴胎座，花柱 1～2。蒴果，室背开裂、周裂、盖裂或不规则破裂，或为不开裂的肉质浆果，或果皮干燥坚硬成坚果状。花粉粒 3 沟、5～6 沟、12 沟或具散孔，平滑、穿孔或网状纹饰，或有刺或颗粒状突起。

本科 53 属 1650 种，广布热带至温带地区，主产美洲和亚洲的热带与亚热带地区。我国 20 属 129 种，南北均产，华南和西南地区尤盛。

该科有些种类供食用，如番薯是主要的粮食作物之一，蕹菜为常见栽培的蔬菜。有些种类供药用。还有不少种类栽植园篱、棚架作为观赏。

代表植物：旋花［*Calystegia sepium*（L.）R. Br.］（图 8-44），也称篱打碗花，多年生草本，茎缠绕，叶形多变，三角状卵形或宽卵形，花腋生，1 朵，花冠通常白色或有时淡红或紫色，漏斗状。蒴果卵形。我国大部分地区均有分布，生于路旁、溪边草丛、农田边或山坡林缘。根作药，治白带、白浊、疝气、疥疮等。番薯［*Ipomoea batatas*（Linn.）Lam.］又称甘薯或红薯，多年生草质藤本，具块根，茎平卧或上升；单叶，全缘或 3～5 裂；原产热带美洲，现已广泛栽培。番薯是一种高产而适应性强的作物。块根除食用外，还可以作食品加工；根状茎叶为优质饲料。蕹菜（*I. aquatica*）也称空心菜，与番薯同属。一年生蔓生草本，匍匐地上或漂浮水中，茎中空；单叶，全缘或波状。原产我国，现广泛栽培于全球。其嫩茎叶作蔬菜。牵牛［*Ipomoea nil*（Linnaeus）Roth］和圆叶牵牛［*Ipomoea purpurea*（Lam.）］原产热带美洲，我国广布，山野田边均有。全国各地栽培于篱笆或墙边，供观赏。两者种子为常用中药，称为牵牛子，有黑丑、白丑之分。多用黑丑，能泻水利尿。菟丝子属（*Cuscuta*）是该科的寄生类群。全部为寄生草本，无根。茎缠绕，细长，线形，黄色或红色，不为绿色，借助吸器固着寄主。无叶，或退化成小的鳞片。花小，白色或淡红色。本属约 170 种，广泛分布于全世界暖温带，主产美洲。我国有 8 种，南北均产。北方常见的有菟丝子（*Cuscuta*

图 8-44 旋花

A. 开花植株；B. 花展开；C. 雄蕊；D. 花冠展开；E. 子房基部及花盘蜜腺；F. 果实；G. 花萼；H. 种子

chinensis Lam.）和金灯藤（*C. japonica* Choisy）。

重要特征：常具乳汁；双韧维管束；辐射对称的合瓣花，旋转折扇状花冠；中轴胎座，直立无柄倒生胚珠，折叠子叶。

19．茄科（Solanaceae）* $K_{(5)}C_{(5)}A_5\underline{G}_{(2:2)}$

草本、灌木、小乔木或藤本。叶互生或大小不等的二叶双生；单叶或复叶。花单生或各式聚伞花序；花辐射对称或稀两侧对称；花萼裂片常5，宿存并常膨大；花冠裂片常5；雄蕊常5，稀2或4，花药纵缝开裂或孔裂；子房2室，少数3～5室，2心皮不位于花正中轴线上而偏斜。浆果或蒴果。种子胚乳丰富，胚弯曲成钩状、环状、螺旋状或弓曲至通直。花粉粒（2～）3～5（～8）沟或（2～）3～5（～6）（拟）沟孔，穿孔、具刺、网状或条纹纹饰。

本科92属2500余种，温带及热带地区广布，以美洲热带最为丰富。我国20属102种，南北均产，以西南地区较多。

茄科许多种类含有莨菪烷和甾族生物碱，许多是药用植物，但有些种有毒。也有许多种可提供食用的果实和蔬菜。还有些种可作为观赏植物。

代表植物：酸浆（挂金灯，*Physalis alkekengi*）（图8-45），一年生或多年生草本。

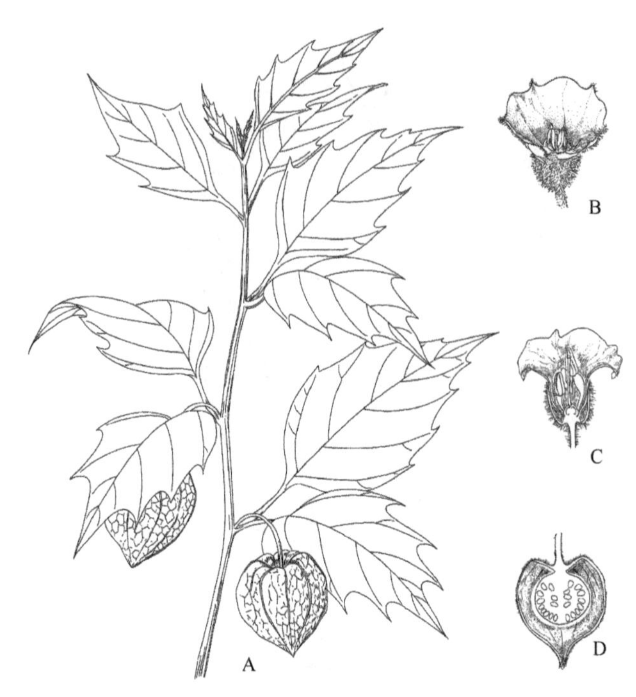

图 8-45　酸浆（挂金灯）

A. 果枝；B. 花；C. 花展开；D. 果实纵切面

叶互生或大小不等叶双生。花单生于叶腋或枝腋。果萼膨大，包被果实，远较果实大，基部常向内凹陷；果实为多汁浆果。果可供观赏、食用，果萼亦可药用。茄（*Solanum melongena* L.），全株被星状毛，单叶互生，花紫色，花冠辐状，雄蕊 5，花药靠合，顶孔开裂，浆果。原产亚洲热带，世界广泛栽培，果作蔬菜。马铃薯（*S. tuberosum* L.），草本，奇数羽状复叶，花白色或淡紫色。块茎富含淀粉，是主要的粮食作物。原产南美洲，现广为栽培。番茄（*Lycopersicon esculentum* Mill.），植株被黏质腺毛。浆果，为常见蔬菜和水果。原产南美洲，现世界各地广为栽培。烟草（*Nicotiana tabacum* L.），草本，全体被腺毛，叶大，叶为卷烟和烟丝的原料，原产南美洲，我国南北广为栽培。宁夏枸杞（*Lycium barbarum* L.），具刺灌木。果实入药为“枸杞子”，具补肝肾、益精明目的功效。主产于宁夏、甘肃等地。

茄科的花常绚丽，能吸引各种蜜蜂、黄蜂、苍蝇、蝴蝶和蛾类。茄属不分泌花蜜而通过蜜蜂和苍蝇采集花粉来传粉。花粉的散发是通过振动的花药来完成的。相反，夜香树属（*Cestrum*）和曼陀罗属（*Datura*）吸引采蜜的昆虫。

重要特征：通常草本，单叶互生；花两性，辐射对称，5 基数，花药常孔裂，心皮 2，2 室，位置偏斜，多数胚珠；浆果或蒴果。

20．木樨科（Oleaceae）$*K_{(4)}C_{(4)}A_2\underline{G}_{(2:2)}$

乔木或藤状灌木；叶对生，单叶、三出复叶或羽状复叶，具叶柄，无托叶。聚伞花序排列成圆锥花序；花萼 4 裂；两性花辐射对称，通常顶生或腋生；花冠 4 裂，花蕾时呈覆瓦状或镊合状排列；雄蕊 2，着生于花冠管上或花冠裂片基部；花药纵裂；花柱单一或无花柱，柱头 2 裂或头状。子房上位，心皮 2，2 室，每室胚珠 2，胚珠下垂。翅果、蒴果、核果、浆果或浆果状核果。种子具 1 枚伸直的胚。花粉粒 2 或 3 沟，具粗或细的网状纹饰。虫媒或风媒传粉。

本科 24 属 616 种，广布两半球的热带和温带地区，亚洲分布丰富。我国 10 属 160 种。该科具有许多重要的药用植物、香料植物、油料植物以及经济树种。

代表植物：连翘［*Forsythia suspensa*（Thunb.）Vahl］（图 8-46），落叶灌木，枝中空；单叶或三出复叶；花黄色，先叶开放；蒴果，种子有翅。原产我国北部和中部，现各地均有栽培。果含连翘酚、甾醇化合物等，可入药。木樨［*Osmanthus fragrans*（Thunb.）Loureiro］俗称桂花，常绿乔木或灌木，叶片革质，椭圆形。聚伞花序簇生于叶腋，花极芳香，花冠黄白色、淡黄色、黄色或橘红色。各地广泛栽培。花为名贵香料，并作食品香料。女贞（*Ligustrum lucidum* Ait.），小枝无毛；单叶对生，全缘，革质，无毛；花萼、花冠均 4 裂，雄蕊 2，子房 2 室，各具胚珠 2 个；核果。作为观赏植物，各地均有栽培。小蜡（*Ligustrum sinense* Lour.），小枝密被短柔毛，叶薄革质，背面特别沿中脉有短柔毛，分布于长江以南各地，现各地多有栽培。茉莉花［*Jasminum sambac*（Linn.）Ait.］，常绿灌木，单叶，背面脉腋有黄色簇毛；花白色，芳香。花可提取香精和熏茶。我国各地栽培。迎春花（*Jasminum nudiflorum* Lindl.），落叶灌木，三

图 8-46　连翘

A. 枝；B. 花枝；C. 花瓣展开，示 2 枚雄蕊；D. 去除花瓣和雄蕊，示雌蕊；E. 果实

出复叶；花先叶开放，淡黄色。主产我国北部和中部，常栽培。

重要特征：木本；叶常对生；花整齐，花被常4裂，雄蕊2；子房上位，2室，每室常2枚胚珠。

21．唇形科（Lamiaceae）↑ $K_{(4\text{-}5)}C_{(4\text{-}5)}A_{4,2}\underline{G}_{(2:4)}$

多为草本至灌木，稀乔木。茎多四棱形。叶常交互对生，偶为轮生。花序聚伞式，或再形成轮伞花序及穗状、圆锥状的复合花序；花萼宿存，果时常增大，多为二唇形；花冠二唇形，蜜腺发达，冠檐常5裂，常呈2/3式，或4/1式二唇形，偶为单唇；雄蕊常4，2强，有时退化为2；花盘下位明显，其裂片有时呈指状增大；花柱顶端常2裂。果实多为4小坚果。常含二萜类化合物。

本科236属7173种，世界广布，地中海及中亚地区尤盛。我国96属970种，南北均产，主产西南地区。本科植物几乎均含芳香油，可提取香精，有些植物可药用，有些可供观赏。

代表植物：丹参（*Salvia miltiorrhiza* Bunge）（图8-47），多年生草本，花冠蓝色；根肥大，肉质，外面红色，内面白色。根入药，具活血调经、祛瘀生新等功效。全国大部分地区有栽培。夏枯草（*Prunella vulgaris* L.），轮伞花序集成假穗状花序。夏末全株枯萎。全草或果穗入药，具清肝火、散郁结功效。我国广为分布。黄芩（*Scutellaria baicalensis* Georgi），多年生草本，叶披针形，背面具黑色腺点；花紫色。根肥厚肉质，

图8-47　丹参

A. 开花植株上部；B. 花；C. 花纵切；D. 雌蕊，示基生的花柱和分裂的子房；E. 雄蕊侧面观；F. 雄蕊正面观；G. 种子

入药，具清热燥湿、泻火解毒等功效。分布于东北、华北、西南等地区。薄荷（*Mentha canadensis* L.），草本，具清凉浓香气味，为著名香料植物和药用植物；我国为世界薄荷的主产区，各地广为栽培。

唇形科鲜艳的花朵由蜜蜂、黄蜂、蝴蝶、蛾、苍蝇、甲虫和鸟传粉。二唇形花冠的弓形上唇常常保护雄蕊和柱头，而下唇提供一个平台且常很鲜艳。在传粉者搜索花蜜的过程中，后颈或头部粘上花粉。在罗勒属（*Ocimum*）及其近缘属，雄蕊与下唇很近将花粉黏到传粉者的身体下方。鼠尾草属（*Salvia*）的雄蕊是高度变态的，药隔膨大形成一个杠杆臂。唇形科大部分种是雄蕊先熟，异交较为普遍。野芝麻属（*Lamium*）的一些种具有闭花授粉的花。

重要特征：草本；含挥发性芳香油；茎四棱形，单叶对生或轮生；唇形花冠，2 强雄蕊，或由于 2 枚退化，余 2 枚；子房上位，子房深裂，花柱着生于花托上；4 个小坚果。

22．菊科（Asteraceae）$K_{0\text{-}\infty}C_{(5)}A_{(5)}\overline{G}_{(2:1:1)}$

草木、亚灌木或灌木，稀为乔木。常具树脂道和乳汁管；含有半倍萜内酯。单叶，有时深裂或多裂。花多少密集成无限头状花序，有总苞，花两性或单性，辐射对称或两侧对称。萼片高度变态，形成冠毛。花瓣 5，合生成一辐状或管状花冠（盘状花）；或形成一两侧对称、伸长的舌状花冠，花冠末端 5 小齿（舌状花）。头状花序仅有盘花，或盘花位于中央而边花围绕于外围，边花为雌花或不育，或仅有舌状花组成。雄蕊 5；花丝分离，贴生于花冠筒；花药合生成聚药雄蕊，常具顶部或基部附属物，围绕花柱形管状，花粉在管中释放，然后花柱从管中伸长，推出或收集花粉（通过各种发育的毛）并将花粉传递给花的拜访者，随后柱头变成授粉者（即柱传式或毛刷式传粉机制）；花粉粒常 3 孔沟。心皮 2，合生，子房下位，具基底胎座；花柱二分叉，具覆盖内表面的柱头组织或柱头组织在 2 个边线。子房 1 胚珠，具单珠被和薄壁大孢子囊。蜜腺在子房顶部。瘦果，具宿存冠毛，有时扁平、具翅或刺；胚乳极少或缺失。花粉粒 3 孔沟，多光滑、具刺或网状纹饰。

本科 1600～1700 属 24 000～30 000 种，是被子植物最大的科，世界广布，非洲是其多样性最高的地区，其次是北美洲，亚欧大陆是菜蓟族（Cynareae）、菊苣族（Lactuceae）、春黄菊族（Anthemideae）及千里光族（Senecioneae）等类群的主要分布中心。我国 253 属约 2350 种，此外还有一些栽培的属，如花笄属（*Helipterum*）、银苞菊属（*Ammobium*）、堆心菊属（*Helenium*）、松香草属（*Silphium*）、松果菊属（*Ratibida*）、赛菊芋属（*Heliopsis*）和黑足菊属（*Melampodium*）等；我国有 18 个特有属。

菊科在演化上是一个年轻的大科，并在地球上广为分布，属种数和个体数为被子植物之首，这与它们在结构上、繁殖上的多样性结构和高度适应性相关联，如萼片变成冠毛、刺毛，有利于果实的远距离传播；部分植物具块茎、块根、匍匐茎或根状茎，有利于营养繁殖的进行；花序的结构在功能上如同一朵花，而中间盘花数量的增加，更有利于后代的繁衍；本科植物绝大部分为虫媒传粉，雄蕊先于雌蕊成熟，常有精致的传粉结构，保证了异花传粉。此外，菊科植物多为草本，生活周期短，更新迅速。最新研究将菊科划分的 12 个亚科中，中国分布的有帚菊木亚科（Mutisioideae）、风菊木亚科

（Wunderlichioideae）、管状花亚科（Carduoideae）、帚菊亚科（Pertyoideae）、菊苣亚科（Cichorioideae）和紫菀亚科（Asteroideae）亚科共6个亚科。

代表植物：菊苣（*Cichorium intybus* L.）（图8-48），多年生草本。基生叶莲座状，花期生存，倒披针状长椭圆形；头状花序多数，单生或数个集生于茎顶或枝端，舌状小花蓝色。菊苣叶可调制生菜。向日葵（*Helianthus annuus* L.），草本，下部叶常对生；花序托盘状，总苞片数轮，外轮叶状，边缘花假舌状，盘花筒状；瘦果顶端具两个鳞片状、脱落的芒。向日葵为重要的油料作物。艾（*Artemisia argyi* Lévl. et Vant.），草本，中下部的叶卵状椭圆形，一回羽状深裂，叶上面疏生白色腺点，下面密生灰白色绒毛。叶入药为艾叶，能散寒止痛，温经止血。广布于全国。红花（*Carthamus tinctorius* L.），一年生草本，叶互生，近无柄。花初开时黄色，后变为红色。瘦果无冠毛。花入药，具活血祛瘀，通经之功效。菊花（*Chrysanthemum morifolium* Rama），多年生草本，基部木质，全体具白色绒毛。瘦果无冠毛。常培育成各种园林花卉观赏。花序入药，能散风清热、解毒、明目。蒲公英（*Taraxacum mongolicum* Hand.-Mazz.），多年生草本，叶基生，头状花序单生花葶上，花黄色，瘦果具长喙，冠毛白色。全国各地野生。全草药用，有清热解毒之功效。莴苣（*Lactuca sativa* L.），茎肉质。头状花序顶生，花黄色，原产欧洲、亚洲，现世界广泛栽培，品种很多，如莴笋（*Lactuca sativa* var. *angustata* Irish.）和生菜（*Lactuca sativa* var. *romana* Hort.）均是莴苣的变种。

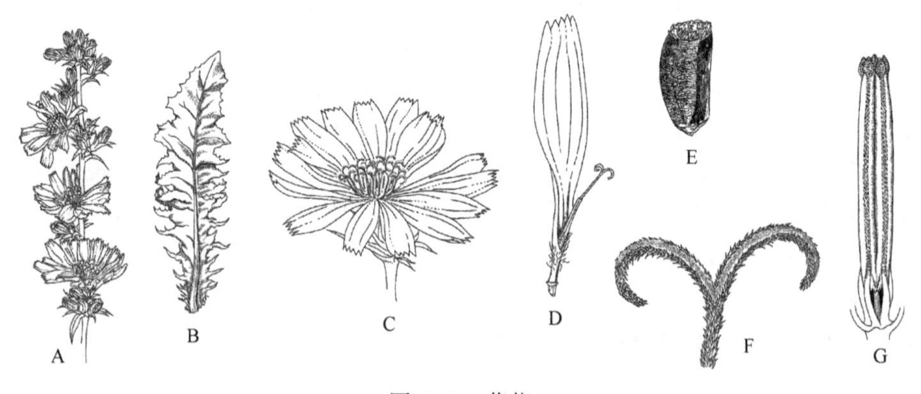

图8-48　菊苣

A. 花枝上部；B. 基生叶；C. 头状花序；D. 舌状花；E. 雄蕊群（聚药雄蕊）；F. 柱头；G. 瘦果

菊科微小的花不容易看到，有总苞的头状花序，第一眼看上去很像一朵单花。在辐射状头状花序中，边花用于吸引传粉者，而盘状花向心成熟。传粉者常落在边花上，并将从其他个体上采的花粉传播到边缘成熟盘状花的柱头上。许多菊科植物的花丝对触动的反应是突然收缩，致使柱传式传粉机制中的花粉散发到传粉者身上。菊科的花序通常是异交，花冠多变颜色，吸引众多传粉者（蝴蝶、蜜蜂、苍蝇和甲虫）。一些属具简化花，风媒传粉［如紫茎泽兰属和酒神菊属（*Baccharis*）］，一些头状花序简化为一朵单花，但这些简化的头状花序又聚集为复合的头状花序［如蓝刺头属（*Echinops*）］。

菊科大部分植物的瘦果是由风传播的，冠毛作为降落伞功能。扁平而常常有翅的果实由风帮助散布。冠毛变态如形成向后倒刺的芒，或果实的突出物如钩或刺，或特化的总苞苞片，便于鸟类和哺乳动物传播。

重要特征：常为草本；头状花序，有总苞；花冠合瓣，聚药雄蕊，子房下位，1 室 1 胚珠；瘦果具各种冠毛。

23．忍冬科（Caprifoliaceae）↑$K_{(4\text{-}5)}C_{(4\text{-}5)}A_{1\text{-}5}\overline{G}_{(2\text{-}5:2\text{-}5)}$

草本、灌木、小乔木或藤本。常具星散的分泌细胞，毛被多样。叶对生，单叶，稀羽状分裂或复叶，全缘或有锯齿，具羽状脉。花序多样，花两性，两侧对称；萼片常 5，合生；花瓣常 5，合生，常具 2 个上裂片和 3 个下裂片或 1 个下裂片和 4 个上裂片；雄蕊（1～）4 或 5，花丝贴生于花冠；心皮 2～5，合生；子房下位，常伸长，中轴胎座；花柱伸长，柱头头状；胚珠每室一到多数，具单珠被和薄壁的大孢子囊。果为蒴果、浆果、核果或瘦果。花粉粒大，多刺，3 孔沟或 3 孔。常含酚苷类、环烯醚萜类化合物。

本科 36 属 810 种，世界广布，主要分布于北温带。我国 20 属 143 种，南北均产，主产西南地区，3 属为我国特有。

忍冬科的系统框架有着很大的变化，APG Ⅳ支持把荚蒾属（*Viburnum*）和接骨木属（*Sambucus*）等在形态上很类似的忍冬科类群的属转移至五福花科（Adoxaceae），狭义的忍冬科原仅包括忍冬族（Caprifolieae）、锦带花族（Diervilleae）和北极花族（Linnaeeae），现将川续断科（Dipsacaceae）、刺参科（Morinaceae）和败酱科（Valerianaceae）并入广义的忍冬科并分别处理为族，这样就可以使得广义的忍冬科保持单系性。

代表植物：忍冬（*Lonicera japonica* Thunb.）（图 8-49），常绿藤本，茎向右缠绕。单叶全缘。花双生于叶腋，花冠白色或淡红色，凋落前变为黄色，故又称为金银花。我国南北均产，花蕾入药，含木樨草素、忍冬苷等，清热解毒。蝟实（*Kolkwitzia amabilis* Graebn.），落叶灌木，叶对生。由贴近的两花组成的聚伞花序呈伞房状，顶生或腋生于具叶的侧枝之顶；花冠钟状，5 裂；雄蕊 4，2 强，2 枚瘦果状核果合生，外被刺刚毛，萼片宿存。我国特有种，常作为观赏植物而栽培。败酱（*Patrinia scabiosifolia* Link），多年生直立草本，基生叶丛生，茎生叶对生，羽状深裂或全裂，边缘常具粗锯齿。花序为二歧聚伞花序组成的伞房花序或圆锥花序，花冠钟形，黄色。全草和根状茎及根入药，能清热解毒、消肿排脓、活血祛瘀，治慢性阑尾炎疗效极显。六道木［*Abelia biflora*（Turcz.）Makino］，落叶灌木，老枝常有 6 条纵沟，叶对生，叶柄基部膨大，对生者相互联合，花单生于小枝上叶腋。花冠

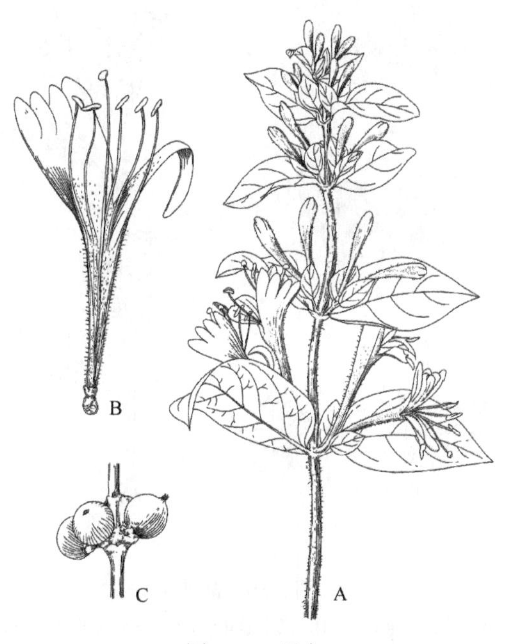

图 8-49　忍冬

A. 花枝上部；B. 花展开；C. 果实

白色、淡黄色或带浅红色，狭漏斗形或高脚碟形。果实具硬毛，冠以4枚宿存而略增大的萼裂片。

重要特征：单叶对生；雄蕊4或5，心皮2～5合生；子房下位，常伸长；果为蒴果、浆果、核果或瘦果。

24．伞形科（Apiaceae）$*K_{(5)}C_5A_5\overline{G}_{(2:2)}$

一年生或多年生草本，稀亚灌木。根常直生，肉质。茎直立或匍匐上升。叶互生，常为掌状或羽状分裂的复叶，稀单叶；叶柄基部鞘状。复伞形或单伞形花序，少为头状花序；伞形花序的基部有总苞片；花小，两性或杂性；花萼与子房贴生；花瓣5，基部窄狭；雄蕊5，与花瓣互生；子房下位，2室，每室有1倒悬的胚珠；花柱2，柱头头状。双悬果，心皮外面有棱，中果皮内层的棱槽内和合生面常有纵走的油管一至多数。花粉粒3孔沟。

本科450属3300～3800种，广布温带，主产欧亚大陆，中亚尤盛。我国约99属614种，南北均产。本科植物因药用而著名。

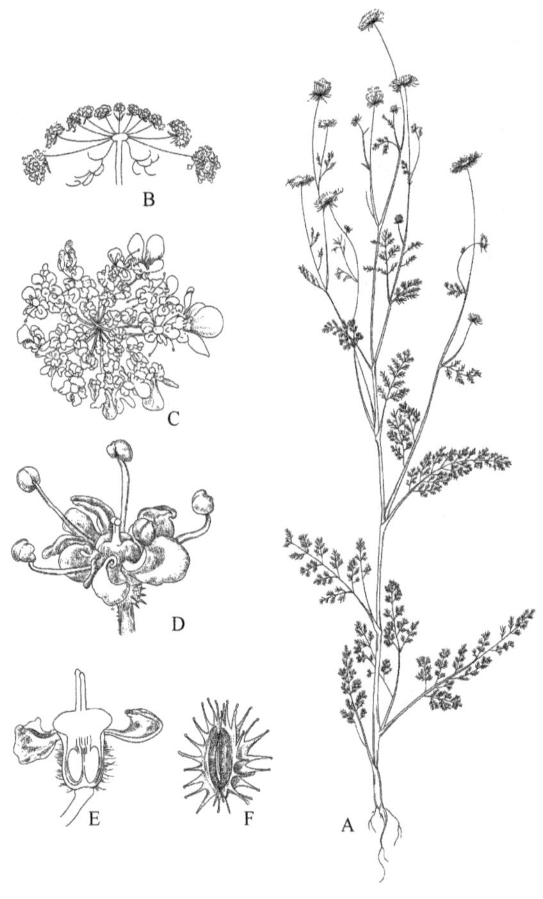

图8-50 胡萝卜

A. 开花植株上部；B. 复伞形花序；C. 一个伞形花序单元；D. 花；E. 雄蕊脱落后花纵切面，示下位子房和胚珠；F. 分果

代表植物：胡萝卜（*Daucus carota* var. *sativa* DC.）（图8-50），草本；花白色，双悬果的棱上有刺毛；具肥大的贮藏根，贮藏根作蔬菜，富含胡萝卜素。原产欧亚大陆，现全球广泛栽培。茴香（*Foeniculum vulgare* Mill.），叶3～4回羽状细裂，花黄色，双悬果具明显的棱。原产地中海地区，现各地栽培。嫩茎叶作蔬菜，果作调味品或提取芳香油。芹菜（*Apium graveolens* L.），原产于西亚到欧洲、非洲北部，现广泛栽培作蔬菜。当归［*Angelica sinensis*（Oliv.）Diels］，多年生草本，具芳香；叶2～3回羽状深裂至全裂；根粗短，入药为著名中药，具补血、活血、调经等功效。主产于陕西、甘肃及四川等地。北柴胡（*Bupleurum chinense* DC.），多年生草本，上部多分枝，呈"之"字形；主根粗大坚硬，根入药，具发表和里、疏肝解郁等功效。防风［*Saposhnikovia divaricata*（Turcz.）Schischk.］，多年生草本。根粗壮，倒苗后或采收后，根头部具纤维状的叶柄残基。根入药，具发表祛汗、除

湿止痛的功效。分布于东北、华北等地区。

伞形科植物花较小，常常密集排列成复伞房花序，由广泛采集花蜜的小型苍蝇、甲虫、蜜蜂和蛾类传粉。雄蕊先熟有利于异花传粉。

重要特征：草本；植物体含挥发性油，常具芳香；叶柄鞘状；具典型的复伞形花序，花 5 基数，2 心皮，2 室，下位子房；双悬果。

第9章 植物与人类的生存和发展

地球是太阳系中唯一有生命的星球，人们也称地球为“有生命的星球”。地球诞生以来经过漫长的演化产生了各样的生命，包括微生物、植物和动物。诺贝尔奖获得者 Albert Szent-Györgyi 用一句简单非常的话写道：“little current，kept up by the sunshine”，他总结出了最伟大的进化奇迹之一——光合作用。光合作用可将太阳能转化为化学能，形成所有生命所依赖的糖。植物吸收二氧化碳，通过叶绿素分子最终将太阳的辐射能转化为有机物质（糖类、蛋白质）分子的能量，这些能量可以促进植物根、茎、叶、花和果实的生长发育。然而，自然界只有少数几类生物拥有叶绿素，包括植物、藻类和一些细菌，这是活细胞进行光合作用所必需的。一旦光能以化学形式被捕获，它就成为包括人类在内的所有其他生物的能源。

人类是地球生命世界中的新来者。如果从午夜开始以 24 小时的时间尺度测量地球的整个历史，细胞将在黎明前出现在温暖的海洋中。第一批多细胞生物要到日落后很久才会出现，而人类最早（大约 200 万年前）将在一天结束前大约半分钟出现。然而，人类对地球表面的改变比任何其他动物都要大，几乎和入侵陆地的植物一样多，人类塑造了生物圈。

人类从诞生的那天起就开始利用植物，从早期的随意采摘，到有意识地栽培和驯化，一直到今天利用植物基因工程手段对植物进行有目的的改造，人类利用和改造植物的能力不断增强。随着全球人口的增长，对植物资源的需求急剧增加，合理利用和开发新的植物资源成为人类面临的紧迫问题。

9.1 人类利用和改造植物的历史

人类大约 10 500 年前开始种植农作物，以此来维持不断增长的人口。这一发展使人类文化得以专业化和多样化。人类文化的一个特点是审视自身和包括植物在内的其他生物的本性。通过植物驯化，生物学得以发展。人类对植物的研究已经进行了数千年，但与所有科学分支一样，直到 20 世纪才变得多样化和专业化。18 世纪末，植物学仍是医药学的一个分支学科，主要由医生从事研究，他们将植物作为药用，进而来确定植物和动物之间的相似性和差异。然而，到了今天，植物学作为一门重要的学科，有许多分支，如植物生理学、植物形态学、植物解剖学、植物分类学和系统学、植物细胞学、植物遗传学、植物分子生物学、经济植物学、民族植物学、植物生态学、古植物学和植物基因组学等。

植物与人类的生存和发展息息相关，植物不仅通过光合作用释放出大量氧气，为人类的生存创造了一个适宜的环境，而且在许多方面都是人类生活所需要的直接物质生产来源。早期的人类主要通过狩猎和采集获得食物，其中植物是人们食物来源的一个重要组成部分，尤其是植物的果实和种子，也是大自然的馈赠。除食物以外，人类的许多其他需求也可以从周围环境的野生植被中得到满足。例如，为了取火，人类收获木材来钻木取火；为了保护自己和抵御自然力，人类使用叶、草、枝条和树干搭建房屋；通过偶然和随机的观察，人类知道某些野生植物具有药用价值；一些植物能产生诱人的气味或味道；还有一些野生植物则能生成奇特的产物如橡胶、树脂和纤维等，这些物质被提取出来，对人类生活和生产非常有用。具有重要经济价值的植物就是原始人发现的，现代人在栽培植物的名单上只作了很少的补充。

9.1.1　栽培作物的起源和农业的发展

早期人类的生存方式可分为 4 种：①没有控制地狩猎和随意采集；②控制性狩猎和计划性采集；③专一性的采集和狩猎；④选择性种植和畜养。这 4 种生存类型是人类在不同的时间和空间中逐渐发展起来的，毫无疑问，作物由野生植物驯化而来，农业孕育于采集经济。目前，我们还无法准确地知道人类是什么时候以何种方式开始栽培植物以供自身需要的，但第一个认识到种子可以采集、贮藏并大量种植以保证稳定的食物供应的人，为人类文明带来了一场革命，这场革命的重要性不亚于人类对火的控制、工业化以及原子能的发明。早期人类在居住地周围将一片生长有供采集的植物保护起来划分采集区，这或许就是栽培的前身，也是原始农业的开始。采集和原始农业虽有联系，但在量和质方面有着明显的不同。从根本上看，采集是选择摘取客观存在的自然物，但并不改造自然物。尽管原始农业非常粗放，但人们按照人类的需要去生产食物，也包含认识自然和改造自然的成分。

关于人类驯化植物的原因有许多争论，有的人认为这是一种有创造力的人类智慧的自然结果，或者是因为气候变化的刺激；有的人则认为这体现了人类企图从野生植物中增加产量的一种尝试，特别是在边远地区；也有些人认为，驯化是人类利用时间来改造植物，并与人类农耕群居的生活联系起来；还有人认为栽培植物是起源于一种临时“垃圾堆”，植物繁殖体可以在邻近村庄周围的垃圾堆上茂盛生长。

化石资料表明植物的驯化起始于地球上不同的地区，并已明确有 6500～7000 年的历史，这些化石大部分出自半干旱地区，因为在那里易腐烂物质的保存效果远比湿润地区要好。例如，在泰国曾发现起始于公元前 7000 年的栽培豌豆和蚕豆的化石；在墨西哥发掘的化石中有始于公元前 7000 年至公元前 5500 年的葫芦、南瓜和辣椒等。这就使科学家推测出农业可能起源于 1 万多年以前。也有人认为，植物驯化起源于东方，并向西北方向扩展，最后遍及欧洲大部分地区，而其在英国的发展则始于公元前约 4000 年，同时，在世界其他地区农业也开始发展起来。有证据表明，在中国的黄河流域，人们发现几种禾本科植物的种子可食用，并开始种植，且将这些可食用的禾本科植物统称为“小米”，当地农业的发展历史则就此产生。现在，作为全球最重要的粮食作物之一——水稻（*Oryza sativa*）也是人类从野生种普通稻通过人工驯化而来，之后，随着种植业的发展，水稻取代了谷子成为最早进行大范围种植的作物。除水稻以外，大豆（*Glycine max*）在中国的种植也已经至少有 3100 年的历史了，其主要用途为制作可食用的豆腐和酱油。

1882 年，法国学者 A. de Candll 提出世界上有三个最早的植物驯化中心，即中国、西亚及热带美洲；1935 年，苏联学者 Vaviloy 根据地球上各地作物多样性的程度提出农作物起源的八大中心，中国也是其中之一。1971 年，J. R. Harlan 又提出中国北部（黄河流域）、中东和中美洲是世界上三个最早的农业驯化中心。由此可见，无论是从栽培作物的多样性或是发展历史来看，中国在世界植物驯化历史中均占据着重要的地位。

所有栽培植物都是在自然选择的基础上再经过人工选择的结果，随着人工育种技术、灌溉和施肥等栽培技术的逐步发展，人类改造和利用植物的能力也越来越强，由此生产出更大的块根、果实和种子，使其具有更高的营养成分和适合的口味。20 世纪 60 年代中期，世界上多数发展中国家大规模推广矮秆、抗倒伏、产量高、适应性广的小麦和水稻等优良作物品种，并配合灌溉、施肥等技术的革新，使农业生产取得了前所未有的发展，因而被誉为“绿色革命”。随着世界人口的不断增加，以推广优良品种为主要内容的“绿色革命”并没有使世界上所有国家和人民都摆脱生存的危机，反而，愈来愈多的人面临饥饿的威胁。不仅如此，“绿色革命”虽在一定时间和范围内较大幅度地提高了农业产量，但与此同时也造成了栽培作物遗传上的单一性，导致产生了“遗传上脆弱的农业”，一旦发生病虫害流行等自然灾害，栽培作物便将遭到毁灭性的打击。

在亚洲，很久以前，栽培作物已成为了当地耕作制度的重要组成部分，像芒果（芒果属）和各种柑橘（柑橘属）已被栽培并传播到亚洲热带地区种植。芋头（*Colocasia esculenta*）是亚洲热带地区一种非常重要的食用植物，因其具有富含淀粉的球茎而被人们栽种。芋头和其他类似的属，是太平洋岛屿（包括夏威夷）的主要淀粉食物，大约 1500 年前波利尼西亚定居者将这些植物带到了夏威夷。香蕉（*Musa acuminata*）是热带亚洲最重要的驯化植物之一，也是全世界热带地区的主食。野生香蕉具有大而硬的种子，但是驯化后的香蕉品种，像许多栽培柑橘类水果一样，是无籽的。香蕉在 2500 多年前到达非洲，在哥伦布航行后不久就被带到了新大陆。淀粉含量高的香蕉品种被称为“芭蕉”，甜香蕉品种在温带地区更为常见，而在热带国家（占香蕉总产量的 2/3）作为食物来源的“芭蕉”比甜香蕉品种重要得多。

自 1973 年成功实现基因的体外重组和克隆以来，以 DNA 重组技术为核心的现代生物技术已发展成为当今最具活力的高新技术之一，并在农业、食品、医药和环保等领域中被广泛应用，为人类解决资源、环境和健康等重大问题，促进社会进步提供了帮助，同时推动了世界产业结构的重大变化。通过 DNA 重组技术可将来自其他生物的目的基因导入受体植物基因组，并使其正确表达和稳定遗传，这种被导入了其他生物基因的植物称为转基因植物（又称遗传修饰植物，GM 植物）。外源目的基因的导入和 DNA 的重组使定向改良植物成为可能，相对于传统育种方式，转基因育种不仅高效易行、目的性强，而且还能实现物种间的基因交流。自 1983 年基因工程 Ti 质粒用于植物转化，成功产生第一株转基因植物以来，大量转基因植物在世界各地的实验室中诞生，其中包括粮食作物（玉米、水稻、小麦等）、油料作物（大豆、油菜、花生等）、纤维作物（棉花等）、蔬菜（马铃薯、豌豆、南瓜等）以及一些木本树种（云杉、杨树等），通过转基因植物获得了人们所需的特性，如抗虫、抗病、抗衰老、抗除草剂、新的营养或药用价值等。1996 年转基因作物首次商业种植以来的 20 余年间，种植转基因作物的国家从 6 个增至 29 个，种植面积迅速增长，2005 年已达到 9000 万 hm^2，其中大豆 5440 万 hm^2（占 60%）、玉米 2120 万 hm^2（占 24%）、棉花 980 万 hm^2（占 11%）、油菜 460 万 hm^2（占 5%），其他如南瓜、木瓜和水稻等种植面积较小；转抗除草剂基因的大豆、玉米和油菜为 6370 万 hm^2（占 71%），转抗虫基因 *Bt* 的作物为 1620 万 hm^2（占 18%），混合基因作物为 1010 万 hm^2（占 11%）。

早期的农业生物技术成果着重于使作物得到更好的保护，但近年来，人们更为关注提高粮食作物的营养质量。例如，全世界约有 2 亿人以水稻为主粮，但大米中不含能转化为维生素 A 的胡萝卜素，含铁也很少，导致世界上因缺铁和维生素 A 而致病者数量惊人，其中因缺铁而患贫血者约 20 亿，2.3 亿儿童存在着因缺乏维生素 A 而患病或失明的危险。如今，科学家运用热传修饰技术研究出了基因改良水稻“金米”，其 β-胡萝卜素和铁的含量都很高，这种“新型”水稻无疑对发展中国家数百万儿童的健康成长有重要意义。研究人员还通过基因工程提高了谷物和豆类作物中必需氨基酸（如赖氨酸、甲硫氨酸等）的含量。

9.1.2　植物资源的开发和利用

目前据统计，被人类利用的植物有 25 000 多种，其中约有 13 000 种是栽培植物，它们可食用，也可作为糖和调料、药材、饮料、纤维、燃料和木材、工业原料的来源。

1．食用

最早驯化的植物类群为禾谷类的禾本科植物，禾谷类植物的驯化标志着人类农业文明的开始。直至今天，禾谷类植物仍然是世界上最重要的粮食作物，如三大主粮小麦、玉米和水稻。除此以外，黑麦、大麦、燕麦等禾谷类植物在许多地区也有广泛栽培，但在世界粮食总产量中居于次要地位。豆类也是世界上广泛种植的食用作物之一，豆类种子的热量或能值与禾谷类差不多，而维生素和矿物质要丰富得多，特别是蛋白质含量高，在大豆中可达种子重量的 38%，因而是植物蛋白的主要来源。除禾谷类和豆类以外，还有很多水果、蔬菜也是人类生活不可缺少的植物资源，并在长期引种和驯化过程中，人们培育出许多新的品种。例如，十字花科的甘蓝（*Brassica oleracea*）经过长期栽培和人工改造，培育出了顶芽特别发达的卷心菜（圆白菜、包心菜、洋白菜）、只食用其花序的花椰菜（菜花）、具有肥大球茎的苤蓝和茎干特别发育的饲料抱子甘蓝等不同类型。

食用植物的驯化主要发生在非洲，但我们几乎没有直接证据表明其起源的时间。无论如何，其在新月沃土（Fertile Crescent）出现和其出现在非洲大陆南端之间至少有 5000 年的差距。例如，高粱（高粱属）、各种谷子［狼尾草属（*Pennisetum*）和狗尾草属（*Setaria*）］、各种蔬菜［豇豆（豇豆）和黄秋葵（木槿属）］，以及山药（薯蓣属）等几种根状茎作物，最初都是在非洲栽培种植的。新的考古证据表明，4500 年前在马里就有驯化的珍珠粟。各种棉花作为野生植物主要在季节性干旱，但气候温和地区广泛分布。棉花种子上的长毛很容易织成布，棉籽也被作为油的来源，从中提取油的种子粉被用于喂养动物。咖啡是另一种起源于非洲的作物，它的种植比这里提到的其他作物晚得多，但现在是热带地区一种非常重要的商业作物。

新大陆与旧大陆种植的植物明显不同，在美洲，南瓜（葫芦属）是最早种植的植物，大约10 000年前出现在墨西哥和南美洲。玉米稍晚一些，大约9000年前在墨西哥被驯化，之后玉米取代了小麦、大麦和水稻。墨西哥的其他重要作物包括棉花（棉花属）、辣椒（辣椒属）、西红柿（番茄属）、烟草（烟草属）、猪草（苋菜属）、可可（巧克力的主要成分）、菠萝（菠萝属）和鳄梨（美洲英仙）。新大陆的居民种植普通豆类（菜豆）、利马豆（菜豆）、花生及其他豆类作物，以取代扁豆、豌豆和鹰嘴豆。新世界作物最终在北美洲和南美洲都得到了广泛种植，类似的作物也广泛种植在南美洲的低海拔和中海拔地区。事实上，墨西哥和秘鲁的农业很可能是独立发展的，尽管根据现有证据无法解决这个问题。秘鲁农业的最早证据几乎与墨西哥的农业证据一样古老，一些驯化植物，如花生显然是由南美洲带到墨西哥的。人们熟悉的白色或爱尔兰马铃薯是茄科的一员，而红薯（*Ipomoea batatas*）是旋花科的一员，因此红薯与白色马铃薯关系不密切。哥伦布航行时，红薯在中美洲和南美洲被广泛种植，远至新西兰和夏威夷，在一些太平洋岛屿上也很普遍，显然是波利尼西亚人在早期航行携带红薯将其传播的。哥伦布时代之后，甘薯在非洲和亚洲热带的大部分地区成为一种非常重要的作物。新大陆另一种非常重要的作物木薯，曾在南美洲干旱地区驯化，但现在已经种植在整个热带地区。

2．糖和调料

尽管很多人认为糖是一种必需品，但它却属于奢侈的营养食品之列。发展中国家糖的消费量极大，主要是做糖果，并作糖料使得其他类型的食品更加美味可口，这种简单糖类能被迅速吸收，并在体内代谢成为能量。糖主要来源于禾本科植物甘蔗（*Saccharum officinarum*），但19世纪以后一种藜科植物甜菜（*Beat vulgaris*）也成为产糖的重要来源。

大部分香料植物可使食品味道更具特色或者掩盖不好的味道，后者在热带地方尤其重要，因为在那里要保持肉的新鲜更为困难。15～16世纪，人类对香料就极为重视，为了寻找香料而进行了世界性的考察，包括哥伦布航行。大多数香料植物起源于亚洲，最重要的地方是印度尼西亚的“香料岛”。例如，肉桂就是一种最古老且价值高的亚洲香料，它是樟科植物桂皮（*Cinnamonum tamala*）的树皮；除桂皮以外，还有肉豆蔻、西香和胡椒等著名的香料植物。在中世纪，人们普遍用草药和香料来掩盖变质肉的味道或保存肉的新鲜，由此，香料比肉贵得多。香料植物具有强烈香味的部分，通常富含精油，可从根、树皮、种子、果实或芽中提取。此外，香料植物还被用作治疗性食品和药物。在温带地区，一年生香草植物比多年生木本香料具有更高的多样性。特别是在移民的时候，有些香草植物已被广泛地利用并引入其他地区。葱属植物可能是最著名和利用最广泛的香草植物，主要包括大蒜、葱、洋葱和韭菜等；伞形科也是香草植物最重要的来源之一，广布于地球上的温暖地带，该科植物约有2500种，如香芹菜、茴香、芫荽、当归、百里香、薄荷、罗勒、牛至和鼠尾草和香菜等。

人类历史有记载以来，香料和香草一直被广泛用于烹饪。13世纪开始的对香料的探索，对葡萄牙、荷兰和英国的远航起到了重要的促进作用。公元前3世纪，商队花两年时间利用骆驼从亚洲热带向地中海地区运送香料，这些香料包括肉桂（肉桂的树皮）、黑胡椒（黑胡椒的干燥磨碎果实）、丁香（丁香的干燥花蕾）、豆蔻（小豆蔻的种子）、生姜（姜的根状茎）以及肉豆蔻（肉豆蔻种子和干燥的外种皮）。随后，罗马人利用季风的季节变化，将运送香草（兰花香草的干燥发酵种子荚）、辣椒和甜椒等香料从亚丁乘船到达印度的时间缩短到一年左右。多香果（*Pimenta dioica*）的干燥未成熟浆果结合了肉桂、丁香和肉豆蔻的味道，也是哥伦布航行后引入新大陆热带地区的。

3．药材

在利用植物治病方面，世界上不同地区和民族有着不同的传统和习惯。例如，居住在安第斯山脉的印第安人喜欢咀嚼古柯属（*Erythroxylum*）植物的叶子，因为它能给人以持久力，增加心率和呼吸，并能扩张动脉。后来，人们还发现可卡因是一种十分有效的局部麻醉剂，也是全世界医生长期寻找的物质，但现在可卡因已变成了既可赐福又是祸因的东西，因为很多人吸可卡因成瘾。我国人民在利用植物治病方面有着悠久的历史和传统，在古书《淮南子》中就有神农“尝百草之滋味……一日而遇七十毒”的记述；后汉（公元 200 年左右）时的《神农本草经》共载约 365 种药，并分为上、中、下三品，上品为有营养的、常服的药，共 120 种；下品为专攻病、攻毒的药有 125 种；中品有 120 种。自此以后，历代都有本草书，如《唐本草》《开宝本草》《经史证类备急本草》《本草纲目拾遗》等，共数十种，其中以明代李时珍所著《本草纲目》最为重要，共收药物 1892 种，其中植物药 1195 种；此书编著历时 27 年，收录诸家本草原有药物 1518 种，订正了许多药名、品种和产地的错误，增加药物 374 种。据统计，目前已鉴定出作为中药的植物有 5000 余种，其中常用的中药材有 500 种左右，最著名的植物主要有人参、三七、大黄、甘草、黄连、黄芪、当归、贝母、柴胡和红花等。

4．饮料

咖啡和茶是世界上最重要的两种饮料，主要是因为它们含有刺激性的生物碱咖啡因。咖啡是由经过干燥、烘焙和研磨的咖啡种子制成的，而茶是由茶树的干叶芽制成的。最受欢迎的咖啡产于非洲东北部的山区，而茶叶最早是在亚洲亚热带的山区种植。目前，这两种重要的作物已广泛种植于世界各地的温带地区。咖啡作为重要饮料植物，为大约 2500 万人提供了生计，并成为出口咖啡的 50 个热带国家的主要收入来源，全球一半的咖啡供应来源于巴西。

5．纤维

棉花是世界上许多地区最重要的纤维作物之一，棉花果实是纤维的来源，成熟的果实叫作棉铃，含有附着单细胞纤维的种子，这些纤维由几层圆柱状呈螺旋形的纤维素组成，现代棉花的纤维长度可达 5cm。最重要的物种是起源于中美洲的陆地棉（*Gossypium hirsutum*）和起源于南美洲的海岛棉（*G. barbadense*）。棉花在新大陆和旧大陆都是独立驯化的，不同的品种在不同的驯化中心种植。棉花在秘鲁的种植历史至少可以追溯到 6000 年前，在墨西哥至少可以追溯到 4000 年前。新大陆棉花是多倍体的，它们是当今世界几乎所有种植棉花的来源，而旧大陆的棉花是二倍体。

大麻（*Boehmeria nivea*）是另一种重要的纤维作物，已有4000年或更长的栽培历史，有证据表明这种植物是最早栽培的植物之一，因为它多生长在营养丰富的受干扰地区，如原始村庄附近的垃圾堆。虽然大麻属植物已经广泛引入世界各地，在亚洲的喜马拉雅地区仍然有野生大麻的存在，但它的起源还不十分清楚。古代的中国人和埃及人就已开始利用这种植物茎中的优良纤维，用经沤制（ret）而得到可防腐烂的纤维制成衣被、绳索、篮篓以及其他物品。

6．燃料和木材

因为主要是取自然森林生态系统中的树木作燃料或木料，所以极少的树种像作物那样被驯化。目前，主要燃料——煤和石油来源于植物化石，但在历史上木材是非常重要的燃料，这种利用方式改变了许多森林生态系统的自然状态。现在木炭在某些方面仍然有一定的实际用途，它是用硬材经过缓慢的不完全燃烧生产出来的。例如，把山核桃树、栎树和糖槭树砍断并堆积起来，用土覆盖并使其燃烧，由于缺乏氧气结果只产生不完全的氧化作用。在工业革命初期曾大量使用木炭熔炼铁矿，现在用煤代替了木炭。木材除作为燃料以外，还可用作造纸和建筑材料，尽管混凝土、钢铁及其他代用的建筑材料有了迅速发展，但对木材的需要依然很大，以致人类仍面临着可更新森林资源供应量减少的局面。

7．工业原料

大约160年前，橡胶（源自大戟科橡胶树属的几种树木）以商业规模投入种植，其生产的主要区域位于亚洲热带地区。对于橡胶来说，由于通常没有攻击它们的本土病虫害，因而，原产地以外地区种植的橡胶似乎更受欢迎。油棕原产于西非，但现在主要种植在所有热带地区。尽管油棕的商业化种植只有大约80年的历史，但它是当今热带地区最重要的经济作物之一。可可最早是在墨西哥和中美洲的热带地区被驯化，现已成为西非最重要的作物。甘蔗是在新几内亚和邻近地区被驯化，后来在欧洲的其他栽培品种迅速发展起来。山药是一种重要的热带块根作物，许多山药品种遍布热带地区，其中一些来自西非，一些来自东南亚，还有一些来自南美洲。木薯是一种重要的工业作物，也是人类最重要的粮食作物之一。由于大规模种植，木薯已成为工业淀粉和动物饲料的重要来源。作为猪和奶牛行业的主要食品添加剂，成吨的加工、干燥和造粒木薯从东南亚（特别是泰国）出口到欧洲。从中美洲、南美洲以及非洲和亚洲的小型种植到大型机械化农场，木薯为热带地区不断扩大的人口提供了最重要的食物来源之一。热带地区另一种最重要的栽培植物是椰子树（*Cocos nucifera*），其果实富含蛋白质、油和碳水化合物，人们食用的部分是椰子的固体和液体胚乳。每棵椰子树每年产生50～100个果实（核果），椰子壳、叶子、外壳纤维和树干用于制造许多有用的物品，包括衣服、建筑材料和器皿。椰子起源于西太平洋和亚洲热带地区，但在15世纪早期，欧洲探险之旅之前广泛分布于西太平洋和中太平洋地区。在东太平洋地区，椰子的天然林分很少见，其中一些是在中美洲发现的。椰子的广泛分布可能是漂浮在海洋中的果实自然扩散的结果，而不是人为干预的结果。

9.2　植物与人类未来的发展

9.2.1　未来的农业生产

随着全球人口数量的急剧增长，对粮食和其他植物资源的需求也日益增强。据估计，全世界每天大约有 4 万人死于与饥饿有关的疾病。诺贝尔奖得主“绿色革命”之父 N. Borlaug 曾估算过，要满足人口增长对粮食的需求，到 2025 年，所有谷物的平均产量必须比 1990 年的平均产量提高 80%。同时，这种提高只能依靠提高生物生产量，而不是扩大耕种和灌溉面积。因此，农业改造是战胜贫困、满足世界膨胀人口对粮食需求的根本。

1）从“绿色革命”到“基因革命”　农业改造尽管通过使用化肥和更高效的农业机械取得了一些进展，但到 1950 年，粮食生产速度已跟不上人口增长的速度。为了应对这一挑战，人类开始努力提高小麦和其他谷物的产量，并尝试开发在高产情况下不会倒伏的小麦和水稻。通过使用传统育种方法，N. Borlaug 等成功地培育出了半矮秆、抗病的小麦和水稻品种，这些品种能够在不倒伏的情况下对肥料做出反应。这些工作主要在位于亚热带地区的国际作物改良中心进行。当这些中心生产的小麦、玉米和水稻的改良品种在墨西哥、印度和巴基斯坦等国种植时，它们被称为“绿色革命”。作为“绿色革命”的一部分而发展起来的育种、施肥和灌溉技术已在许多发展中国家得到应用。2006 年，比尔及梅琳达·盖茨基金会和洛克菲勒基金会联合发起了非洲绿色革命联盟（AGRA），目标有三个：①通过农艺改良提高农业产量；②通过基因改良减少损失并提高作物质量；③确保农民从增产中受益。

人类从驯化植物以获得食物开始，便在寻找并发现能满足自己需要的植物新种类，在利用产量更高、品质更好的植物的同时，总是希望能够在某些方面人为控制并改善一些作物的性能，这一过程便是人类利用植物自然变异并对其进行改良的过程。随着对植物认识的深化和知识的积累，逐渐产生了植物育种科学，但传统的植物遗传育种主要是基于植物体在整体水平上的性状表现而实施改良的，故改良效果和改良工作的效率均较低，实现一个品种的改良需要很长时间。目前，由于对植物的认识已深入分子水平，故而形成了植物改良的又一新学科——植物基因工程。

利用转基因技术改良作物的基本步骤包括外源目的基因的分离、表达载体的构建、植物基因的转化、转基因植株筛选与鉴定等。由于植物细胞的全能性，经基因工程改造的单个植物细胞比较容易再生为完整的转基因植株，再通过开花结果将外源目的基因稳定地遗传给后代。基因转化的关键因素之一就是建立一个好的植物受体系统，以保证外源 DNA 的整合和高效稳定地再生无性系。受体系统的建立主要依赖于植物细胞和组织培养技术，受体主要有原生质体、愈伤组织、生殖细胞、胚状体和组织培养分化形成的不定芽等，为获得较高的转化效率，要根据植物种类、目的基因载体系统和导入基因的方法等因素，选择和优化受体系统。目前，运用转基因技术已培育了一系列抗虫、抗病、抗除草剂的作物品种，为提高农作物的产量、品质以及抗逆抗病能力，从而提高农业生产效率提供了很大帮助。但与此同时，也引发了一些目前人们普遍关注的问题，即转基因植物作为食物是否会对人类健康带来潜在的不利影响？转基因植物的释放是否会对生态环境以及其他植物资源带来不利影响？外源基因的随机插入可能导致有毒蛋白质的表达或改变植物代谢途径而积累有害人类健康的物质。1996 年《新英格兰医学杂志》发表的“转基因大豆中巴西坚果过敏源的鉴定”一文报道：由于巴西坚果中占优势的贮存蛋白——2S 清蛋白富含高营养价值的甲硫氨酸，研究人员将其基因转入大豆，并使甲硫氨酸含量显著提高，但这种改良了的转基因大豆后来被证实能引起一部分人的过敏反应，甚至死亡，研制该转基因大豆的美国公司因此放弃将它投放市场。另一个研究表明：实验鼠被喂以插入外源凝集素基因的马铃薯 110 天后，其免疫细胞仅为以正常马铃薯为食的鼠的一半，前者还表现出轻微的生长迟缓。因此，即使是潜在的风险，转基因食品的安全性还是值得考虑的重要问题。2002 年，美国一家公司生产的“星联”转基因玉米被发现混入了动物饲料，导致动物食用后过敏而引发了轰动一时的“星联玉米事件”，为此该公司付出了超过 10 亿美元的赔偿。

转基因植物的环境风险涉及许多方面，特别值得关注的有以下几方面：①转基因植物及其外源基因的扩散可使转基因作物本身或其野生近缘种变为生命力旺、适应性广、繁殖力强的“超级”杂草，尤其是当一些抗逆（如抗病、抗虫、抗盐等）基因和抗除草剂基因转移到野生近缘种中后，会产生极大的环境危害。丹麦科学家 Mikkelsen 等在 1996 年证实，转基因油菜中的耐除草剂基因已通过两次种间杂交形成了同时拥有三种以上抗除草剂性质的杂草化转基因油菜，这种油菜在加拿大农田里广泛生长，成为不受欢迎的“超级”杂草。②转基因植物可能改变生物的种间关系，影响食物链和整个生态系统的功能。抗虫或抗病等外源基因能通过基因流或其他途径对非目标生物（包括有益昆虫和菌类）造成危害，导致生态系统失调，这种生态效应称为非靶标效应。例如，Bt 病毒蛋白对降解植物凋落物的土壤昆虫的影响，抗真菌转基因作物的几丁质酶对菌根及土壤中其他真菌的影响。研究表明，一种插入了有毒蛋白质基因的抗真菌芸薹属植物能毒害蜜蜂的消化系统，并减弱蜜蜂的嗅觉记忆，影响其对食物来源的判断能力。③转基因植物可能对自然界的生物多样性产生影响。转基因生物是由人类创造的，它的释放犹如外来种的侵入，可能破坏原有生态系统的平衡，使生物多样性受到威胁。2001 年，美国两位研究人员在《自然》杂志发表论文称墨西哥偏僻山区的野生玉米受到了转基因玉米 DNA 片段的污染，这在世界上引起了很大反响。墨西哥是玉米的起源地和遗传多样性分布中心，当地原住民亲切地把玉米称为“玉米妈妈”，但如今他们惊讶地发现“玉米妈妈的圣洁被玷污了”；尽管 2002 年美国《科学》杂志又发表文章称转基因玉米 DNA 是否真正渗入了野生玉米，以及是否真正对野生玉米构成威胁都还需要更多的科学证据，但有关转基因植物释放可能带来的生态学效应以及对自然基因库的影响已成为人们关注的热点话题。

尽管绿色革命大大提高了粮食产量并避免了灾难，但它并没有惠及许多贫困的人，尤其是撒哈拉以南非洲的人。施肥、机械化和灌溉都是“绿色革命”成功的必要组成部分。因此，只有相对富裕的土地所有者才能培育新的作物品种，而在许多地区，净效应是加速了非常富裕的人将农田合并成少数大的土地。这种整合不一定为大多数当地人提供了工作或食物。在撒哈拉以南非洲，过去和现在都没有购买化肥和农业机械所需的资金，也没有足够的灌溉用水。撒哈拉以南非洲的主要植物食品是当地的高粱、豇豆、小米和非洲水稻（*Oryza glaberrima*），此外，最近种植了木薯和玉米，而不是小麦和水稻，很大程度上进一步引发了“绿色革命”。

2）利用细胞融合技术培育新品种　采用基因工程技术对动植物的改良是在分子水平上进行的，除此之外，也能在细胞水平上对植物进行改良，细胞融合技术便是适应这一需要而发展起来的较为成熟的技术之一。在自然界，生物交配时精子与卵细胞结合受精的现象是天然的细胞融合繁殖，这种繁殖只能限制在植物近缘种属间进行，不能打破异种之间的杂交障碍；细胞融合技术是将两个不同生物的细胞以人工方法结合，并促使染色体和细胞质融合而得到新的杂种细胞的技术。进行细胞融合需先将两种植物作单细胞处理，再用酶除去细胞壁，制成原生质体，再利用融合剂（常用聚乙二醇）使两种细胞的原生质体融合，产生融合细胞（也叫作杂交细胞），然后再在试管中培养该融合细胞成愈伤组织，继而诱导培养成植株。供融合的细胞可以是植物体细胞，也可以是花粉细胞。通过细胞融合，便把两种植物的基因无性结合在一起了。

细胞融合首次成功地创造出新植物的例子是 1978 年德国科学家将同为茄科但不同属的马铃薯和番茄的单倍原生质体融合，获得了杂种体细胞并育成了杂种植物，人们把这种植物称为“薯番茄”，这就为创造一种在同一植株的地上部分结番茄，地下部分结马铃薯的新植物提供了基础。迄今为止，通过体细胞杂交已获得了多种种间、属间和科间的杂种作物，如大豆 × 烟草、拟南芥 × 白菜、烟草 × 颠茄、番茄 × 马铃薯等。在某些作物上，杂种植物表现出一些优良性状。例如，用甘蓝与白菜的原生质体融合，培育出杂种白甘蓝，具有白菜的营养和甘蓝的耐寒特性；将柑橘橙类与枳类细胞融合，则得到了杂种橙枳，可望成为砧木新品种。

3）利用植物作为生物反应器生产有用物质　所谓生物反应器是指用于完成生物催化反应的反应系统，包括细胞反应器和酶反应器。传统的生物反应器都以重组细菌或真菌为材料生产各种蛋白质（如胰岛素、干扰素）、抗生素和色素等，其过程复杂，而且需要昂贵的设备。而植物易于生长，且管理相对简单，因此人们开始尝试用转基因植物来生产具有商业价值的蛋白质及具有特殊化学性质的物质。目前，利用转基因植物生产糖类物质已取得一定的成效。通过细胞培养生产有用的植物次生代谢物也取得了成功。例如，运用细胞培养的方法生产紫草宁衍生物（紫草根中红色素的主要成分），其生产率约为天然栽培植物的 700 倍。

利用植物系统大规模生产各种蛋白质和多肽一直是人们的梦想，随着植物基因工程技术的发展，这个梦想正逐步成为现实。例如，利用转基因烟草生产植酸酶，其含量达到可溶性蛋白质的 14%；利用植物生产可用作凝血因子的水蛭素、药用多肽神经肽等都已取得成功。目前，人们正努力探索的一个研究热点是利用植物系统生产疫苗，人们设想让食用植物表达疫苗，这样人类通过食用这些转基因食物就达到了接种疫苗的效果，现在已培育成功了乙肝疫苗番茄。科学家认为香蕉是最合适生产疫苗的植物，因为香蕉易于接受转入的外源基因，产量很高，而且香蕉果实对人类很有益，可为绝大多数人所接受。总之，利用转基因植物作为生物反应器生产人类所需要的各种物质和原料已成为一个颇具前途的新领域，随着现代生物技术的发展，会有更多的物质从植物中生产出来。

4）提高现有作物的质量 缓解世界粮食问题的最有希望的办法似乎在进一步开发种植的土地上，而大多数适合种植农业的土地已经在耕种。增加水、肥料和其他作物化学品的供应在世界许多地区经济方面是不可行的。因此，对现有作物的遗传改良具有特别重要的意义。今后，人们不仅需要提高作物的产量，还需要提高它们所含蛋白质和其他营养素的含量。食用植物中蛋白质的质量对人类营养也至关重要，包括人类在内的动物必须能够从食物中获得适量的必需氨基酸，而这些氨基酸是它们自己无法制造的。成人所需的 20 种氨基酸中有 9 种必须从食物中获得，另外 11 种可以在人体内制造。然而，选择蛋白质含量高的植物，其对氮和其他营养素的需求必然高于其改良程度较低的祖先。除产量、蛋白质组成和数量外，农作物的质量还可以在许多方面得到改善。新开发的作物品种可能对疾病具有更强的抵抗力，因为它们含有植食动物或昆虫感到厌恶的植物次生代谢产物；在形状或颜色上更有趣（如红色较亮的苹果）；更易于贮存和运输（如西红柿在盒子里堆放得更好）。

5）向农业中引入各种野生植物使其成为重要作物 除已经被广泛种植的植物物种外，还有许多野生植物或当地重要的栽培植物，如果被引入更广泛的种植，可以对世界经济做出重要贡献。例如，我们 80% 以上的热量仍然来自已知的 300 000 种绿色植物中的 6 种被子植物。只有大约 3000 种被子植物曾被种植作为食物，其中绝大多数不再使用或仅在某地使用仅有 150 种左右植物被广泛种植。然而，除数量有限的驯化植物之外，那些以前使用过但被完全废弃或被认为不太重要的野生植物，可能会被证明非常有用。其中一些物种仍在世界不同地区种植。农业发展的一个领域是将新的植物从野生状态引入栽培。现今存在的大约 25 万种被子植物中，只有数百种被用作经济作物，而主要作物只有数十种，在众多的尚未开发的种子植物中，必然有其他一些能发展为对人类生存有直接利用价值的植物，这些植物大量存在于热带和亚热带区域，因而常常被温带农业系统所忽略，随着农业向热带地区的扩展，新的植物应该加入我们的作物行列中，以提供食物和新的产品。

尽管我们习惯地认为植物主要是食物的重要来源，但它们也用来生产油、药物、杀虫剂、香水和许多其他对现代工业社会很重要的产品。从植物中生产这些非食品物质已经开始被视为相当古老的方法，将逐渐被商业实验室中的化学合成所取代。然而，通过自然发生的植物产品只需要太阳的能量。随着地球上不可再生能源的枯竭和价格的上涨，寻找低成本生产复杂化学分子的方法变得越来越重要。此外，绝大多数植物从未经过检查或测试以确定其用途。

目前，大多数作物都是一年生的，我们正在努力开发重要的多年生粮食作物品种，而多年生谷物作物比一年生作物具有显著优势。例如，多年生植物往往有较长的生长季节和较深的根系，因此更有效地利用养分和水分。多年生植物具有更大的根质量，可以降低侵蚀风险，从而能更有效地保持表土。多年生植物的生长季节和叶片持续时间越长，意味着它们的光合季节越长，生产力越高。此外，多年生作物比一年生作物在土壤中贮存的碳更多。目前，中国、阿根廷、澳大利亚、印度、瑞典和美国正在开展农业项目，研究用多年生植物和杂交植物种群（来自一年生和多年生亲本）来培育粮食作物，其中包括小麦、水稻、玉米、高粱和木豆，亚麻、向日葵和十字花科的三种油料作物的研究也在进行中。

在寻找有价值的新作物方面，一个重要的调查领域集中在探索耐旱和耐盐物种上。世界干旱和半干旱地区正在日益实行集约农业，主要是为了满足日益增长的人口需求。这些做法对非常有限的当地供水造成了巨大的压力。随着水的使用、再利用和受到邻近地区化肥的污染，当地供水变得越来越咸。此外，世界上有很多地方，特别是靠近海岸的地方，那里的土壤和水源盐碱含量高。如果使用传统的农业方法能找到合适的植物种类，可以在这些区域可能会种植。一种既耐旱又耐盐的植物是霍霍巴（*Simmondsia chinensis*），是一种原产于墨西哥西北部和邻近美国沙漠的灌木。霍霍巴的大种子含有大约 50% 的液体蜡，这种物质具有惊人的工业潜力，因为在产生极端压力的地方，如重型机械的齿轮和汽车变速器中这类蜡作为润滑剂是必不可少的。然而，商业上很难生产合成液体蜡，濒临灭绝的抹香鲸是唯一的天然替代来源。因此，霍霍巴正在全世界干旱地区种植。为盐碱地区寻找合适的植物不仅需要全新的作物，还可以培育传统作物的耐盐性。例如，在番茄方面，生长在科隆群岛海上悬崖上的一种野生物种茄（*Solanum cheesmaniae*）具有很强的抗盐性，已被用作与普通栽培番茄（*Solanum lycopersicum*）杂交的新品种的耐盐性来源。这些杂交种的选择是在盐度只有海水一半的培养基中进行的，研究人员已经成功地选择了杂交个体，用类似的方法培育出了大麦耐盐品系，同时基因工程技术也被用于培养植物的耐盐性。一个有启发性的例子是银胶菊（*Parthenium hysterophorus*），这是墨西哥和美国干旱的西南部地区所特有灌木状植物，这种坚硬的植物产生丰富的橡胶，以颗粒状贮存于皮层细胞中。墨西哥和中美洲的原住民对橡胶很熟悉，他们咀嚼这种植物，并从纤维物质中提取橡胶，用这种橡胶来制成小的橡皮球，用于类似足球和篮球的比赛。第二次世界大战期间，日本人占领了马来西亚半岛，几乎切断了美国的橡胶供应，美国当时曾确定了一个紧急橡胶项目，将银胶菊发展为一种农业植物。经过大量投资和许多科学家的努力，这种植物迅速从一种野生沙漠灌木转化为一种在大农场农业生产条件下产量相当可观的橡胶生产者。当由石油制品生产合成橡胶成为现实后，这一项目才无声无息地结束了。现在随着石油产品供应短缺、价格不断上涨，人们又强调使用非污染的可再生资源时，银胶菊的栽培似乎又一次产生了吸引力，老的种子存货被发掘出来了，新的种植园正在建立，研究橡胶产生的组织培养方法也正在被应用，一个全新的、潜在的、有用作物的研究途径正在形成，银胶菊将又一次成为一种重要的经济作物。

另一种有希望的植物是稗（*Echinochloa crusgalli*），它是一种野生的禾本科植物，这种植物从未被人栽培过，不过了解其习性的人预言这种植物能很容易适应并成为干旱和半干旱地区的一种重要的饲料和粮食作物。稗最显著的特征是只要浇一次水就能满足植物从萌发到收获的发育需要。小雨之后稗的种子不会萌发（可能是因为种皮中存在着一种抑制剂），而是要求深层灌溉，这种灌溉引起种子迅速萌发和快速生长，使植物能在土地变干以前完成其完整的生活周期。稗产生的谷粒可口、富有营养，且易为牛、羊和马所食用，其营养体部分也是牲畜喜爱的。稗在未来可制成干草，因而稗有较好的开发利用前景。

在开发引种新的资源植物的过程中，一个值得密切关注的问题就是生态入侵问题。所谓生态入侵是指外来物种侵入对当地生态环境和生物多样性造成的不良影响。据统计，我国目前已知的外来有害植物有近百种，其中相当一部分是盲目引进外来种造成的。例如，凤眼蓝（*Eichhornia crassipes*，又称水葫芦）原产于南美洲，20 世纪 30 年代作为畜禽饲料引入我国大陆，并曾作为观赏和净化水质植物推广种植，后逃逸为野生。水葫芦无性繁殖速度极快，往往形成单一的优势群落，疯长成灾，并导致大量水生动植物的死亡，严重破坏了生长地水生生态系统的结构和功能。目前水葫芦已蔓延、扩散到华北、华东、华中和华南的大部分地区，尽管采取了多种措施对水葫芦进行打捞、喷药和清理，但收效甚微。20 世纪 60～80 年代，我国为了保护滩涂，从英国、美国等国引进了大米草（*Spartina anglica*）。几十年来，经过人工种植和自然繁殖扩散，目前北起辽宁锦西县，南到广东电白县，80 多个县市的沿海滩涂上均有大米草生长，为我国沿海地区抵御风浪、保滩护堤起到了重要的作用，但也带来明显的生态恶果。由于大米草在一些地区疯狂扩散，其覆盖面积越来越大，它们与沿海滩涂本地物种竞争生长空间，致使大片红树林消亡，并堵塞航道，影响船只进出港，同时影响海水的交换能力，导致水质下降，严重破坏了近海生物的栖息环境。因此，在引种新物种过程中，不能仅仅考虑经济效益，必须从长远发展的角度进行生态风险评价，阐明可能引发的生态学问题、出现频率，以及可能造成的损失，制定严格的防范措施，最大限度地降低引发生态入侵的可能性。

6）保护和利用作物的遗传多样性　密集的育种和人工选择往往会减小作物的遗传变异和遗传多样性。由于明显人工选择均与作物产量有关，有时为提高产量而进行了强烈选择，遗传多样性的降低伴随着作物抗病性的丢失。因此，作为世界重要的单个作物的遗传基因倾向于越来越一致，作物的基因越一致，就越容易受到病虫害的影响。一个很好的例子是 1970 年席卷美国的玉米叶枯病，它是由真菌异旋孢腔菌（*Cochliobolus heterostrophus*）引起的，导致约 15% 的玉米作物被毁，损失约 10 亿美元。这些损失显然与真菌新品种的出现以及作物的高度遗传一致性有关，如果作物在基因上是异质的，损失可能不会那么严重。遗传多样性单一的另一个例子是马铃薯，马铃薯有 60 多种，其中大部分从未栽培过，已知的马铃薯栽培品种有数千种。尽管如此，美国和欧洲大部分种植的马铃薯都是从 16 世纪末被带到欧洲的极少数品种中衍生出来的。这种遗传基因的一致性直接导致了 1846 年和 1847 年的爱尔兰马铃薯饥荒，在这场饥荒中，马铃薯作物几乎被水霉（卵菌纲）晚疫霉（*Phytophthora infestans*）所消灭。随后培育出抗枯萎病的马铃薯品种，才恢复了马铃薯在爱尔兰和其他地区的种植。展望未来，野生种作为重要的育种资源，对栽培马铃薯进行抗性育种的前景广阔。

番茄育种家已经取得了从野生环境中获得额外遗传物质的潜力。番茄疫病菌株的收集使番茄许多重要疾病得到了有效控制，如由无性真菌镰刀菌和黄萎病以及几种病毒性疾病引起的腐烂。通过在育种计划中系统地收集、分析和使用野生番茄品种，番茄的营养价值和风味（甜味）得到了极大提高，其耐盐或其他不利条件的能力也得到了提高。

目前，小麦正受到一种新型剧毒的小麦锈菌的攻击，小麦锈菌是引起黑茎锈病的原因。人们培育一新品种能够克隆 *Sr31* 基因，该基因迄今为止为小麦提供了对这种真菌的抗性。

为了防止作物遗传多样性损失，人们有必要找到并保存我们重要作物的不同品种，包括目前种植的品种、早期品种及野生资源。虽然这些种质资源在经济上可能不具吸引力，它们也可能含有助于持续对抗病虫害的基因。我们的种子库和克隆库中储备的种质（遗传物质）也可能为提高产量、适应能力或某些高价值性状（如特殊油料：木本油料作物核桃、巴旦木、文冠果、油茶、椰子、开心果和橄榄等）提供基因。通过变异、杂交、人工选择和适应各种条件的栽培过程，所有作物都积累了巨大的变异储备。对于小麦、土豆和玉米等作物，实际上有数千种已知品种。此外，栽培作物的野生近亲之间存在更多的遗传变异。未来农业植物多样性的问题在于找到、保存和利用栽培植物及其野生近缘植物的遗传变异性，以免它们丢失。

7）植物仍然是药物的重要来源　除其他用途外，植物也是重要的药物来源，中药材主要来源于植物。事实上，美国大约 1/4 的处方药至少含有一种从植物中提取的产品。几千年来，人类一直将植物用于医疗方面。事实上，植物学在传统上被视为医学的一个分支，在过去 160 年左右的时间里，才逐渐出现了专业植物学家，慢慢从医学中分离出来。然而，还有很多植物次生代谢物等待着去开发。

尽管许多药物很容易在实验室合成，但植物作为药物来源的重要原因之一是植物生产药物成本低廉且不需要额外的能量。此外，一些药物分子结构非常复杂。例如，类固醇，包括可的松和避孕药中使用的激素，它们可以通过化学方法合成，但生产方法使它们的价格高得让人望而却步。因此，抗生育药和可的松过去主要是由从野生山药（薯蓣属）的根中提取的物质制造的。另外，当这些植物资源几乎耗尽时，人们只能将其他植物开发成同样用途的作物。除成本方面的考虑外，植物生产的各种各样次生代谢物也很重要，因为大自然中植物似乎是取之不尽、用之不竭的。科学家了解潜在新药的一种方法就是研究农村或土著居民对各种植物的医疗用途。例如，山药的避孕特性就是这样被发现的。当我们扩大对有用植物的搜索时，人们应该牢记并清醒地认识到，由于以下三个方面的原因，植物物种正在迅速丧失：①人口的快速增长；②贫困，特别是在热带地区，那里有世界上 2/3 的植物种类；③人类对如何在热带地区建设系统性农业生产缺少全面的了解。基于上述原因，未来一个世纪，原始热带雨林可能将被彻底破坏，其中的植物、动物和微生物也将遭到彻底破坏甚至灭绝。因为我们对植物，特别是热带植物的了解是如此的初级。人类面临着在了解这些植物的存在之前就失去许多物种的尴尬局面，更不用说有机会发现它们是否对人类有利用价值了。因此，我们必须加快对野生植物潜在用途的识别和检测，有希望的物种必须保存在种子库、种质资源库和栽培种植园中，或者最好保存在自然保护区内。

8）开发农业生产新领域　21 世纪的农业生产面临着新的形势，一方面要为人类提供更多更好的食物和纤维，另一方面要为其他行业提供更多的原料，以求得更大的经济效益。目前普遍认为，21 世纪农业将在生物能生产、蛋白质生产、植物有用次生代谢物生产和植物全株利用等领域有很大发展或突破。

随着世界人口的增长以及各行各业的高速发展，矿物能源（煤、石油等）的供应日趋紧张，20 世纪 70 年代出现了第一次石油危机，使人们产生了紧迫的能源危机感。为了解决能源的持续供应，目前世界上已开发出了大批的节能技术。对农业来说，由于过去有充足的矿物能源供应，农业本身不必要进行能源生产，于是全部都投入了食物、饲料或纤维商品的生产，但在现今能源日益紧张的情况下，农业在充分节能的同时，就需要考虑使其成为能源生产部门的可能性。为此，人们不断探索寻找有潜力的能源植物，以期把农业变成一个重要的“加工”太阳能的能源产业，用所生产的能源替代目前利用的非再生能源。在这些研究中，获得替代性能源的重要途径之一，便是利用生物量能源这种再生能源，即在自然条件下种植能源植物，并大力开发利用以农作物秸秆为主的残留物和废物，通过高效率的微生物发酵使其转化为乙醇一类的能源物质，成为新的能源。通过这些年的努力，现已找到了一些有希望开发为能源植物的植物种，并已开发出一系列能源转化的技术。今后，生物技术，特别是植物基因工程和微生物发酵工程的发展，会使农业生产再生能源的前景更为美好。

9）植物全株利用 在当前的农业生产中，我们所利用的多是能直接利用的植物部分，如粮食作物的籽粒、纤维作物的纤维、糖料作物的糖分等。对整个植株利用的太阳能及矿质养料而言，我们利用的部分仅占整株的一部分，有时只是一小部分，这样，势必造成浪费并引起环境问题。而从现今的科技水平看，尤其是近年来生物技术的日趋成熟，我们已经能够把整株植物，根据其不同部分的成分和特点，加工生产出不同的人类需要的产品，因此，有理由认为，“植物全身都是宝”的时代已经到来。作物全株利用的具体设想包括：利用作物果实加工成家畜饲料和淀粉；应用作物叶子和叶鞘生产家畜饲料和化工产品；利用作物茎秆生产纤维素、纤维、压缩纤维板和木质素等。现在实施植株全株利用的很多技术已经具备，推广应用的问题实际上是经济上的比较，以及如何把这些技术组合起来，成为配套技术，在一种作物或一个地区应用产生社会效益和经济效益。目前，美国已从农产品中开发出的工业用品，包括利用大豆油作原料，生产环氧树脂增塑剂；由植物油提取的二聚酸制成的聚酰胺树脂，被用作热融性黏合剂，应用于鞋底制作、书籍装订、罐头封装、焊料和制作防漏防水涂料等；用棉籽油和牛油生产可可奶油替代品。农作物秸秆产生的生物量是地球上储量最为丰富且可再生的物质资源，我国每年的农作物秸秆就有 5 亿～6 亿 t，其中大多数弃于田间地头，利用这一资源不仅可生产蛋白质或能量，而且还可以代替石油生产有机化学物质。农作物秸秆主要由纤维素、半纤维素、木质素三大组分组成，其中纤维素可以水解为葡萄糖；半纤维素可以水解为木糖；木质素是一种苯酚类的高聚物，可以分解为苯酚、苯及燃料。利用基因操作技术改变微生物的特性，实现上述分解反应是可行的；此外，利用葡萄糖与木糖可以发酵生产乙醇、丙酮、丁醇等一系列通用化学品，并能由此出发取代传统的石油原料。美国的一位教授还发明了一种用玉米秆、麦料、稻草、木料和废纸生产人造纤维的新工艺。

10）生态农业——前景广阔的现代农业 20 世纪 60 年代始于墨西哥的“绿色革命”是以推广新的品种并大量使用化肥、杀虫剂和水为基础的。因此在使粮食产量大幅度提高的同时，环境受到了极大危害。因此，一些专家提出了要进行第二次“绿色革命”——发展生态农业。1970 年，美国土壤学家 W. Albreche 提出“生态农业”

（ecological agriculture）的概念。1981 年，英国农学家 M. Worthington 定义生态农业为生态上能自我维持，低输入，经济上有生命力，在环境、伦理和审美方面可接受的小型农业。发展生态农业的主要目标是"少投入、多产出、保护环境"。一方面，要继续改良品种，提高产量；另一方面，也要大幅度减少农药、化肥和水资源的用量，以保证经济、社会和环境的可持续发展，促进人与自然的和谐共处。

生态农业有不同的模式，但主要有以下三个类型：①时空结构型。这是一种根据生物种群的生物学、生态学特征以及生物之间的互利共生关系组建的农业生态系统，是在时间上有多序列、空间上有多层次的三维结构，以使处于不同生态位置的生物种群在系统中各得其所，相得益彰，更加充分地利用太阳能、水分和矿质营养元素，达到经济效益和生态效益的最佳状态。②食物链型。这是一种按照农业生态系统中能量流动和物质循环规律而设计的一种良性循环的农业生态系统，系统中一个生产环节的产出是另一个生产环节的投入，使得系统中的废弃物多次循环利用，从而提高能量的转换率和资源利用率，获得较大的经济效益，并有效地防止农业废弃物对农业生态环境的污染。③时空食物链综合型。这是时空结构型与食物链型的有机结合，使系统中的物质得以高效生产和多次利用，是一种适度投入、高产出、少废物、无污染及高效益的模式类型。可以肯定，生态农业是非常具有前景的现代农业，是未来农业发展的主要方向，但需要不懈努力，才能实现预期目的。

9.2.2　未来的森林

目前世界上人口的数量不断增加，而地球上森林覆盖的面积却在急剧下降，这一方面是因为当人口增加迫使增加粮食生产时，很多地区将森林全部采伐，然后再烧掉杂木、杂草，开垦农田；另一方面，由于人口增长，对木材、纸张的需求量也日益加大。一个美国商人曾以巴西的热带雨林为"原料"建立大造纸厂，《时代》周刊以"漂浮的造纸厂"为题大加报道，该"漂浮的造纸厂"是像航空母舰一样大的漂浮的工厂，其面积比两个足球场还大。这个工厂的生产能力若换算成手纸的话，一天所生产的纸可绕地球六圈半，其所消耗的木材的量可想而知。目前，世界的森林正迅速减少，森林减少最先出现的问题是水系问题。因此，要确保人类有一个稳定适宜的生存环境，必须"治山治水"。"治山"，不言而喻就是保护和培育山上或原野的森林，以达到防止洪水和保证农业及人民生活所必需的用水的目的。由于森林有调节水的功能，所以只要切实"治山"，便也能做到"治水"；反之，若无"治山"，便无"治水"。

在开发利用森林植物资源过程中，一方面要强化生态保护意识，提倡生态伦理观、自觉维护生态平衡，以保证人类长期生存和持续发展的需要；另一方面，要根据生态学和生物多样性保护理论的基本原理，采用科学的、合理的方法开发利用自然资源，满足日常生活的需要，同时促进经济的发展。例如，根据生态学中的"中度干扰假说"，对植物群落进行适度干扰不仅不会破坏群落的稳定性，相反有利于群落中生物多样性的维持，并促进种群的更新。因此，我们就可以在生态阈值之下，从事合理的砍伐和利用，既满足经济发展的需要，又不破坏自然植物资源。此外，随着对木材和纸张需求的增加，培育快速生长的树木的重要性日益增加。由于森林通常具有非常混杂的遗传类型，因此为了发展生长最迅速的树木需要加强选择和育种，培育快速生长、快速成熟、抗病性强的树种。虽然快速生长的习性通常降低了建筑用材的强度，但新的树种对于造纸来说是理想的，因为造纸只依赖于生成木头的体积。

9.2.3 未来的生存空间

环境污染是现代工业时代的产物，目前地球上可能已很难找到一片完全自然的、没有被污染的净土。造成环境污染的原因很多，能源消耗过程中产生的大量有害气体和煤尘、各种核废料和矿业废水、农业生产过程中使用的大量难以分解的化肥和农药，以及人类生活过程中使用的许多有机合成的化学物质都不同程度地对环境造成了不良影响，危及人类的长期生存和发展。因此，环境污染已成为人们日益关心的重大公害问题。自然界的植物不仅能够调节气候、保护农田和保持水土，而且能够净化空气、减轻污染、减弱噪声，对环境保护具有重要的作用。因此，利用植物监测和净化环境是人类改善环境质量、努力创造一个适宜长久生存的良好环境的重要途径。

除此以外，随着世界人口的急剧增加，对地球生态系统的压力也日益加大，地球上的资源不可能无限制地满足人口增长的需要。因此，开辟新的生存空间也许在不远的将来会成为人类面临的现实问题。在我们的时代，空间旅行和空间生命已经具有可能性，随着登月的实现，不可避免的是人们最后将试图进行远离故土。当其他行星成为空间旅行的目标时，这种旅行将不只是几天、数周，而是几个月或几年；在短时间的旅行中，所有必需的食物和水可以随身携带，但长距离旅行或永久的空间站生活就要求有一种自身包含的生命保障系统。在这种系统中，植物会成为一个有价值的或许是必要的组成成分，因为它们不仅可以持续地供应食物，而且也能使人的废物再行循环，空间旅行家呼吸时消耗氧而呼出二氧化碳，绿色植物能通过光合作用逆转这一过程；人排泄的废物可部分供给植物营养，植物蒸发的水经过适当冷凝，能用作人的饮用水。

主要参考文献

高信曾．1987．植物学（形态、解剖部分）．北京：高等教育出版社．

胡适宜．2005．被子植物生殖生物学．北京：高等教育出版社．

胡正海．2010．植物解剖学．北京：高等教育出版社．

李德铢．2020．中国维管植物科属志．北京：科学出版社

李正理，张新英．1983．植物解剖学．北京：高等教育出版社．

林宏辉．2018．植物生物学．北京：高等教育出版社．

刘穆．2004．种子植物形态解剖学．2 版．北京：科学出版社．

刘文哲．2019．秦岭植物学野外实习教程．西安：西北大学出版社．

陆时万，徐祥生，沈敏健．1991．植物学：上册．2 版．北京：高等教育出版社．

马炜梁．2015．植物学．北京：高等教育出版社．

山红艳，孔宏智．2017．花是如何起源的．科学通报，62（21）：2323-2334．

深圳市中国科学院仙湖植物园．2017．深圳植物志．北京：中国林业出版社．

汪劲武．1985．种子植物分类学．北京：高等教育出版社．

王伟，张晓霞，陈之端，等．2017．被子植物 APG 分类系统评论．生物多样性，25（4）：418-426．

吴国芳，冯志坚，马炜梁．1992．植物学：下册．2 版．北京：高等教育出版社．

杨继．2007．植物生物学．2 版．北京：高等教育出版社．

杨继，郭友好，杨雄，等．1999．植物生物学．北京：高等教育出版社．

曾丽萍，张宁，马红．2014．被子植物系统发育深层关系研究：进展与挑战．生物多样性，22（1）：21-39．

赵桂仿．2009．植物学．北京：科学出版社．

周云龙．2004．植物生物学．2 版．北京：高等教育出版社．

Crang R, Lyons-Sobaski S, Wise R. 2018. Plant Anatomy. Switzerland: Springer International Publishing.

Dickison W C. 2000. Integrative Plant Anatomy. San Diego: Academic Press.

Evert R F, Eichhorn S E. 2012. Raven Biology of Plants. New York: W. H. Freeman.

Judd W S. 2008. Plant Systematics: A Phylogenetic Approach. 3rd ed. Sunderland: Sinauer Associates.

Mauseth J D. 1995. Botany. Philadelphia: Saunder College Publishing.

Raghavan V. 2000. Developmental Biology of Flowering Plants. New York: Springer-Verlag.

Raven P H, Evert R F, Eichhorn S E. 1992. Biology of Plants. New York: Worth Publishers.

Ridge L. 2002. Plants. Oxford: Oxford University Press.

Simpson M G. 2012. 植物系统学．2 版．北京：科学出版社．

Stem K R . 2003. Introductory Plant Biolog. 9th ed. New York: McGraw-Hill Higher Education.

The Angiosperm Phylogeny Group. 2016. An update of the Angiosperm Phylogeny Group classification for the orders and families of flowering plants: APG Ⅳ. Botanical Journal of the Linnean Society, 181(1): 1-20.